21世纪高职高专系列规划教材

冲压工艺与模具设计

主　编　李章东　刘　磊

副主编　陈东海　和平安　付永民

西南师范大学出版社

内容提要

本书是根据教育部关于要求发展高等职业技术教育，培养职业技术人才的精神编写的。本书主要介绍了冷冲压成型工艺概论、冲压变形基本理论、冲压工艺及冲裁模具设计、弯曲、拉深、冷挤压、多工位级进模设计和冲压工艺规程的制定等。本书以培养学生从事实际工作的基本职业能力和技术应用为目的，理论知识以必需、够用为度，按少而精的原则选取，重点突出实践能力的培养。全书对冲压工艺与模具设计的基本原理、方法、步骤有较系统、全面的介绍，内容通俗易懂，图文并茂，实用性强，方便学生学习。

图书在版编目（CIP）数据

冲压工艺与模具设计/李章东，刘磊主编．—重庆：西南师范大学出版社，2008.（2009. 2 再版）

（21 世纪高职高专系列规划教材）

ISBN 978-7-5621-4165-5

Ⅰ.冲…　Ⅱ.①李…　②刘…　Ⅲ.①冲压—工艺—高等学校—教材 ②冲模—设计—高等学校—教材　Ⅳ.TG38

中国版本图书馆 CIP 数据核字（2008）第 104223 号

21 世纪高职高专系列规划教材

冲压工艺与模具设计

主　　编：李章东　刘　磊

策　　划：周安平　卢　旭

责任编辑：杜珍辉

特约编辑：杜颖华

封面设计：辉煌时代

出版发行：西南师范大学出版社

地址：重庆市北碚区天生路 1 号

邮编：400715　市场营销部电话：023－68868624

网址：http：//www.xscbs.com

经　　销：全国新华书店

印　　刷：重庆科情印务有限公司

开　　本：787 mm×1092 mm　1/16

印　　张：11.75

字　　数：246 千

版　　次：2009 年 2 月　第 2 版

印　　次：2009 年 2 月　第 1 次印刷

书　　号：ISBN 978－7－5621－4165－5

定　　价：18.50 元

编写说明

作为高等教育的重要组成部分，高等职业教育是以培养具有一定理论知识和较强实践能力，面向生产、面向服务和管理第一线职业岗位的实用型、技能型专门人才为目的的职业技术教育，是职业技术教育的高等阶段。目前，高等职业教育教学改革已经从专业建设、课程建设延伸到了教材建设层面。根据国家教育部关于要求发展高等职业技术教育，培养职业技术人才的大纲要求，我们组织编写了这套《21世纪高职高专系列规划教材》。本系列教材坚持以就业为导向，以能力为本位，以服务学生职业生涯发展为目标的指导思想，以与专业建设、课程建设、人才培养模式同步配套作为编写原则。

从专业建设角度，相对于普通高等教育的“学科性专业”，高等职业教育属于“技术性专业”。技术性专业的知识往往由与高新技术工作相关联的那些学科中的有关知识所构成，这种知识必须具有职业技术岗位的有效性、综合性和发展性。本套教材不但追求学科上的完整性、系统性和逻辑性，而且突出知识的实用性、综合性，把职业岗位所需要的知识和实践能力的培养融会于教材之中。

从课程建设角度，现有的高等职业教育教材从教育内容上需要改变“重理论轻实践”、“重原理轻案例”，教学方法上则需要改变“重传授轻参与”、“重课堂轻现场”，考核评价上则需改变“重知识的记忆轻能力的掌握”、“重终结性的考试轻形成性考核”的倾向。针对这些情况，本套教材力求在整体教材内容体系以及具体教学方法指导、练习与思考等栏目中融入足够的实训内容，加强实践性教学环节，注重案例教学，注重能力的培养，使职业能力的培养贯穿于教学的全过程。同时，使公共基础类教材突出职业化，强调通用能力、关键能力的培养，以推动学生综合素质的提高。

从人才培养模式角度，高等职业教育人才的培养模式的主要形式是产学结合、工学交替。因此，本教材为了满足有学就有练、学完就能练、边学边练的实际要求，纳入新技术引用、生产案例介绍等来满足师生教学需要。同时，为了适应学生将来因为岗位或职业的变动而需要不断学习的情况，教材的编写注重采用新知识、新工艺、新方法、新标准，同时注重对学生创造能力和自我学习能力的培养，力争实现学生毕业与就业上岗的零距离。

为了更好地落实指导思想和编写原则，本套教材的编写者既有一定的教学经验、懂得教学规律，又有较强的实践技能。同时，我们还聘请生产一线的技术专家来审稿，保证教材的实用性、先进性、技术性。总之，该套教材是所有参与编写者辛勤劳作和不懈努力的成果，希望本套教材能为职业教育的提高和发展作出贡献。

这就是我们编写这套教材的初衷。

前　言

冲压技术应用越来越广泛，冲模已占模具总数的一半以上。本书是为高等专科学校模具相关专业编写的一本实用专业教材，较全面地介绍了冲压工艺各工序特点以及相应的模具结构，有较完整的模具设计案例及相关数据和资料，并收集了典型模具结构图及常用冲模标准件。本书还可作为高等学校机械类专业学生的相应课程的教材或参考书，也可作为模具爱好者的学习资料及冲模设计人员的参考资料。

本书第 1，4，5，6 章由河南理工大学李章东、陈东海编写，第 3 章由通化市职业教育中心刘磊编写，第 2，7 章由河南理工大学和平安、付永民编写。

本书编写过程中参阅了大量参考资料，在此对相关作者表示感谢！

由于编者水平和经验有限，错误之处在所难免，敬请广大读者批评指正。

编　者

2008 年 2 月

目　录

第 1 章　冲压加工基本知识

本章学习冲压技术的基本概念及其相关知识，内容主要包括：冲压技术的定义、分类、应用；冲压工艺与设备；冲压模具的基本知识；冲压技术的标准化；冲压材料及其盛开性能；冲压模具 CAD/CAM 技术的发展等。

第 1 节　冲压技术概述

冲压是指在常温下，利用冲压模具在压力设备上对板料或热料施加压力，使其产生塑性变形或分离，从而获得所需形状和尺寸的工件的一种压力加工方法。由于冲压过程通常是在常温下完成的，同时被冲压的材料通常都是板料，为与其他压力加工方法进行区分，也把冲压加工过程称为冷冲压或板料成形加工。

在冲压件的生产中，合理的冲压成形工艺、先进的模具、高效的冲压设备是必不可少的三要素，如图 1－1 所示。其中，冲压工艺是指冲压加工的具体方法（各种冲压工序的总和）和技术经验；冲压模具是指在冷冲压加工中，将板料（包括金属和非金属材料）加工成零件或半成品的一种特殊工艺装备，简称冷冲模；冲压设备是指用于安装冲压模具并实施加工过程的压力设备。

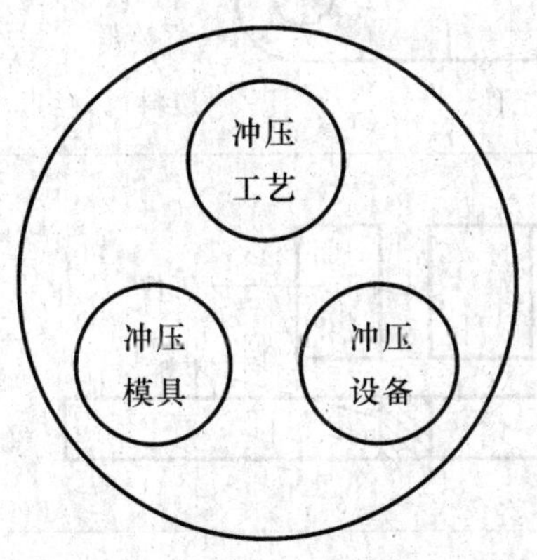

图 1－1　冲压加工三要素

冲压加工工艺所使用的材料可以是金属板料，也可以是非金属材料，如毛毡、纸板、纤维板等。

一、冲压技术分类

由于冲压工艺具有突出的优点，因此在国民经济各个领域得到了广泛的应用。例如，航空航天、机械、电子信息、交通、兵器、日用电器及轻工等产业都应用了冲压加工。冲压可制造钟表及仪器的小零件，也可制造汽车、拖拉机的大型覆盖件。冲压材料包括黑色金属、有色金属以及某些非金属材料。生产中为满足冲压零件形状、尺寸、精度、批量、原材料性能等方面的要求，可采用多种多样的冲压加工方法。

冲压加工因制件的形状、尺寸和精度的不同，所采用的工序也不同。概括起来，冲压加工可以分为分离工序与成形工序两大类。

1. 分离工序

分离工序是指板料在冲压力作用下，变形部分的应力达到强度极限（σ_b）以后，使板料发生断裂而产生分离，分离出的部分即为需要的冲压件。分离工序主要有落料、冲孔和切断等。典型分离工序的分类说明如表 1－1 所示。

表 1－1　分离工序

工序名称	工序简图	工序特征
落料	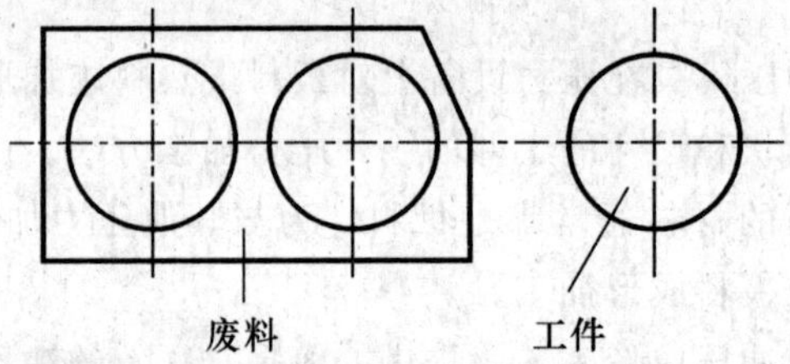 废料 工件	用模具沿封闭轮廓线冲切板料，被分离下的部分为工件。
冲孔	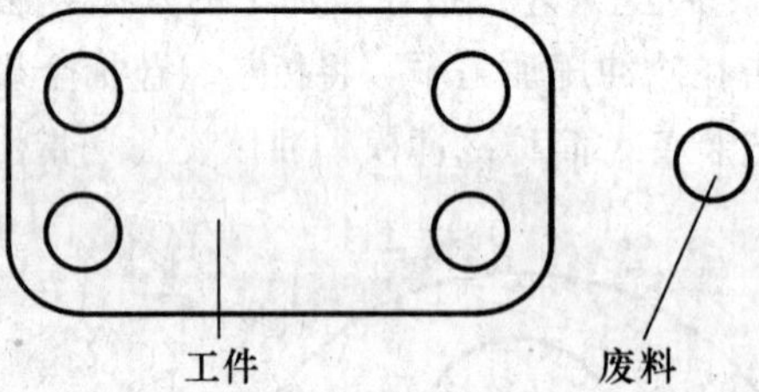 工件 废料	用模具沿封闭孔冲切板料，被冲切下的部分为废料。
切断	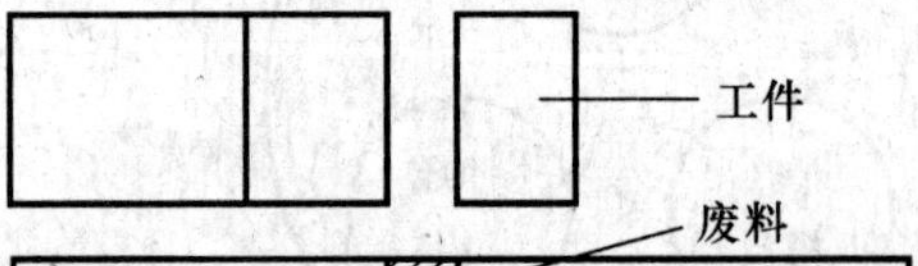 工件 废料	用模具沿不封闭的线冲切板料，使板料成为两个或多个部分。
切边	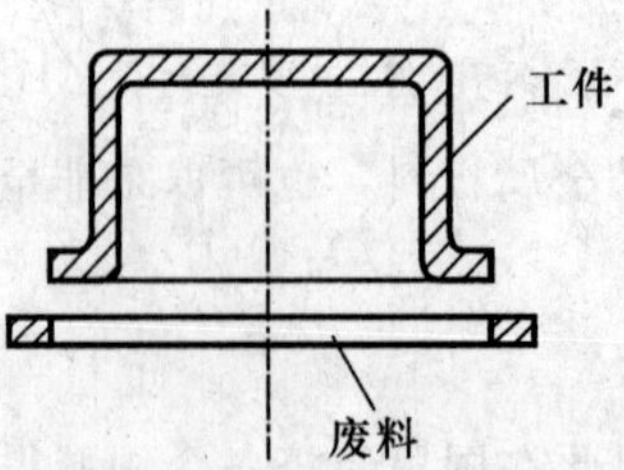 工件 废料	将工件边缘多余的部分冲切下来。

续表

工序名称	工序简图	工序特征
切口	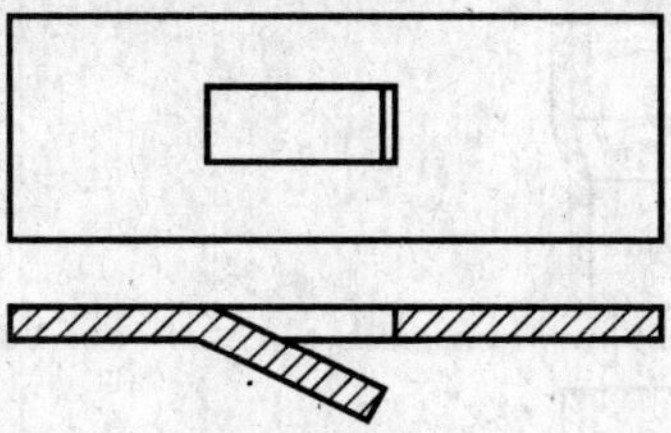	用模具沿不封闭轮廓冲出缺口，切口部分发生弯曲。
剖切		用模具把工件切开成两个或多个零件。

2. 成形工序

成形工序是指板料在冲压力作用下，变形部分的应力达到屈服极限（σ_s），但未达到强度极限（σ_b），使板料产生塑性变形，成为具有一定形状、尺寸与精度制件的加工工序。成形工序主要有弯曲、拉深、翻边、旋压等。典型的成形工序的分类说明如表 1－2 所示。

表 1－2　**成形工序**

工序名称	工序简图	工序特征
弯曲	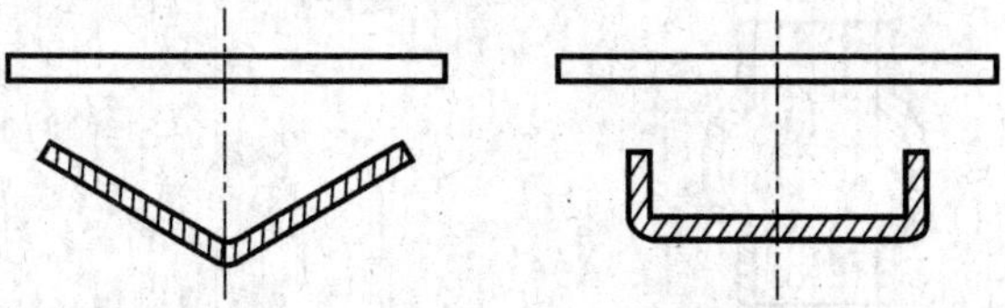	利用压力使板料产生塑性变形，沿直线弯成一定的角度和曲率。
拉弯	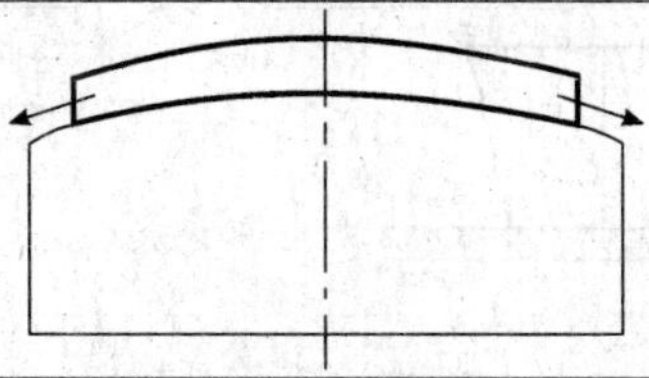	在拉力与弯矩共同作用下实现弯曲变形。
扭弯	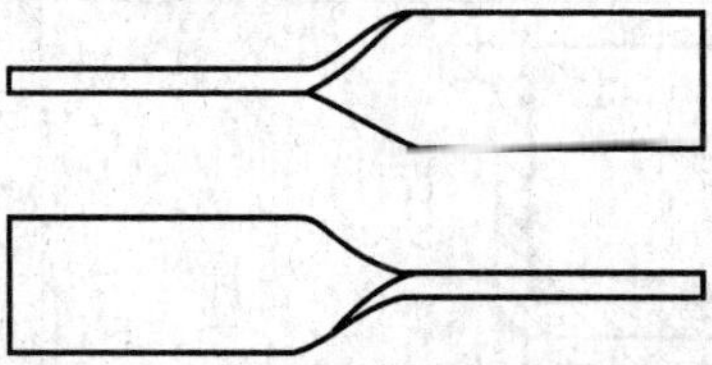	把工件的一部分相对于另一部分扭弯成一定的角度。
翻孔	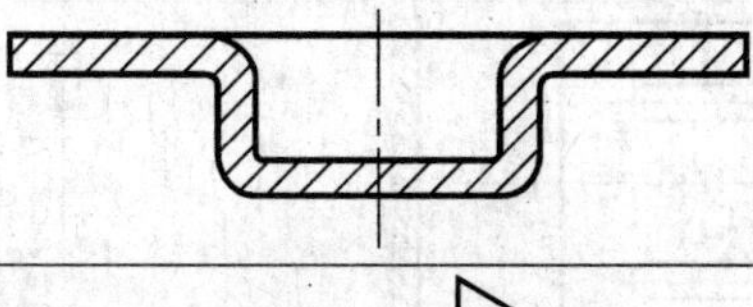	沿工件上孔的边缘翻出竖直的边缘。
翻边	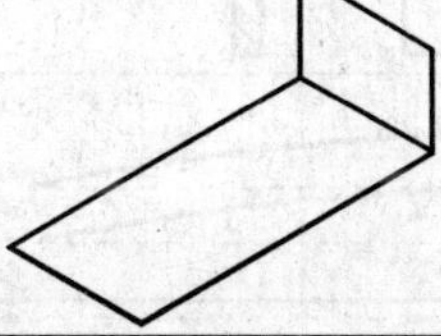	把板料边缘按直线或曲线翻成竖直的边缘。

续表

工序名称	工序简图	工序特征
扩口	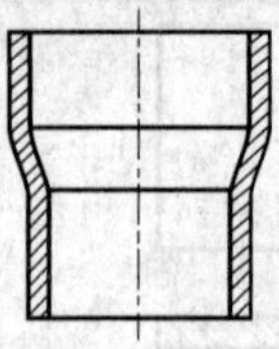	用模具对空心件口部施加由内向外的径向压力，使局部直径扩张。
缩口	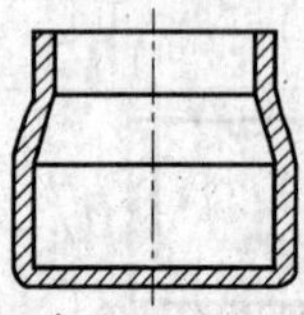	用模具对空心件口部施加由外向内的径向压力，使局部直径变小。
拉深	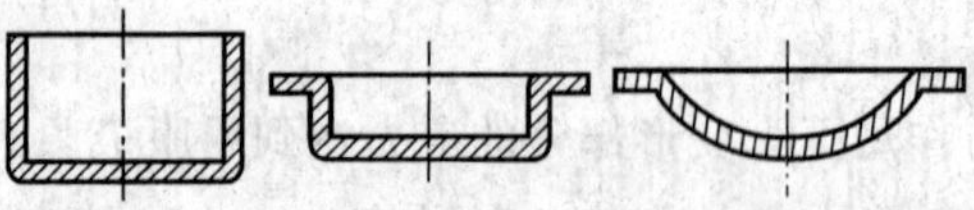	用模具将平板坯料或空心工件制成开口空心零件。
卷缘		把空心件的口部卷成接近封闭的圆形。
胀形	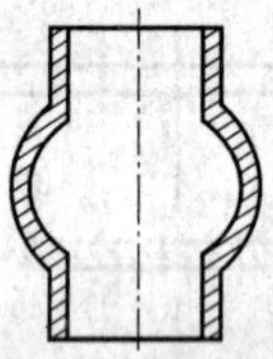	沿径向和轴向分别施加拉或压应力。
旋压	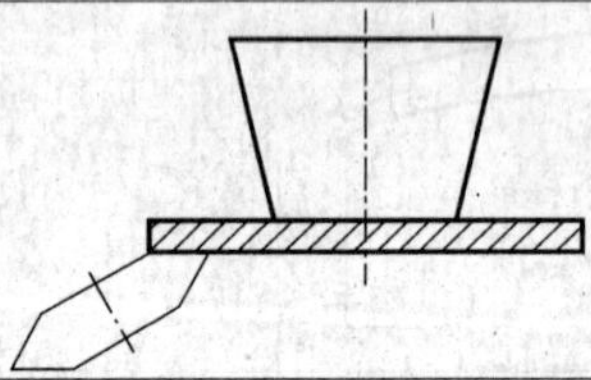	用滚轮使旋转状态下的坯料逐步成形为各种旋转体空心件。
整形	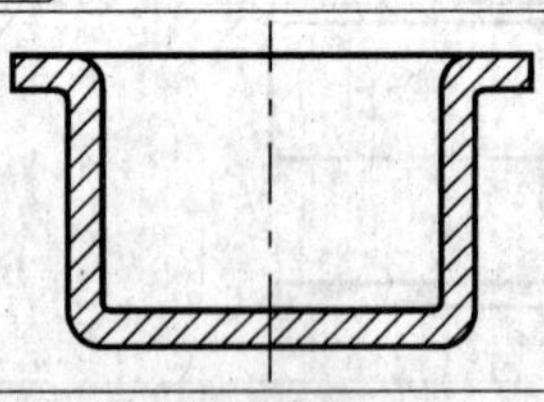	依靠材料的局部变形，少量改变工件形状和尺寸，提高加工精度。
起伏	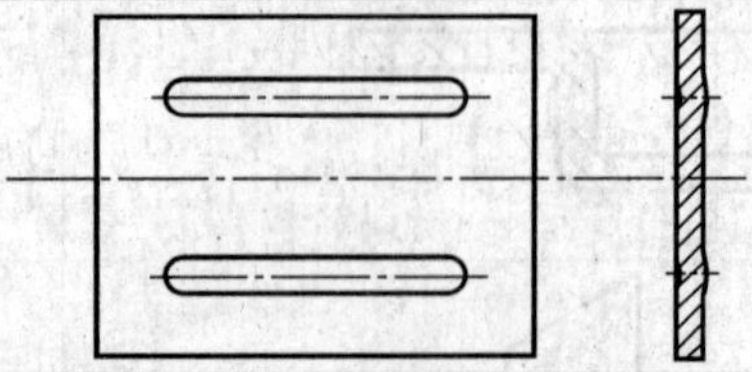	依靠材料的伸长变形使工件形成局部凹陷或凸起。
校平	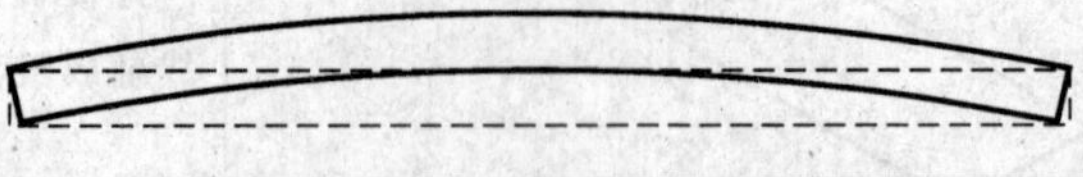	将有拱弯或翘曲的平板形件压平，提高其平面度。

二、冲压技术特点

1. 冲压加工的优点

冲压生产靠模具和压力机完成加工过程。与其他加工方法相比，它在技术和经济方面有如下优点：

(1) 冲压件的尺寸精度由模具保证，所以其质量稳定，具有很好的互换性。

(2) 由于利用模具加工，所以可获得用其他加工方法不能或难以制造的壁薄、重量轻、刚性好、表面质量高、形状复杂的零件。

(3) 冲压加工一般不需要加热毛坯，也不像切削加工那样需大量切削金属，所以既节能又节约金属材料。

(4) 普通压力机每分钟可生产几十件冲压件，高速压力机每分钟可生产几百甚至上千件，所以它是一种高效率的加工方法。

(5) 冲压零件的质量主要靠冲模来保证，所以操作方便，对工人技术等级的要求不高，便于组织生产。

2. 冲压加工的缺点

冲压加工的缺点主要表现在冲压加工时的噪声和振动方面。这些问题并不完全是冲压工艺及模具本身带来的，而主要是由传统冲压设备的落后所造成的。另外，受模具制造的技术要求高、结构复杂、制造周期长以及费用昂贵的影响，小批量生产一般不采用冲压加工。冲压件的精度取决于模具的精度，当零件精度要求很高时，用冲压生产难以达到用户的要求。

三、冲压技术的应用与发展

随着工业产品质量的不断提高，冲压产品生产正呈现多品种、少批量、复杂、大型、精密、更新换代速度快的特点，冲压模具正向高效、精密、长寿命、大型化方向发展。而计算机技术和制造技术的迅速发展，也使得冲压模具设计与制造技术正由手工设计、依靠人工经验和常规机械加工技术向以计算机辅助设计与分析（CAD/CAE）、数控切削加工、数控电加工为核心的计算机辅助设计与制造（CAD/CAM）技术转变。

1. 冲压成形理论及冲压工艺的发展

冷冲压变形基础理论的研究发展迅速，更加准确、实用、方便的计算方法被应用于材料的受力分析之中，这使得人们可以正确地确定冲压工艺参数和模具工作部分的几何形状与尺寸，解决了冷冲压变形中出现的各种实际问题，进一步提高了冲压件的质量，新的工艺方法得以研究成功并推广。例如精冲工艺、软模成形工艺、高能高速成形工艺、超塑性成形工艺以及其他高效、经济的成形工艺等。冷冲压技术水平得到了进一步的提高。

随着计算机技术的飞跃发展和塑性变形理论的进一步完善，近年来国内外已开始应用塑性成形过程的计算机模拟分析技术，即利用有限元等数值分析方法模拟金属的塑性成形过程，通过分析数值技术结果，帮助设计人员实现优化设计。

2. 模具先进制造工艺及设备的发展

模具制造技术现代化是模具工业发展的基础。随着科学技术的发展，计算机技术、信息技术、自动化技术等先进技术正不断向传统制造技术渗透、交叉、融合，对其实施改造，形成先进制造技术。模具先进制造技术的发展主要体现在以下方面：

(1) 高速铣削加工

普通铣削加工采用低的进给速度和大的切削参数，高速铣削加工则采用高的进给速度和小的切削参数。

(2) 电火花铣削加工

电火花铣削加工又称电火花创成加工，是电火花加工技术的重大发展，是一种替代传统用成型电极加工模具型腔的新技术。像数控铣削加工一样，电火花铣削加工采用高速旋转的杆状电极对工件进行二维或三维轮廓加工，无须制造复杂、昂贵的成型电极。日本三菱公司最近推出的 EDSCAN8E 电火花创成加工机床，配置有电极损耗自动补偿系统、CAD/CAM 集成系统、在线自动测量系统和动态仿真系统，体现了当今电火花创成加工机床的水平。

(3) 慢走丝线切割技术

目前，数控慢走丝线切割技术发展水平已相当高，功能相当完善，自动化已达到无人看管运行的程度。其最大切割速度已达 300 mm^2/min，加工精度可达到 $\pm 1.5\ \mu m$，加工表面粗糙度 $Ra \leqslant 0.1 \sim 0.2\ \mu m$。直径 0.03～0.1 mm 细丝线切割技术的开发，可实现凹凸模的一次切割完成，并可进行 0.04 mm 的窄槽及半径 0.02 mm 内圆角的切割加工；锥度切割技术已能进行 30°以上锥度的精密加工。

(4) 磨削及抛光加工技术

磨削及抛光加工由于精度高、表面质量好、表面粗糙度值低等特点，在精密模具加工中被广泛应用。目前，精密模具制造广泛使用数控成形磨床、数控光学曲线磨床、数控连续轨迹座标磨床及自动抛光机等先进设备和技术。

(5) 数控测量

产品结构的复杂，必然导致模具零件形状的复杂。传统的几何检测手段已无法适应模具的生产，现代模具制造已广泛使用三坐标数控测量机进行模具零件的几何量的测量，模具加工过程的检测手段也取得了很大进展。三坐标数控测量机除了能高精度地测量复杂曲面的数据外，其良好的温度补偿装置、可靠的抗振保护能力、严密的除尘措施以及简便的操作步骤，使得现场自动化检测成为可能。

模具先进制造技术的应用改变了传统制模技术模具质量依赖于人为因素和不易控制的状况，使得模具质量依赖于物化因素，整体水平容易控制，模具再现能力强。

3. 模具新材料及热、表处理的发展

随着产品质量的提高，对模具质量和寿命的要求也越来越高。而提高模具质量和寿命最有效的办法就是开发和应用模具新材料及热、表处理新工艺，不断提高使用性能，改善加工性能。

(1) 模具新材料

冲压模具使用的材料为冷作模具钢，它的特点是应用量大，使用面广，并且种类最多。其主要性能要求为强度、韧性、耐磨性。目前，冷作模具钢的发展趋势是在高合金钢 D2（相当于我国 Cr12MoV）性能基础上，向两大分支方向发展：一种是降低含碳量和合金元素量，提高钢中碳化物分布的均匀度，突出提高模具的韧性。如美国钒合金钢公司的

8CrMo2V2Si、日本大同特殊钢公司的 DC53（Cr8Mo2SiV）等。另一种是以提高耐磨性为主要目的，为适应高速、自动化、大批量生产而开发的粉末高速钢。如德国的 320CrVMo13 和 320CrVMo5 等。

（2）热处理、表处理新工艺

为了提高模具工作表面的耐磨性、硬度和耐蚀性，必须采用热、表处理新技术，尤其是表面处理新技术。除人们熟悉的镀硬铬、氮化等表面硬化处理方法外，近年来模具表面性能强化技术发展很快，实际应用效果也很好。其中，化学气相沉积（CVD）、物理气相沉积（PVD）以及盐浴渗金属（TD）的方法是几种发展较快、应用最广的表面涂覆硬化处理的新技术。它们对提高模具寿命和减少模具昂贵材料的消耗，有着十分重要的意义。

4. 模具 CAD/CAM 技术的发展

计算机技术、机械设计与制造技术的迅速发展和有机结合，形成了计算机辅助设计与计算机辅助制造这一新型技术。

CAD/CAM 是改造传统模具生产方式的关键技术，是一项高科技、高效益的系统工程。它以计算机软件的形式为用户提供一种有效的辅助工具，使工程技术人员能借助计算机对产品、模具结构、成形工艺、数控加工及成本等进行设计和优化。模具 CAD/CAM 能显著缩短模具设计及制造周期、降低生产成本、提高产品质量已成为人们的共识。

随着功能强大的专业软件和高效集成制造设备的出现，以三维造型为基础、基于并行工程（CE）的模具 CAD/CAM 技术正成为发展方向。它能实现面向制造和装配的设计，实现成形过程的模拟和数控加工过程的仿真，使设计、制造一体化。

5. 快速经济制模技术的发展

为了适应工业中多品种、小批量生产的需要，加快模具的制造速度、降低模具生产成本、开发和应用快速经济制模技术，越来越受到人们的重视。目前，快速经济制模技术主要有低熔点合金制模技术、锌基合金制模技术、环氧树脂制模技术、喷涂成形制模技术、叠层钢板制模技术等。应用快速经济制模技术制造模具，能简化模具制造工艺，缩短制造周期（比普通钢模制造周期缩短 70%～90%），降低模具生产成本（比普通钢模制造成本降低 60%～80%）。快速经济制模技术在工业生产中取得了显著的经济效益，对提高新产品的开发速度，促进生产的发展有着非常重要的作用。

6. 先进生产管理模式的应用

随着需求的个性化和制造的全球化、信息化，以及企业内部和外部环境的变化，改变了模具业的传统生产观念和生产组织方式。现代系统管理技术在模具企业正得到逐步应用，主要表现在：应用集成化思想，强调系统集成，实现了资源共享；实现由金字塔式的多层次生产管理结构向扁平的网络结构的转变，由传统的顺序工作方式向并行工作方式的转变；实现以技术为中心向以人为中心的转变，强调协同和团队精神。先进生产管理模式的应用使得企业生产实现了低成本、高质量和高速度，提高了企业市场竞争能力。

第 2 节　冲压材料及其冲压成形性能

冲压成形加工方法与其他加工方法一样，都是以材料自身的可加工性能作为加工依据。材料实施冲压成形加工，必须有好的冲压成形性能。

一、材料的冲压成形性能

材料对各种冲压加工方法的适应能力称为材料的冲压成形性能。材料的冲压成形性能好，就是指其便于冲压加工，一次冲压工序的极限变形程度和总的极限变形程度大，生产率高，容易得到高质量的冲压件，模具的使用寿命也能更长。冲压成形性能是一个综合性的概念，它涉及的因素很多，但主要有两个方面：成形极限和成形质量。

1. 成形极限

在冲压成形过程中，材料能达到的最大变形程度称为成形极限。对于不同的成形工艺，成形极限是采用不同的极限变形系数来表示的。在变形坯料的内部，凡是受到过大拉应力作用的区域，都会使坯料局部严重变薄，甚至拉裂而使冲件报废；凡是受到过大压应力作用的区域，若超过了临界应力，则会使坯料丧失稳定而起皱。因此，从材料方面来看，为了提高成形极限，就必须提高材料的塑性指标和增强其抗拉、抗压能力。

冲压时，当作用于坯料变形区内的拉应力的绝对值最大时，在这个方向上的变形一定是伸长变形，故称这种冲压变形为伸长类变形（如胀形、扩口、内孔翻边等）；当作用于坯料变形区内的压应力的绝对值最大时，在这个方向上的变形一定是压缩变形，故称这种冲压变形为压缩类变形（如拉深、缩口等）。伸长类变形的极限变形系数主要取决于材料的塑性；压缩类变形的极限变形系数通常是受坯料传力区的承载能力的限制，有时则受变形区或传力区的失稳起皱的限制。

2. 成形质量

冲压件的质量指标主要是尺寸精度、厚度变化、表面质量以及成形后材料的物理机械性能等。影响工件质量的因素很多，不同的冲压工序，情况又各不相同。

材料在塑性变形的同时总伴随着弹性变形，当载荷卸除后，由于材料的弹性回复，造成制件的尺寸和形状偏离模具，影响制件的尺寸和形状精度。因此，掌握回弹规律，控制回弹量，是非常重要的。

冲压成形后，一般板厚都要发生变化，有的是变厚，有的是变薄。厚度变薄直接影响冲压件的强度和使用，对强度有要求时，往往要限制其最大变薄量。

材料经过塑性变形后，除产生加工硬化现象外，还由于变形不均，造成残余应力，从而引起工件尺寸及形状的变化，严重时还会导致工件的自行开裂。所有这些情况，在制定冲压工艺时都应予以考虑。

影响工件表面质量的主要因素是原材料的表面状态、晶粒大小、冲压时材料粘模的情况以及模具对冲压件表面的擦伤等。原材料的表面状态直接影响工件的表面质量：晶粒粗大的钢板拉深时会产生所谓“橘子皮”样的缺陷（表面粗糙）；冲压易于粘模的材料则会擦伤冲压件并降低模具寿命。此外，模具间隙不均、模具表面粗糙也会擦伤冲压件。

二、冲压材料

1. 对冲压材料的要求

冲压所用的材料，不仅要满足产品设计的技术要求，还应当满足冲压工艺的要求和冲压后继的加工要求（如切削加工、焊接、电镀等）。冲压工艺对材料的基本要求主要有以下几方面。

（1）对冲压成形性能的要求

为了有利于冲压变形和制件质量的提高，材料应具有良好的冲压成形性能，而冲压成形性能与材料的机械性能密切相关。通常要求材料：具有良好的塑性，屈强比小，弹性模量高，板厚方向性系数大，板平面方向性系数小。典型冲压工序对板材性能的具体要求如表 1－3 所示。

表 1－3　**不同工序的板料性能要求**

工序名称	板料的性能要求
冲裁	具有足够的塑性，在进行冲裁时板料不开裂；材料的硬度一般应低于冲模零部件的硬度。
弯曲	具有足够的塑性、较低的屈服极限和较高的弹性模量。
拉深	具有高塑性、高屈服极限，板厚方向性系数大，板料的屈强比、板平面方向性系数小。

（2）对材料厚度公差的要求

材料的厚度公差应符合国家规定标准。因为一定的模具间隙适用于一定厚度的材料，材料厚度公差太大，不仅直接影响制件的质量，还可能导致模具和冲床的损坏。

（3）对表面质量的要求

材料的表面应光洁平整，无分层和机械性质的损伤，无锈斑、氧化皮及其他附着物。表面质量好的材料，冲压时不易破裂，不易擦伤模具，工件表面质量好。

2. 常用冲压材料

冲压用材料的形状有各种规格的板料、带料和块料。板料的尺寸较大，一般用于大型零件的冲压，对于中小型零件，多数是将板料剪裁成条料后使用。带料（又称卷料）有各种规格的宽度，展开长度可达几千米，适用于大批量生产的自动送料。块料只用于少数钢号和价钱昂贵的有色金属的冲压。

冷冲压常用材料有：

（1）黑色金属：普通碳素结构钢、优质碳素钢、合金结构钢、碳素工具钢、不锈钢、电工硅钢等。

对厚度在 4mm 以下的轧制薄钢板，按国家标准 GB/T 708—1991 规定，钢板的厚度精度可分为 A（高级精度），B（较高精度），C（普通精度）级。

对优质碳素结构钢薄钢板，根据 GB/T 710—1991 规定，钢板的表面质量可分为 Ⅰ（特别高级的精整表面），Ⅱ（高级的精整表面），Ⅲ（较高的精整表面），Ⅳ（普通的精整表面）组，每组按拉深级别又可分为 z（最深拉深）、s（深拉深）、p（普通拉深）级。

（2）有色金属：铜及铜合金、铝及铝合金、镁合金、钛合金等。

（3）非金属材料：纸板、胶木板、塑料板、纤维板和云母等。

关于各类材料的牌号、规格和性能，可查阅有关手册和标准。

第3节　冲压设备及其选用

一、常见冷冲压设备

冲压设备属锻压机械。常见冷冲压设备有机械压力机（以J××表示其型号）和液压机（以Y××表示其型号）两种。

1. 机械压力机

机械压力机按驱动滑块机构的种类可分为曲柄式和摩擦式；按滑块个数可分为单动和双动；按床身结构形式可分为开式（C型床身）和闭式（Ⅱ型床身）；按自动化程度可分为普通压力机和高速压力机等。

其中，摩擦压力机是利用摩擦盘与飞轮之间相互接触并传递动力，借助螺杆与螺母相对运动原理而工作的。其特点是：结构简单，当超负荷时，只会引起飞轮与摩擦盘之间的滑动，而不会损坏机件；但飞轮轮缘磨损大，生产率低。它适用于中小型件的冲压加工，对于校正、压印和成形等冲压工序尤为适宜。摩擦压力机工作原理如图1-2所示。

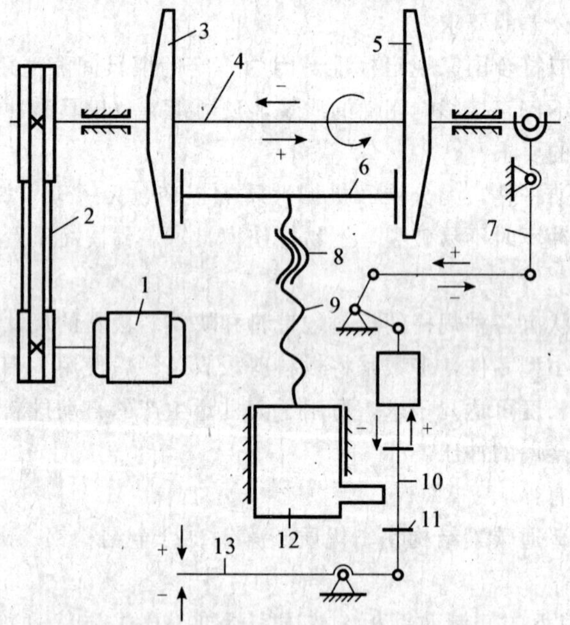

1-电机；2-传送带；3、5-摩擦盘；4-轴；6-飞轮；7、10-连杆；8-螺母；9-螺杆；11-挡块；12-滑块；13-手柄

图1-2　摩擦压力机工作原理图

曲柄压力机是利用曲柄连杆机构进行工作，电机通过皮带轮及齿轮带动曲轴传动，经连杆使滑块作直线往复运动。曲柄压力机分为偏心压力机和曲轴压力机。二者的区别主要在主轴，前者主轴是偏心轴，后者主轴是曲轴。偏心压力机一般是开式压力机，而曲轴压力机有开式和闭式之分。曲柄压力机的特点是生产效率高，适用于各类冲压加工工序。偏

心压力机的工作原理如图 1－3 所示，曲轴压力机的工作原理如图 1－4 所示。

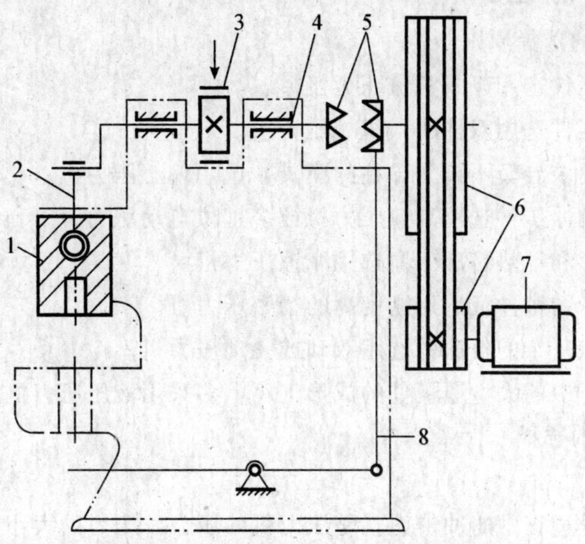

1-滑块；2-连杆；3-制动装置；4-偏心轴；5-离合器；6-皮带轮；7-电机；8-操纵机构

图 1－3　偏心压力机工作原理图

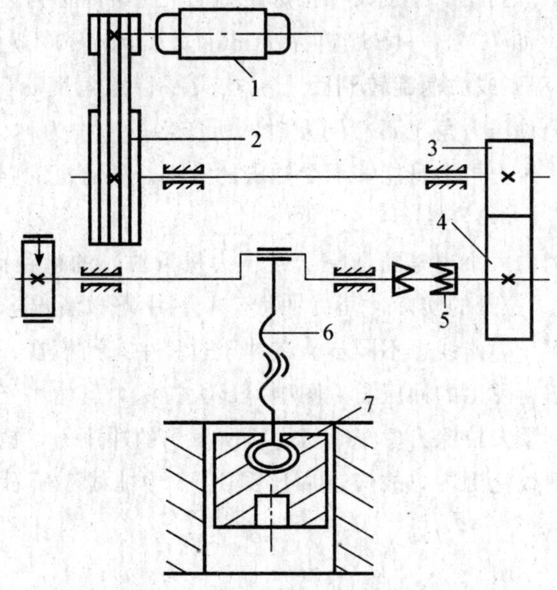

1-电机；2-皮带轮；3、4-齿轮；5-离合器；6-连杆；7-滑块

图 1－4　曲轴压力机工作原理图

高速冲床的工作原理与曲柄压力机相同，但其刚度、精度、行程次数都比较高，一般带有自动送料、安全检测等辅助装置。其特点是生产效率很高，适用于大批量生产，模具一般采用多工位级进模。

2. 液压机

液压机按工作介质可分为油压机和水压机两种。它是利用帕斯卡原理，以水或油为工作介质，采用液压传动进行工作，使滑块上下往复运动。其工作特点是压力大，适用于拉深、挤压等成形工序，但生产效率低。

二、冲压设备的选用

1. 压力机类型的选择原则

(1) 中小型冲压件选用开式机械压力机。

(2) 大中型冲压件选用双柱闭式机械压力机。

(3) 导板模或要求导套不离开导柱的模具，选用偏心压力机。

(4) 大量生产的冲压件选用高速压力机或多工位自动压力机。

(5) 校平、整形和温热挤压工序选用摩擦压力机。

(6) 薄板冲裁、精密冲裁选用刚度高的精密压力机。

(7) 大型、形状复杂的拉深件选用双动或三动压力机。

(8) 小批量生产中的大型厚板件的成形工序，多采用液压压力机。

2. 压力机规格的选择

(1) 公称压力

压力机滑块下滑过程中的冲击力就是压力机的压力。压力的大小随滑块下滑的位置而不同，也就是随曲柄旋转的角度不同而不同。

我国规定，滑块下滑到距下极点某一特定距离 s_p〔此距离称为公称压力行程，随压力机不同此距离也不同，如 JC 23—40 规定为 7 mm，JA 31—400 规定为 13 mm，一般为 (0.05～0.07) 滑块行程〕或曲柄旋转到距下极点某一特定角度 α（此角度称为公称压力角，随压力机不同，公称压力角也不相同）时，所产生的冲击力称为压力机的公称压力。公称压力的大小，表示压力机本身能够承受冲击的大小。压力机的强度和刚性就是按公称压力进行设计的。

冲压工序中冲压力的大小也是随凸模（或压力机滑块）的行程而变化的。图 1-5 曲线 2，3 分别表示冲裁、拉深的实际冲压力曲线。从图中可以看出，两种实际冲压力曲线不同步，与压力机许用压力曲线也不同步。在冲压过程中，凸模在任何位置所需的冲压力应小于压力机在该位置所发出的冲压力。图中，最大拉深力虽然小于压力机的最大公称压力，但大于曲柄旋转到最大拉深力位置时压力机所发出的冲压力，也就是拉深冲压力曲线不在压力机许用压力曲线范围内，故应选用比图 1-5 中曲线 1 所示压力更大吨位的压力

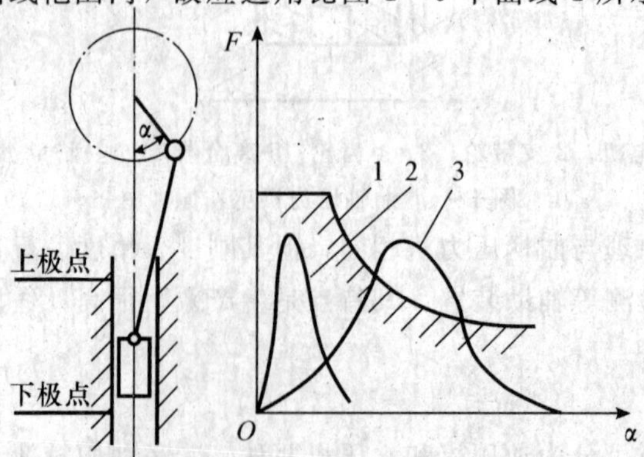

1-压力机许用压力曲线；2-冲裁工艺冲裁力实际变化曲线；3-拉深工艺拉深力实际变化曲线

图 1-5　压力机许用压力曲线

机。因此，为保证冲压力足够，一般冲裁、弯曲时压力机的吨位应比计算的冲压力大30%左右，拉深时压力机吨位应比计算出的拉深力大60%～100%。

(2) 滑块行程长度

滑块行程长度是指曲柄旋转一周滑块所移动的距离，其值为曲柄半径的2倍。选择压力机时，滑块行程长度应保证毛坯能顺利地放入模具和冲压件能顺利地从模具中取出，特别是成形拉深件和弯曲件应使滑块行程长度大于制件高度的2.5～3.0倍。

(3) 行程次数

行程次数即滑块每分钟冲击次数，应根据材料的变形要求和生产率来考虑。

(4) 工作台面尺寸

工作台面长、宽尺寸应大于模具下模座尺寸，并每边留出60～100 mm，以便于安装固定模具用的螺栓、垫铁和压板。当制件或废料需下落时，工作台面孔尺寸必须大于下落件的尺寸。对有弹顶装置的模具，工作台面孔尺寸还应大于下弹顶装置的外形尺寸。

(5) 滑块模柄孔尺寸

模柄孔直径要与模柄直径相符，模柄孔的深度应大于模柄的长度。

(6) 闭合高度

压力机的闭合高度是指滑块在下止点时，滑块底面与工作台上平面（即垫板下平面）之间的距离。

压力机的闭合高度可通过调节连杆长度在一定范围内变化。当连杆调至最短（对偏心压力机的行程应调到最小），滑块底面到工作台上平面之间的距离为压力机的最大闭合高度；当连杆调至最长（对偏心压力机的行程应调到最大），滑块处于下止点，滑块底面到工作台上平面之间的距离为压力机的最小闭合高度。

压力机的装模高度是指压力机的闭合高度减去垫板厚度的差值。没有垫板的压力机，其装模高度等于压力机的闭合高度。

模具的闭合高度是指冲模在最低工作位置时，上模座上平面至下模座下平面之间的距离。模具闭合高度与压力机装模高度的关系如图1-6所示。

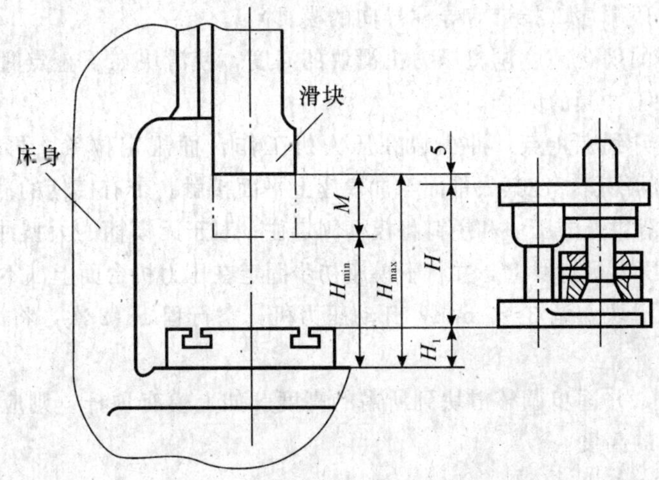

图1-6 模具闭合高度与压力机装模高度的关系

理论上为：

$$H_{min}-H_1\leqslant H\leqslant H_{max}-H_1$$

$$H_{max}-M-H_1\leqslant H\leqslant H_{max}-H_1$$

式中：

H ——模具闭合高度；

H_{min} ——压力机的最小闭合高度；

H_{max} ——压力机的最大闭合高度；

H_1 ——垫板厚度；

M ——连杆调节量；

$H_{min}-H_1$ ——压力机的最小装模高度；

$H_{max}-H_1$ ——压力机的最大装模高度。

由于缩短连杆对其刚度有利，同时在修模后，模具的闭合高度可能要减小，因此一般模具的闭合高度接近于压力机的最大装模高度。所以在实用上为：

$$H_{min}-H_1+10\leqslant H\leqslant H_{max}-H_1-5$$

(7) 电动机功率的选择

必须保证压力机的电动机功率大于冲压时所需要的功率。

三、模具的安装

在压力机上安装与调整模具，是一件很重要的工作，它将直接影响制件质量和安全生产。因此，安装和调整冲模不但要熟悉压力机和模具的结构性能，而且要严格执行安全操作制度。

模具安装的一般注意事项：检查压力机上的打料装置，将其暂时调整到最高位置，以免在调整压力机闭合高度时将其折弯；检查模具闭合高度与压力机闭合高度之间的关系是否合理；检查下模顶杆和上模打料杆是否符合压力机的除料装置的要求（大型压力机则应检查气垫装置）；模具安装前应将上、下模板和滑块底面的油污揩拭干净，并检查有无遗留物，防止影响正确安装和发生意外事故。

模具安装的一般顺序（指带有导柱导向的模具）：

(1) 根据冲模的闭合高度调整压力机滑块的高度，使滑块在下止点时其底平面与工作台面之间的距离大于冲模的闭合高度。

(2) 先将滑块升到上止点，冲模放在压力机工作台面规定位置，再将滑块停在下止点，然后调节滑块的高度，使其底平面与冲模座上平面接触。带有模柄的冲模，应使模柄进入模柄孔，并通过滑块上的压块和螺钉将模柄固定住；对于无模柄的大型冲模，一般用螺钉等将上模座紧固在压力机滑块上，并将下模座初步固定在压力机台面上（不拧紧螺钉）。

(3) 将压力机滑块上调 3～5 mm，开动压力机，空行程 1～2 次，将滑块停于下止点，固定住下模座。

(4) 进行试冲，并逐步调整滑块到所需的高度。如上模有顶杆，则应将压力机上的卸料螺栓调整到需要的高度。

四、模具的标准化

模具的标准化、系列化刚刚发展起来，每一个零部件的外形尺寸和各零部件的装配尺寸都要进行标准化、系列化。例如：除对模架中各零部件进行标准化、系列化以外，还可以对孔的位置尺寸与模架一起进行标准化、系列化，对各系列零部件的安装位置进行统一尺寸。此外，如果安装部分的厚度标准化了，将不需要使用多种压板垫板，也不需要在压板之间插入垫片来调整压板的高度使之成水平。如果模具的高度（装模高度）是一定的，就不需要在每一作业中调节压力机滑块的位置。

在新产品开发上，为使新产品更早更快投放市场，在模具设计和制造上采用标准化，制造出模具的模块，然后把旧产品的同一系列模具中的模块更换下来，再作适当加工就可以投入使用。这样可大大缩短模具制造、生产周期，并且也减少了产品的一次性投资成本。

随着工业产品的不断更新，越来越多的冲压件取代了机械加工零件。冲压件具有生产效率高、成本低、节省原材料和互换性好等优点，所以要有高质量的冲压件，就必须有高质量的大量的冲压模具与之相匹配。作为生产工艺装置的冲压模具，要想满足日益增长和不断更新的冲压件的需要，仅靠单件生产装配模具的生产形式是远远不能达到的，只有高效率的批量的模具生产形式，才能达到这一要求。这就需要模具工业打破传统的生产模式，走新的模具生产的路子，这就是发展冲压模具的标准化和系列化。

实现冲压模具标准化有以下优点：

（1）可节省设计时间

模具实现标准化后，在设计时，只需对模块的刃口和型芯进行设计，模块的外形根据设计尺寸只需选用接近的标准模块的外形尺寸就可以了。在绘制模具图时，只需绘出总图和模块的刃口和型芯图、与模块有关的相配合的其他零件的内形状图，其他零件和尺寸只需查标准标注在总图上。这样不仅节省了设计时间和设计人员的工作量，而且可大大节约设计费用和办公费用，并且有利于模具图纸和资料的管理。

（2）节约制造成本，缩短模具的加工周期

模具实行标准化之后，其中各零部件就可以按系列进行批量加工。在模具的需求量大时，还可以进行模具加工，与零件单件加工相比，既节省了材料加工工时，对加工质量和装配精度也有很大的提高；同时，可节约装配工时，降低装配工人的劳动强度。在对模具零件进行热处理时，可集中处理，减少开炉次数，节省大量能源。

（3）便于组织生产活动

模具实现标准化和系列化，大部分零部件将成为成品和半成品存放，可大人缩短模具生产周期，减少生产组织时间，便于模具的生产管理。同时，模具生产和成品半成品零件的管理可实现微机控制，如不实行模具系列化和标准化，微机控制是无法实现的。

（4）降低模具生产周期

在不采用模具标准化、系列化时，一般中小型模具从设计、制造、装配到试模大约需要 5～6 个月的时间，大型模具要达到 10～12 个月时间，这是很难跟上时代的发展及市场的竞争的。如果实现了模具的标准化及系列化，可大大缩短模具的生产周期，一般中小型模具可缩短 40％～50％，大型模具也能缩短 30％～40％。

综上所述，实行冲压模具的标准化、系列化不仅有以上优点，而且有利于模具的管理；在不增加模具制造费用，不增加设计人员的情况下，增加模具的生产规模，同时也能使生产效率大大提高，并促使模具的标准化水平向更高层次发展。

第 4 节 冲压变形理论基础

冲压成形是金属塑性成形加工方法之一，是建立在金属塑性变形理论基础上的材料成形工程技术。要掌握冷冲压成形加工技术，就必须了解金属塑性变形理论的基础知识。

在金属材料中，原子之间作用着相当大的力，足以抵抗重力的作用，所以在没有其他外力作用的条件下，金属物体将保持自有的形状和尺寸。

(1) 弹性变形：当物体受到外力作用之后，它的形状和尺寸将发生变化，即变形，变形的实质就是原子间的距离发生变化。假如作用于物体的外力去除后，由外力引起的变形随之消失，物体能完全恢复自己的原始形状和尺寸，保留下来的变形称为弹性变形。

(2) 塑性变形：如果作用于物体的外力去除后，物体并不能完全恢复自己的原始形状和尺寸，保留下来的变形称为塑性变形。塑性变形和弹性变形都是在变形体不被破坏的条件下进行的（即连续性不被破坏）。通常用塑性表示材料塑性变形能力。

(3) 塑性：指固体材料在外力作用下发生永久变形而不破坏其完整性的能力。金属的塑性不是固定不变的，影响它的因素很多，除了金属本身的晶格类型、化学成分和金相组织等内在因素之外，其外部因素——变形方式（机械因素即应力状态与应变状态）、变形条件（物理因素即变形温度与变形速度）的影响也很大。

衡量金属塑性高低的参数称为塑性指标（延伸率 δ、断面收缩率 ψ）。

(4) 塑性指标：是以材料开始破坏时的塑性变形量来表示，它可借助于各种实验方法测定。目前应用比较广泛的是拉伸试验，对应于拉伸试验的塑性指标，用延伸率 δ 和断面收缩率 ψ 表示。

需要指出的是，各种试验方法都是相对于特定的受力状况和变形条件的，由此所测定的塑性指标，仅具有相对的比较意义。

(5) 变形力：塑性变形时，使金属产生变形的外力称为变形力。

(6) 变形抗力：金属抵抗变形的力称为变形抗力。它反映材料产生塑性变形的难易程度，一般用金属材料产生塑性变形的单位变形力表示其大小。

金属受外力作用产生塑性变形后不仅形状和尺寸发生变化，而且其内部的组织和性能也将发生变化。一般会产生加工硬化或应变刚现象，即随着变形程度增加，金属强度和硬度逐渐增加，而塑性和韧性逐渐降低；晶粒会沿变形方向伸长排列形成纤维组织使材料产生各向异性；由于变形不均，会在材料内部产生内应力，变形后作为残余应力保留在材料内部。

[练习与思考题]

1-1 冲压技术的三要素有哪些？试分别介绍这三要素。

1-2 冲压工序分为哪几大类？试介绍几种典型的冲压工序的特点及应用范围。

1-3 冲压加工的优缺点分别有哪些？

1-4 简述冲压技术的应用与发展前景。

1-5 影响材料成形性能的主要因素有哪两个？说明如何提高成形性能。

1-6 举例说明常用的冲压材料及其应用。

1-7 画图说明摩擦压力机工作原理。

1-8 什么是弹性变形？什么是塑性变形？如何衡量金属塑性的高低？

第 2 章　冲裁与冲裁模具设计

本章首先分析冲裁变形过程及冲裁件质量影响因素，然后学习冲裁工艺计算方法、工艺方案制定和冲裁模设计。内容包括：冲裁变形过程分析、冲裁件质量及影响因素、间隙确定、刃口尺寸计算原则和方法、排样设计、冲裁力与压力中心计算、冲裁工艺性分析与工艺方案制定、冲裁典型结构、零部件设计及模具标准应用、冲裁模设计方法与步骤等。

第 1 节　概　述

冲裁是利用模具使板料沿着一定的轮廓形状产生分离的一种冲压工序。它包括落料、冲孔、切断、修边、切口、剖切等。其中，落料和冲孔是最常见的两种工序，经常单独或组合使用于冲压过程中。如图 2－1 所示的垫圈就是由落料和冲孔两道工序共同完成的。

使材料沿封闭曲线相互分离，封闭曲线以内的部分作为冲裁件时，称为落料。使材料沿封闭曲线相互分离，封闭曲线以外的部分作为冲裁件时，称为冲孔。

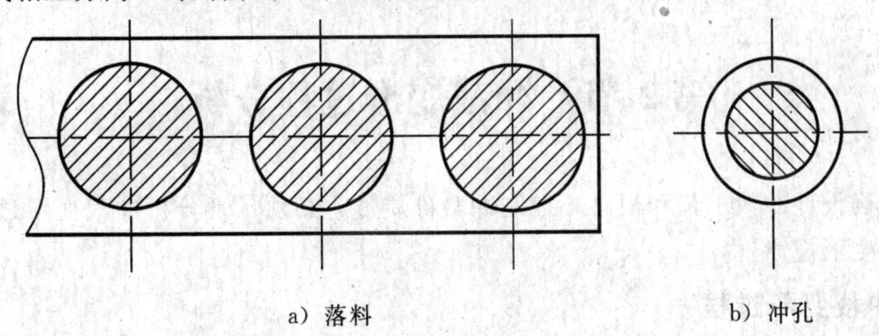

a）落料　　b）冲孔

图 2－1　垫圈的落料与冲孔

冲裁在冲压加工中应用极为广泛，它既可直接冲出零件成品，也可以为弯曲、拉深和挤压等其他工序准备坯料，还可以在已成形的工件上进行再加工（如切边、切口、冲孔等工序）。

根据冲裁变形机理的不同，冲裁工艺可以分为普通冲裁和精密冲裁两大类。冲裁所使用的模具叫冲裁模，它是冲裁过程必不可少的工艺装备。图 2－2 所示为一副典型的冲裁模——落料冲孔复合模。冲模开始工作时，将条料放在卸料板 19 上；冲裁开始时，凹模 7 和推件块 8 首先接触条料；当压力机滑块下行时，凸凹模 18 的外形与凹模 7 共同作用冲出制件外形；与此同时，冲孔凸模 17 与凸凹模 18 的内孔共同作用冲出制件内孔；冲裁变形完成后，滑块回升时，在打杆 15 作用下，打下推件块 8，将制件排出凹模 7 外；而卸料板 19 在橡胶反弹力作用下，将条料刮出凸凹模，从而完成冲裁全部过程。

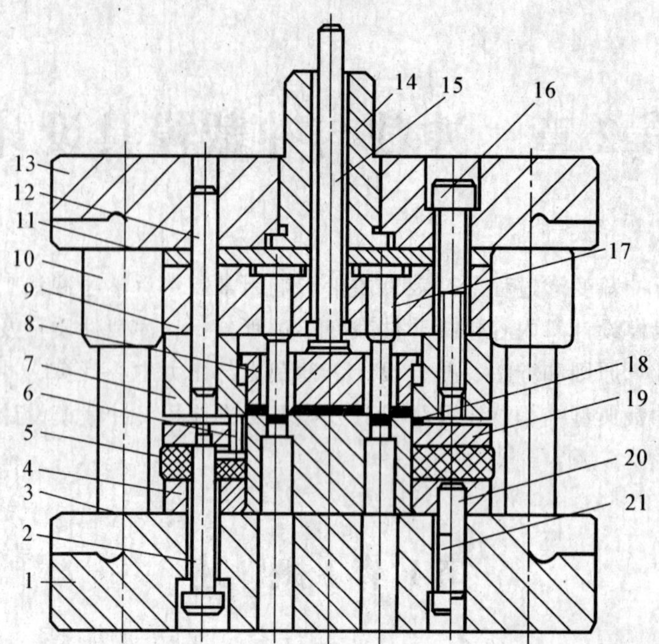

1-下模座；2-卸料螺钉；3-导柱；4-固定板；5-橡胶；6-导料销；7-落料凹模；8-推件块；9-固定板；10-导套；11-垫板；12，20-销钉；13-上模座；14-模柄；15-打杆；16，21-螺钉；17-冲孔凸模；18-凸凹模；19-卸料板；22-挡料销

图 2－2　落料冲孔复合模

第 2 节　冲裁变形过程分析

为了正确设计冲裁工艺和模具，控制冲裁件质量，必须认真分析冲裁变形过程，了解和掌握冲裁变形规律。

一、冲裁变形过程

冲裁变形过程如图 2－3 所示，大致可分为三个阶段。

1. 弹性变形阶段

如图 2－3a）所示，在凸模压力下，材料产生弹性压缩、拉伸和弯曲变形，凹模上的板料则向上翘曲，间隙值 Z 越大，弯曲和上翘越严重。同时，凸模稍许挤入板料上部，板料的下部则略挤入凹模洞口，但材料内的应力未超过材料的弹性极限。

2. 塑性变形阶段

如图 2－3b）所示，因板料发生弯曲，凸模沿宽度为 b 的环形带继续加压，当材料内的应力达到屈服强度时便开始进入塑性变形阶段。凸模挤入板料上部，同时板料下部挤入凹模洞口，形成光亮的塑性剪切面。随凸模挤入板料深度的增大，塑性变形程度增大，变形区材料硬化加剧，冲裁变形抗力不断增大，直到刃口附近侧面的材料由于拉应力的作用出现微裂纹时，塑性变形阶段便结束，此时冲裁变形抗力达到最大值。由于凸、凹模间存在有间隙，故在这个阶段板料还伴有弯曲和拉伸变形。间隙越大，弯曲和拉伸变形也越大。

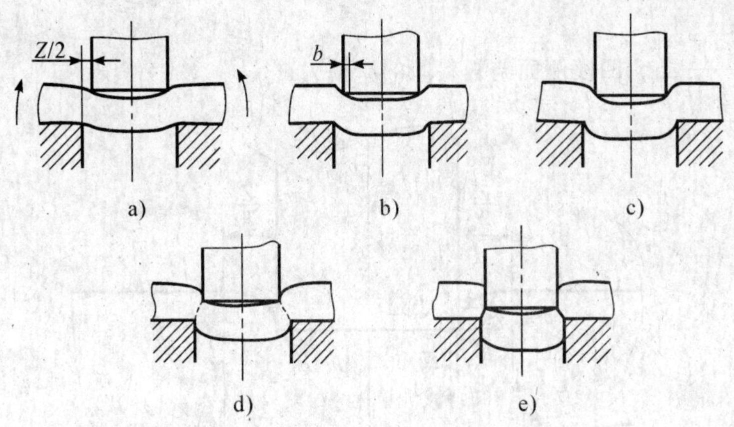

图 2-3　冲裁变形过程

3. 断裂分离阶段

材料内裂纹首先在凹模刃口附近的侧面产生，紧接着才在凸模刃口附近的侧面产生。已形成的上下微裂纹随凸模继续压入，并沿最大切应力方向不断向材料内部扩展，当上下裂纹重合时，板料便被剪断分离。随后，凸模将分离的材料推入凹模洞口。

由图 2-4 所示的冲裁力-凸模行程曲线可明显看出冲裁变形过程的三个阶段。图中 *OA* 段是冲裁的弹性变形阶段；*AB* 段是塑性变形阶段，*B* 点为冲裁力的最大值，在此点材料开始剪裂；*BC* 段为微裂纹扩展直至材料分离的断裂阶段；*CD* 段主要是用于克服摩擦力将冲件推出凹模孔口所需的力。

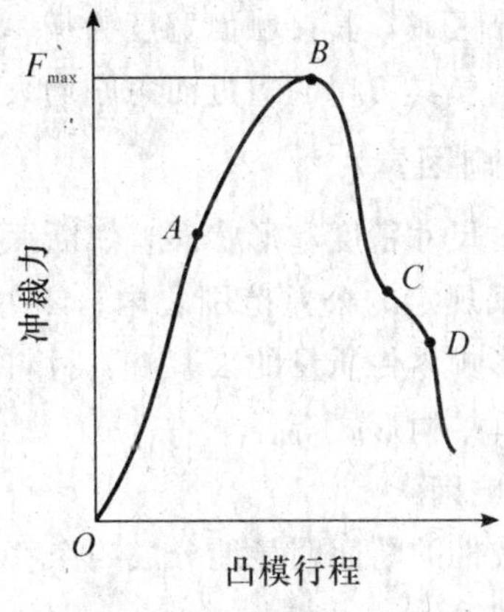

图 2-4　冲裁力曲线

二、冲裁变形受力分析

图 2-5 所示是无压边装置的模具对板料进行冲裁时的情形。凸模 1 与凹模 3 都具有与制件轮廓一样形状的锋利刃口，凸、凹模之间存在一定间隙。当凸模下降至与板料接触时，板料就受到凸、凹模的作用力。

其中：

F_1，F_2——凸、凹模对板料的垂直作用力；

F_3，F_4——凸、凹模对板料的侧压力；

μF_1，μF_2——凸、凹模端面与板料间的摩擦力，其方向与间隙大小有关，一般从模具刃口指向外；

μF_3，μF_4——凸、凹模侧面与板料间的摩擦力。

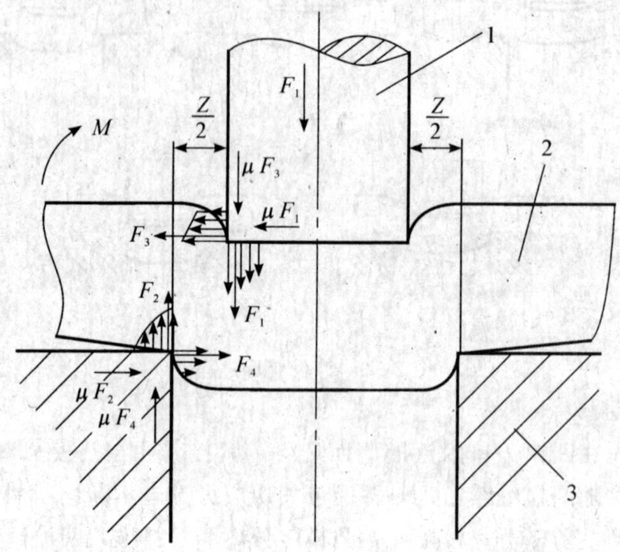

1-凸模；2-板料；3-凹模

图 2-5　冲裁时作用于板料上的力

从图中可看出，由于凸、凹模之间存在间隙，F_1，F_2 不在同一垂直线上，故板料受到弯矩 $M \approx F_1 \times Z/2$ 作用。由于 M 使板料弯曲并从模具表面上翘起，使模具表面和板料的接触面仅限在刃口附近的狭小区域，其接触面宽度为板厚的 0.2～0.4。接触面间相互作用的垂直压力并不均匀，随着向模具刃口的逼近而急剧增大。

三、冲裁件质量及其影响因素

冲裁件质量是指断面状况、尺寸精度和形状误差。断面状况尽可能垂直、光洁、毛刺很小；尺寸精度应该保证在图纸规定的公差范围之内；零件外形误差应该满足图纸要求，表面尽可能平直，即拱弯小。影响零件质量的因素有：材料性能、间隙大小及均匀性、刃口锋利程度、模具精度以及模具结构形式等。

1. 冲裁件断面质量及其影响因素

由于冲裁变形的特点，冲裁件的断面明显地分成四个特征区，即圆角带 a、光亮带 b、断裂带 c 与毛刺区 d，如图 2-6 所示。

(1) 圆角带 a：该区域是当凸模刃口压入材料时，刃口附近的材料产生弯曲和伸长变形，材料被拉入间隙的结果。

(2) 光亮带 b：该区域发生在塑性变形阶段，当刃口切入材料后，材料与凸、凹模切刃的侧表面挤压而形成光亮垂直的断面，通常占全断面的 1/3～1/2。

(3) 断裂带 c：该区域是在断裂阶段形成的，是由刃口附近的微裂纹在拉应力作用下不断扩展而形成的撕裂面。其断面粗糙，具有金属本色，且略带有斜度。

(4) 毛刺区 d：毛刺是在刃口附近的侧面上条料出现微裂纹时形成的。在拉应力的作用下，裂纹加长，材料断裂而产生毛刺。裂纹的产生点和刃口尖的距离称为毛刺的高度。在普通冲裁中毛刺是不可避免的，普通冲裁允许的毛刺高度见表 2-1。

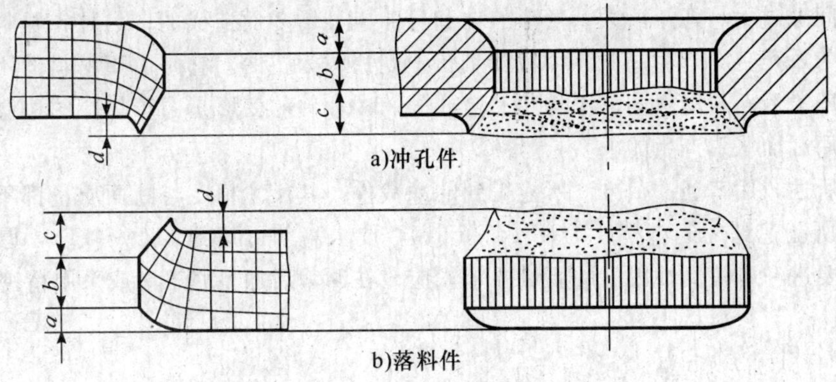

图 2-6 冲裁区应力、变形和冲裁件正常的断面状况

表 2-1 普通冲裁毛刺的允许高度 /mm

料厚 t	≈0.3	>0.3～0.5	>0.5～1.0	>1.0～1.5	>1.5～2
生产时	≤0.05	≤0.08	≤0.10	≤0.13	≤0.15
试模时	≤0.015	≤0.02	≤0.03	≤0.04	≤0.05

在四个特征区中，光亮带越宽，断面质量越好。但四个特征区域的大小和断面所占的比例大小并非一成不变，而是随着材料性能、模具间隙、刃口状态等条件的不同而变化。

2. 冲裁件尺寸精度及其影响因素

冲裁件的尺寸精度，是指冲裁件的实际尺寸与图纸上基本尺寸之差，差值越小，精度越高。这个差值包括两方面的偏差：一是冲裁件相对于凸模或凹模尺寸的偏差，二是模具本身的制造偏差。

冲裁件的尺寸精度与许多因素有关，如冲模的制造精度、材料性质、冲裁间隙等。

(1) 冲模的制造精度：冲模的制造精度对冲裁件尺寸精度有直接影响。冲模的精度愈高，冲裁件的精度亦愈高。需要指出的是，冲模的精度与冲模结构、加工、装配等多方面因素有关。

(2) 材料的性质：材料的性质对该材料在冲裁过程中的弹性变形量有很大影响。对于比较软的材料，弹性变形量较小，冲裁后的回弹值亦小，因而零件精度高；而硬的材料，情况正好与此相反。

(3) 冲裁间隙：当间隙适当时，在冲裁过程中，板料的变形区在比较纯的剪切作用下被分离，使落料件的尺寸等于凹模尺寸，冲孔件尺寸等于凸模的尺寸。当间隙过大，板料在冲裁过程中除受剪切作用外还产生较大的拉伸与弯曲变形，冲裁后因材料弹性回复，将使冲裁件尺寸向实际方向收缩。对于落料件，其尺寸将会小于凹模尺寸；对于冲孔件，其尺寸将会大于凸模尺寸。但因拱弯的弹性回复方向与以上相反，故偏差值是二者的综合结果。当间隙过小，则板料在冲裁过程中除受剪切作用外还会受到较大的挤压作用，冲裁后，材料的弹性回复使冲裁件尺寸向实体的反方向胀大。对于落料件，其尺寸将会大于凹模尺寸；对于冲孔件，其尺寸将会小于凸模尺寸。

3. 冲裁件形状误差及其影响因素

冲裁件的形状误差是指翘曲、扭曲、变形等缺陷。冲裁件呈曲面不平现象称为翘曲。它是由于间隙过大、弯矩增大、变形拉伸和弯曲成分增多而造成的；另外，材料的各向异性和卷料未矫正也会产生翘曲。冲裁件呈扭歪现象称为扭曲。它是由于材料的不平、间隙不均匀、凹模后角对材料摩擦不均匀等造成的。冲裁件的变形是由于坯料的边缘冲孔或孔距太小等原因而胀形产生的。

综上所述，用普通冲裁方法所能得到的冲裁件，其尺寸精度与断面质量都不太高。金属冲裁件所能达到的经济精度为IT14～IT10，要求高的可达到IT10～IT8，厚料比薄料更差。若要进一步提高冲裁件的质量要求，应该在冲裁后加整修工序或采用精密冲裁法。

第3节　冲裁间隙

冲裁间隙是指冲裁模中凹模刃口横向尺寸 D_A 与凸模刃口横向尺寸 d_T 的差值，如图2-7所示。Z 表示双面间隙，单面间隙用 $Z/2$ 表示。如无特殊说明，冲裁间隙就是指双面间隙。Z 值可为正，也可为负，但在普通冲裁中，均为正值。

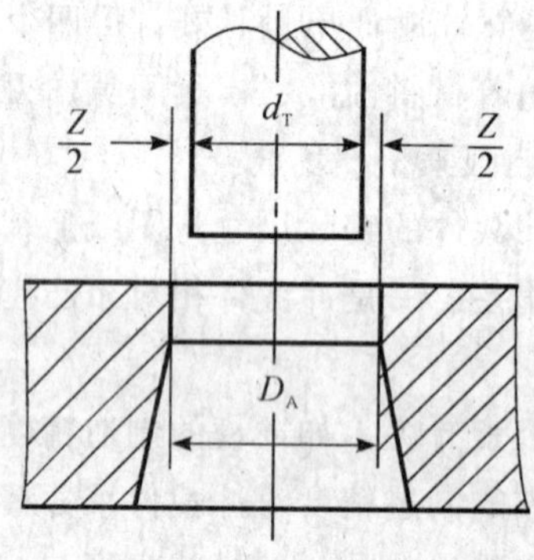

图2-7　冲裁模间隙

一、冲裁间隙的重要性

间隙对冲裁件质量、冲裁力和模具寿命均有很大影响，是冲裁工艺与冲裁模设计中的一个非常重要的工艺参数。

1. 间隙对冲裁件质量的影响

如上一节内容所示，间隙是影响冲裁件质量的主要因素之一。

2. 间隙对冲裁力的影响

随着间隙的增大，冲裁力有一定程度的降低，但当单面间隙介于材料厚度的5%～20%范围内时，冲裁力的降低不超过5%～10%。因此，在正常情况下，间隙对冲裁力的影响不是很大。

间隙对卸料力、推件力的影响比较显著。随着间隙增大，卸料力和推件力都将减小。一般当单面间隙增大到材料厚度的15%～25%时，卸料力几乎降到零；但间隙继续增大会使毛刺增大，又将引起卸料力、推件力的迅速增大。

3. 间隙对模具寿命的影响

模具寿命分为刃磨寿命和模具总寿命。刃磨寿命用两次刃磨之间的合格制件数表示，总寿命用模具失效为止的总的合格制件数表示。模具失效的原因一般有以下几种：磨损、变形、崩刃、折断和胀裂。

冲裁过程中作用于凸、凹模上的力为被冲材料的反作用力，其方向与材料上的作用力相反。凸、凹模刃口受到极大的垂直压力与侧压力的作用，高压使刃口与被冲材料接触面之间产生局部附着现象，当接触面相对滑动时，附着部分就产生剪切而引起磨损。这种附着磨损，是冲模磨损的主要形式。接触压力愈大，相对滑动距离愈大，模具材料愈软，则磨损量愈大。而冲裁中的接触压力，即垂直力、侧压力、摩擦力均随间隙的减小而增大，且间隙小时，光亮带变宽，摩擦距离变长，摩擦发热严重，所以小间隙将使磨损增加，甚至使模具与材料之间产生黏结现象。而接触压力的增大，还会引起刃口的压缩疲劳破坏，使之崩刃。小间隙还会导致凹模胀裂，小凸模折断，凸、凹模相互啃刃等异常损坏。当然，影响模具寿命的因素很多，有润滑条件、模具精度、表面粗糙度、被加工材料特性、冲裁件轮廓形状等，但间隙是其中一个主要因素。

所以，为了减少凸、凹模的磨损，延长模具使用寿命，在保证冲裁件质量的前提下适当采用较大的间隙值是十分必要的。若采用小间隙，就必须提高模具硬度、精度，减小模具粗糙度，良好润滑，以减少磨损。

二、冲裁模间隙值的确定

间隙对冲裁件质量、冲裁力、模具寿命等都有很大的影响，但很难找到一个固定的间隙值能同时满足冲裁件质量最佳、冲模寿命最长、冲裁力最小等各方面的要求。因此，在冲压实际生产中，主要根据冲裁件断面质量、尺寸精度和模具寿命这三个因素综合考虑，给间隙规定一个范围值。只要间隙在这个范围内，就能得到质量合格的冲裁件和保证较长的模具寿命。这个间隙范围就称为合理间隙，这个范围的最小值称为最小合理间隙（Z_{min}），最大值称为最大合理间隙（Z_{max}）。考虑到在生产过程中的磨损使间隙变大，故设计与制造新模具时应采用最小合理间隙。确定合理间隙值有理论确定法和经验确定法两种。

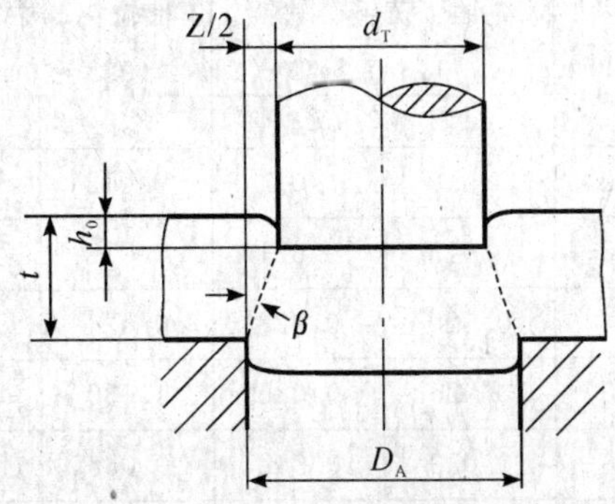

图 2-8　冲裁产生裂纹的瞬时状态

1. 理论确定法

它主要是根据凸、凹模刃口产生的裂纹相互重合的原则进行计算。图 2-8 所示为冲裁过程中开始产生裂纹的瞬时状态，根据图中几何关系可求得合理间隙 Z 的计算公式如下：

$$Z=2(t-h_0)\tan\beta=2t(1-\frac{h_0}{t})\tan\beta$$

式中：

t——材料厚度；

h_0——产生裂纹时凸模挤入材料的深度；

h_0/t——产生裂纹时凸模挤入材料的相对深度；

β——剪切裂纹与垂线间的夹角。

由上式可看出，合理间隙 Z 与材料厚度 t、凸模相对挤入材料深度 h_0、裂纹角 β 有关，而 h_0/t 及 β 又与材料塑性有关，如表 2-2 所示。因此，影响间隙值的主要因素是材料性质和厚度。厚度越大、塑性越低的硬脆材料，所需间隙值就越大；厚度越薄、塑性越好的材料，所需间隙值就越小。由于理论计算法在生产中使用不方便，故目前广泛采用的是经验数据。

表 2-2　　**h_0/t 及 β 值与材料塑性的关系**

材料	h_0/t		β	
	退火	硬化	退火	硬化
软钢、纯铜、软黄铜	0.5	0.35	6°	5°
中硬钢、硬黄铜	0.3	0.2	5°	4°
硬钢、硬青铜	0.2	0.1	4°	4°

2. 经验确定法

根据研究与实际生产经验，间隙值可按要求分类查表确定。对于尺寸精度、断面质量要求高的冲裁件应选用较小间隙值，如表 2-3 所示，这时冲裁力与模具寿命作为次要因素考虑。对于尺寸精度和断面质量要求不高的冲裁件，在满足冲裁件要求的前提下，应以降低冲裁力、提高模具寿命为主，选用较大的双面间隙值，如表 2-4 所示。

表 2-3　　**较小双面间隙值**（GB/T 16743—1997）　　/mm

序号	材料厚度 t	软铝		纯铜、黄铜、软钢 (0.08～0.2)%C		杜拉铝、中等硬钢 (0.3～0.4)%C		硬钢 (0.5～0.6)%C	
		Z_{min}	Z_{max}	Z_{min}	Z_{max}	Z_{min}	Z_{max}	Z_{min}	Z_{max}
1	0.2	0.008	0.012	0.010	0.014	0.012	0.016	0.014	0.018
2	0.3	0.012	0.018	0.015	0.021	0.018	0.024	0.021	0.027
3	0.4	0.016	0.024	0.020	0.028	0.024	0.032	0.028	0.036
4	0.5	0.020	0.030	0.025	0.035	0.030	0.040	0.035	0.045
5	0.6	0.024	0.036	0.030	0.042	0.036	0.048	0.042	0.054
6	0.7	0.028	0.042	0.035	0.049	0.042	0.056	0.049	0.063
7	0.8	0.032	0.048	0.040	0.056	0.048	0.064	0.056	0.072
8	0.9	0.036	0.054	0.045	0.063	0.054	0.072	0.063	0.081

续表

序号	材料厚度 t	软铝		纯铜、黄铜、软钢 (0.08～0.2)%C		杜拉铝、中等硬钢 (0.3～0.4)%C		硬钢 (0.5～0.6)%C	
		Z_{min}	Z_{max}	Z_{min}	Z_{max}	Z_{min}	Z_{max}	Z_{min}	Z_{max}
9	1.0	0.040	0.060	0.050	0.070	0.060	0.080	0.070	0.090
10	1.2	0.050	0.084	0.072	0.096	0.084	0.108	0.096	0.120
11	1.5	0.075	0.105	0.090	0.120	0.105	0.135	0.120	0.150
12	1.8	0.090	0.126	0.108	0.144	0.126	0.162	0.144	0.180
13	2.0	0.100	0.140	0.120	0.160	0.140	0.180	0.160	0.200
14	2.2	0.132	0.176	0.154	0.198	0.176	0.220	0.198	0.242

注：(1) 初始间隙的最小值相当于间隙的公称数值。

(2) 初始间隙的最大值是考虑到凸模和凹模的制造公差所增加的数值。

(3) 在使用过程中，由于模具工作部分的磨损，间隙将有所增加，因而间隙的使用最大数值会超过表列数值。

(4) 表中的 (0.08～0.2)%C 等为碳的质量分数，用其表示钢中的含碳量。

表 2-4　　**较大双面间隙值** (GB/T 16743—1997)　　/mm

序号	材料厚度 t	08，10，35，Q295，Q235		Q345		40，50		65Mn	
		Z_{min}	Z_{max}	Z_{min}	Z_{max}	Z_{min}	Z_{max}	Z_{min}	Z_{max}
1	<0.5	极小间隙							
2	0.5	0.040	0.060	0.040	0.060	0.040	0.060	0.040	0.060
3	0.6	0.048	0.072	0.048	0.072	0.048	0.072	0.048	0.072
4	0.7	0.064	0.092	0.064	0.092	0.064	0.092	0.064	0.092
5	0.8	0.072	0.104	0.072	0.104	0.072	0.104	0.064	0.092
6	0.9	0.090	0.126	0.090	0.126	0.090	0.126	0.090	0.126
7	1.0	0.100	0.140	0.100	0.140	0.100	0.140	0.090	0.126
8	1.2	0.126	0.180	0.132	0.180	0.132	0.180		
9	1.5	0.132	0.240	0.170	0.240	0.170	0.240		
10	2.0	0.246	0.360	0.260	0.380	0.260	0.380		
11	2.1	0.260	0.380	0.280	0.400	0.280	0.400		
12	2.5	0.360	0.500	0.380	0.540	0.380	0.540		
13	2.75	0.400	0.560	0.420	0.600	0.420	0.600		
14	3.0	0.460	0.640	0.480	0.660	0.480	0.660		

注：冲裁皮革、石棉和纸板时，间隙取08钢的25%。

需要指出的是，当模具采用线切割加工时，若直接从凹模中制取凸模，此时凸、凹模间隙取决于电极丝直径、放电间隙和研磨量，但其总和不能超过最大单面初始间隙值。

第4节 凸模与凹模刃口尺寸的确定

凸模和凹模的刃口尺寸和公差，直接影响冲裁件的尺寸精度，模具的合理间隙值也靠凸、凹模刃口尺寸及其公差来保证。因此，正确确定凸、凹模刃口尺寸和公差，是冲裁模设计中的一项重要工作。

一、凸、凹模刃口尺寸计算原则

由于凸、凹模之间存在着间隙，所以冲裁件断面都带有锥度。但在冲裁件尺寸的测量和使用中，则是以光亮带的尺寸为基准。

落料件的光亮带处于大端，其光亮带是因凹模刃口挤切材料产生的，且落料件的大端（光面）尺寸等于凹模尺寸；冲孔件的光亮带处于小端，其光亮带是凸模刃口挤切材料产生的，且冲孔件的小端（光面）尺寸等于凸模尺寸。

冲裁过程中，凸、凹模要与冲裁零件或废料发生摩擦，凸模轮廓越磨越小，凹模轮廓越磨越大，结果使间隙越来越大。因此，确定凸、凹模刃口尺寸应区分落料和冲孔工序，并遵循如下原则：

(1) 设计落料模先确定凹模刃口尺寸：以凹模为基准，间隙取在凸模上，即冲裁间隙通过减小凸模刃口尺寸来取得；设计冲孔模先确定凸模刃口尺寸：以凸模为基准，间隙取在凹模上，冲裁间隙通过增大凹模刃口尺寸来取得。

(2) 根据冲模在使用过程中的磨损规律设计落料模时，凹模基本尺寸应取接近或等于工件的最小极限尺寸；设计冲孔模时，凸模基本尺寸则取接近或等于工件孔的最大极限尺寸。这样，凸、凹模在磨损到一定程度时，仍能冲出合格的零件。

模具磨损预留量与工件制造精度有关，用 x，Δ 表示。其中，Δ 为工件的公差值；x 为磨损系数，其值在 0.5～1 之间，根据工件制造精度进行选取：工件精度在 IT10 以上，$x=1$；工件精度在 IT11～IT13，$x=0.75$；工件精度在 IT14 以上，$x=0.5$。

(3) 不管落料还是冲孔，冲裁间隙一般选用最小合理间隙值（Z_{min}）。

(4) 选择模具刃口制造公差时，要考虑工件精度与模具精度的关系，既要保证工件的精度要求，又要保证有合理的间隙值。一般冲模精度较工件精度高 2～4 级。对于形状简单的圆形、方形刃口，其制造偏差值可按 IT6～IT7 级来选取；形状复杂的刃口制造偏差可按工件相应部位公差值的 1/4 来选取；刃口尺寸磨损后无变化的制造偏差值可取工件相应部位公差值的 1/8 并冠以“±”。

(5) 工件尺寸公差与冲模刃口尺寸的制造偏差原则上都应按“入体”原则标注为单向公差。所谓入体原则，是指标注工件尺寸公差时应向材料实体方向单向标注。但对于磨损后无变化的尺寸，一般标注双向偏差。

二、凸模与凹模刃口尺寸的计算方法

由于冲模加工方法不同，刃口尺寸的计算方法也不同，基本上可分为两类。

1. 按凸模与凹模图样分别加工法

这种方法主要适用于圆形或简单规则形状的工件。因冲裁此类工件的凸、凹模制造相对简单，精度容易保证，所以采用分别加工。设计时，需在图纸上分别标注凸模和凹模刃口尺寸及制造公差。

冲模刃口与工件尺寸及公差分布情况如图 2－9 所示。

（1）落料

如图 2－9a）所示，设工件的尺寸为 $D_{-\Delta}$。根据计算原则，落料时以凹模为设计基准。首先确定凹模尺寸，使凹模的基本尺寸接近或等于工件轮廓的最小极限尺寸；将凹模尺寸减去最小合理间隙值即得到凸模尺寸。

$$D_A=(D_{max}-X_{\Delta})^{+\delta_A}_{0}$$

$$D_T=(D_A-Z_{min})^{0}_{-\delta_T}=(D_{max}-x\Delta-Z_{min})^{0}_{-\delta_T}$$

式中：

D_A，D_T——落料凹、凸模尺寸；

D_{max}——落料件的最大极限尺寸；

Δ——工件制造公差；

x——磨损系数；

Z_{min}——最小合理间隙；

δ_A，δ_T——凹、凸模的制造公差，其值可按 IT6～IT7 级标准来选取，或取 $\delta_T\leqslant 0.4(Z_{max}-Z_{min})$，$\delta_A\leqslant 0.6(Z_{max}-Z_{min})$。

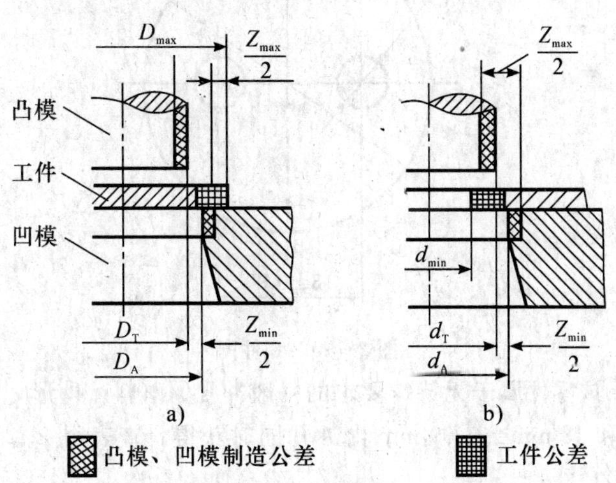

图 2－9　冲模刃口与工件尺寸及公差分布

（2）冲孔

如图 2－9b）所示，设冲孔尺寸为 $d^{+\Delta}$。根据计算原则，冲孔时以凸模为设计基准。首先确定凸模尺寸，使凸模的基本尺寸接近或等于工件孔的最大极限尺寸；然后将凸模尺寸加上最小合理间隙值即得到凹模尺寸。

$$d_T=(d_{min}+x\Delta)^{0}_{-\delta_T}$$

$$d_A=(d_T+Z_{min})^{+\delta_A}_{0}=(d_{min}+x\Delta+Z_{min})^{+\delta_A}_{0}$$

式中：

d_T，d_A——冲孔凸、凹模尺寸；

d_{min}——冲孔件的最小极限尺寸。

（3）孔心距

孔心距属于磨损后基本不变的尺寸。在同一工步中，在工件上冲出孔距为 L_d 的两个孔时，其凹模孔心距可按下式确定：

$$L_d = L \pm \frac{1}{8}\Delta$$

式中：

L，L_d——工件孔心距和凹模孔心距的公称尺寸。

为了保证初始间隙不超过 Z_{max}，即 $\delta_T + \delta_A + Z_{min} \leqslant Z_{max}$。$\delta_T$ 和 δ_A 的选取必须满足以下条件：

$$\delta_T + \delta_A \leqslant Z_{max} - Z_{min}$$

由上可见，凸、凹模分别加工法的优点是凸、凹模具有互换性，制造周期短，便于成批制造；其缺点是为了保证初始间隙在合理范围内，需要采用较小的凸、凹模具制造公差才能满足要求，所以模具制造成本相对较高。

例 2-1　冲制如图 2-10 所示零件，材料为 Q235 钢，料厚 $t=0.5$ mm。计算冲裁凸、凹模刃口尺寸及公差。

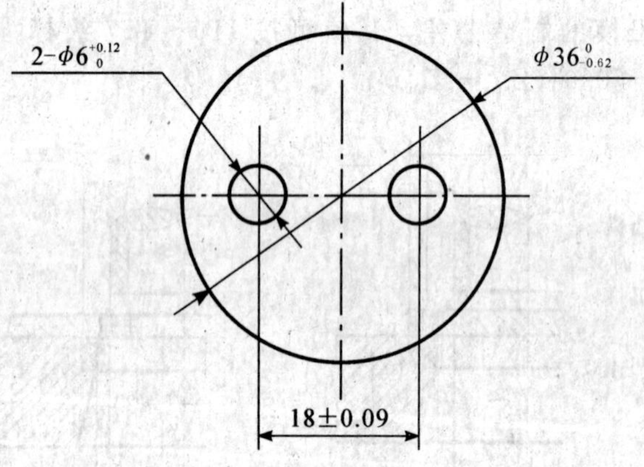

图 2-10　零件图

解：由图可知，该零件属于无特殊要求的一般冲孔、落料。外形 $\phi 36_{-0.62}^{0}$ mm 由落料产生，2-$\phi 6_{0}^{+0.12}$ mm 和 18 mm±0.09 mm 由冲孔同时获得。查表得 $Z_{min}=0.04$ mm，$Z_{max}=0.06$ mm，则

$$Z_{max} - Z_{min} = (0.06 - 0.04) = 0.02\ (\text{mm})$$

由公差表查得：2-$\phi 6_{0}^{+0.12}$ mm 为 IT12 级，取 $x=0.75$；$\phi 36_{-0.62}^{0}$ mm 为 IT14 级，取 $x=0.5$ mm。

设凸、凹模分别按 IT6 和 IT7 级加工制造，则

（1）冲孔

$$d_T = (d_{min} + x\Delta)_{-\delta_T}^{0} = (6 + 0.75 \times 0.12)_{-0.008}^{0} = 6.09_{-0.008}^{0}\ (\text{mm})$$

$$d_A = (d_T + Z_{min})_{0}^{+\delta_A} = (6.09 + 0.04)_{0}^{+0.012} = 6.13_{0}^{+0.012}\ (\text{mm})$$

$$0.008 + 0.012 \leqslant 0.06 - 0.04 \quad \text{（满足间隙公差条件）}$$

(2) 孔心距尺寸

$$L_d = L \pm \frac{\Delta}{8} = 18 \pm 0.125 \times 2 \times 0.09 = (18 \pm 0.023)(\text{mm})$$

(3)落料

$$D_A = (D_{max} + x\Delta)^{+\delta_A}_{0} = (36 - 0.5 \times 0.62)^{+0.025}_{0} = 35.69^{+0.025}_{0}(\text{mm})$$

$$D_T = (D_A - Z_{min})_{-\delta_T}^{0} = (35.69 - 0.04)_{-0.016}^{0} = 35.65_{-0.016}^{0}(\text{mm})$$

由于 $0.016 + 0.025 = 0.041 > 0.02$，不能满足间隙公差条件，因此只有缩小 δ_T，δ_A，提高制造精度，才能保证间隙在合理范围内。由此取：

$$\delta_T \leqslant 0.4(Z_{max} - Z_{min}) = 0.4 \times 0.02 = 0.008\ (\text{mm})$$

$$\delta_A \leqslant 0.6(Z_{max} - Z_{min}) = 0.6 \times 0.02 = 0.012\ (\text{mm})$$

故 $D_A = 35.69^{+0.012}_{0}$ mm，$D_T = 35.65_{-0.008}^{0}$ mm。

2. 凸模与凹模配作法

采用凸、凹模分开加工法时，为了保证凸、凹模间一定的间隙值，必须严格限制冲模制造公差，因此造成冲模制造困难。冲制薄材料（因 Z_{max} 与 Z_{min} 的差值很小）的冲模或冲制复杂形状工件的冲模或单件生产的冲模，常常采用凸模与凹模配作的加工方法。

配作法就是先按设计尺寸造出一个基准件（凸模或凹模），然后根据基准件的实际尺寸再按最小合理间隙配制另一件。这种加工方法的特点是模具的间隙由配制保证，工艺比较简单，不必校核，并且可放大基准件的制造公差，使它容易制造。设计时，基准件的刃口尺寸及制造公差应详细标注，而配作件上只标注公称尺寸，不标注公差；但在图纸上需注明“凸（凹）模刃口按凹（凸）模实际刃口尺寸配制，保证最小双面合理间隙值 Z_{min}”。

采用配作法计算凸模或凹模刃口尺寸时，首先应根据凸模或凹模磨损后轮廓变化情况，正确判断出模具刃口各个尺寸在磨损过程中是变大、变小还是不变，然后分别按不同的公式计算。

(1) 凸模或凹模磨损后会增大的尺寸——第一类尺寸 A

落料凹模或冲孔凸模磨损后将会增大的尺寸，相当于简单形状的落料凹模尺寸，所以它的基本尺寸及制造公差的确定方法与分别加工法的落料凸模尺寸公式相同。

$$A_j = (A_{max} - x\Delta)^{+\frac{1}{4}\Delta}_{0}$$

(2) 凸模或凹模磨损后会减小的尺寸——第二类尺寸 B

冲孔凸模或落料凹模磨损后将会减小的尺寸，相当于简单形状的冲孔凸模尺寸，所以它的基本尺寸及制造公差的确定方法与分别加工法的冲孔凸模尺寸公式相同。

$$B_j = (B_{min} + x\Delta)_{-\frac{1}{4}\Delta}^{0}$$

(3) 凸模或凹模磨损后基本不变的尺寸——第三类尺寸 C

凸模或凹模在磨损后基本不变的尺寸，不必考虑磨损的影响，相当于简单形状的孔心距尺寸，所以它的基本尺寸及制造公差的确定方法按孔心距公式计算。

$$C_j = (C_{min} + \frac{1}{2}\Delta) \pm \frac{1}{8}\Delta$$

式中：

A_j，B_j，C_j——模具基准件尺寸（mm）；

A_{max}，B_{min}，C_{min}——工件极限尺寸（mm）。

例 2－2　如图 2－11 所示的落料件，$a=80_{-0.42}^{\ 0}$ mm，$b=40_{-0.34}^{\ 0}$ mm，$c=35_{-0.34}^{\ 0}$ mm，$d=22$ mm±0.14 mm，$e=15_{-0.12}^{\ 0}$ mm，板料厚度 $t=1$ mm，材料为 10 号钢。试计算冲裁件的凸模、凹模刃口尺寸及制造公差。

解：该冲裁件属落料件，选凹模为设计基准件，只需计算落料凹模刃口尺寸及制造公差，凸模刃口尺寸由凹模实际尺寸按间隙要求配作。

由表 2－4 可知：$Z_{\min}=0.1$ mm，$Z_{\max}=0.14$ mm。由公差表查得工件各尺寸的公差等级，然后确定 x。对于尺寸 80 mm，$x=0.5$；尺寸 15 mm，$x=1$；其余尺寸均选 $x=0.75$。

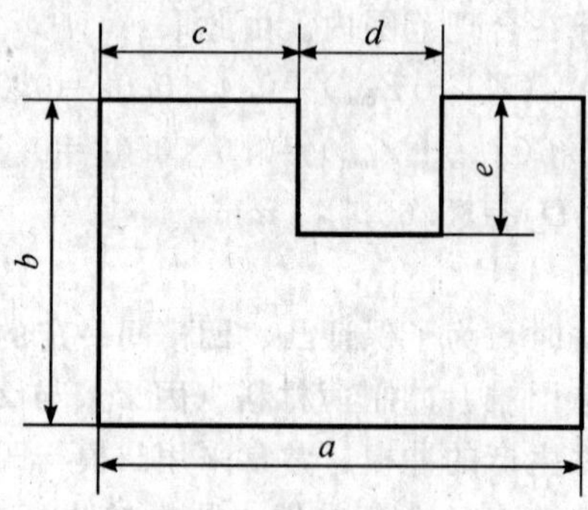

图 2－11　落料件

落料凹模的基本尺寸计算如下：

第一类尺寸：

$$a_凹=(80-0.5\times0.42)_{\ 0}^{+\frac{1}{4}\times0.42}=79.79_{\ 0}^{+0.105}$$

$$b_凹=(40-0.75\times0.34)_{\ 0}^{+\frac{1}{4}\times0.34}=39.75_{\ 0}^{+0.085}$$

$$c_凹=(35-0.75\times0.34)_{\ 0}^{+\frac{1}{4}\times0.34}=34.75_{\ 0}^{+0.085}$$

第二类尺寸：

$$d_凹=(21.86+0.75\times0.28)_{-\frac{1}{4}\times0.28}^{\ 0}=22.07_{-0.07}^{\ 0}$$

第三类尺寸：磨损后基本不变的尺寸

$$e_凹=(15-0.5\times0.12)\pm\frac{1}{8}\times0.12=14.94\pm0.015(\text{mm})$$

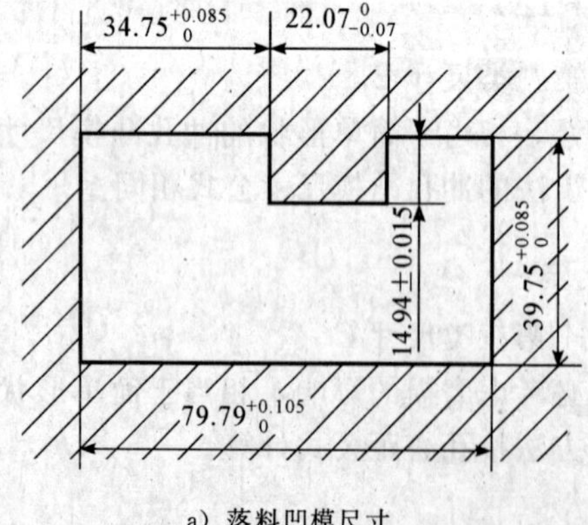

a）落料凹模尺寸

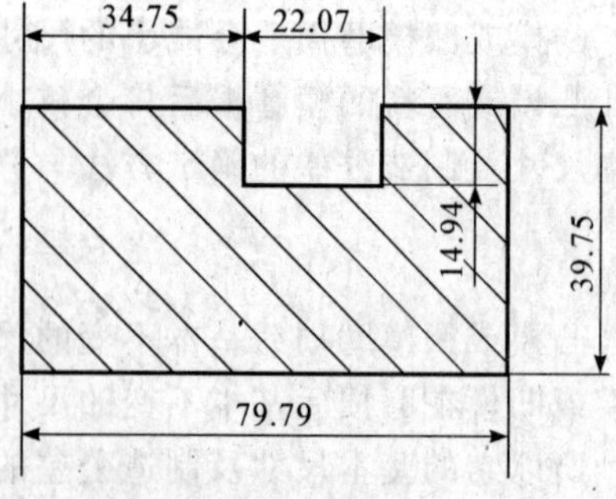

b）落料凸模尺寸

图 2－12　落料凸、凹模尺寸

落料凸模的基本尺寸与凹模相同，分别是 79.79 mm，39.75 mm，34.75 mm，22.07 mm，14.94 mm，不必标注公差，但要在技术条件中注明“凸模实际刃口尺寸按落料凹模配制，保证最小双面合理间隙值”。落料凹模、凸模的尺寸如图 2－12 所示。

第 5 节　冲裁排样设计

冲裁件在条料、带料或板料上的布置方法叫排样。合理的排样是提高材料利用率，降低成本，保证冲件质量及模具寿命的有效措施。

一、材料的合理利用

1. 材料利用率

冲裁件的实际面积与所用板料面积的百分比叫材料利用率，它是衡量合理利用材料的经济性指标。一个步距内的材料利用率可用下式表示：

$$\eta=\frac{A}{Bs}\times 100\%$$

式中：

A——一个步距内冲裁件的实际面积；

B——板料宽度；

s——步距。

若考虑到料头、料尾和边余料的材料消耗，则一张板料（或带料、条料）上总的材料利用率 $\eta_{总}$ 为：

$$\eta_{总}=\frac{nA_1}{LB}\times 100\%$$

式中：

n——一张板料上冲裁件的总数目；

A_1——一个步距内冲裁件的实际面积；

B——板料宽度；

L——板料长度。

$\eta_{总}$ 值越大，材料的利用率就越高。在冲裁件的成本中，材料费用一般占 60% 以上，可见材料利用率是一项很重要的经济指标。

2. 提高材料利用率的方法

冲裁所产生的废料可分为两类，如图 2-13 所示。一类是结构废料，是由冲件的形状特点决定的；另一类是由于冲件之间和冲件与条料侧边之间的搭边，以及料头、料尾和边余料而产生的，称为工艺废料。

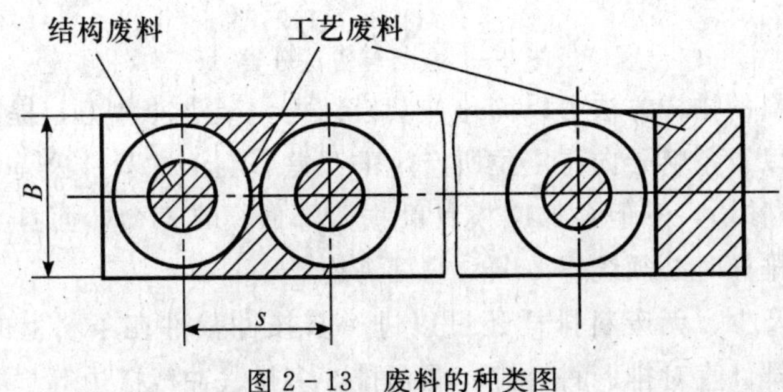

图 2-13　废料的种类图

要提高材料利用率，主要应从减少工艺废料着手。减少工艺废料的有力措施是：设计合理的排样方案，选择合适的板料规格和合理的裁板法（减少料头、料尾和边余料），或利用废料做小零件等。

对一定形状的冲件，结构废料是不可避免的，但充分利用结构废料是可能的。当两个不同冲件的材料和厚度相同时，在尺寸允许的情况下，较小尺寸的冲件可在较大尺寸冲件的废料中冲制出来。如电机转子硅钢片，就是在定子硅钢片的废料中取得的，这样就使结构废料得到了充分利用。另外，在条件允许的情况下，当取得零件设计单位同意后，也可以改变零件的结构形状，提高材料利用率。

二、排样方法

根据材料的合理利用情况，条料排样方法可分为三种，如图 2－14 所示。

1. 有废料排样

如图 2－14a）所示，沿冲件全部外形冲裁，冲件与冲件之间、冲件与条料之间都存在搭边废料。由于冲件尺寸完全由冲模来保证，因此精度高，模具寿命也高，但材料利用率低。

2. 少废料排样

如图 2－14b）所示，沿冲件部分外形切断或冲裁，只在冲件与冲件之间或冲件与条料侧边之间留有搭边。受剪裁条料质量和定位误差的影响，冲件质量稍差，同时边缘毛刺被凸模带入间隙也影响模具寿命，但材料利用率稍高，冲模结构简单。

3. 无废料排样

如图 2－14c）所示，冲件与冲件之间或冲件与条料侧边之间均无搭边，沿直线或曲线切断条料而获得冲件。冲件的质量和模具寿命更差一些，但材料利用率最高。当送进步距为两倍零件宽度时，一次切断便能获得两个冲件，有利于提高劳动生产率。

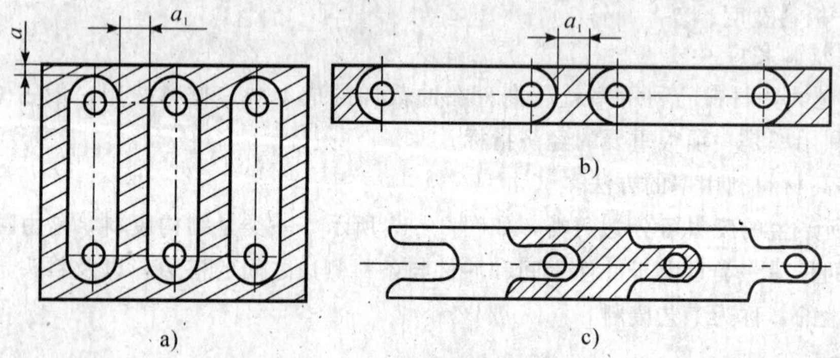

图 2－14　排样方法分类

采用少、无废料的排样方法可以简化冲裁模结构，减小冲裁力，提高材料利用率。因受条料本身的公差以及条料导向与定位所产生的误差影响，冲裁件公差等级低。由于模具单边受力（单边切断时），不但会加剧模具磨损，降低模具寿命，而且直接影响冲裁件的断面质量。为此，排样时必须统筹兼顾，全面考虑。

对有废料排样及少、无废料排样还可以进一步按冲裁件在条料上的布置方法加以分类，比如直排、斜排、直对排、斜对排、混合排、多排、冲裁搭边等。

对于形状复杂的冲件，通常用纸片剪成 3～5 个样件，然后摆出各种不同的排样方法，经过分析和计算，定出合理的排样方案。

在冲压生产实际中，由于零件的形状、尺寸、精度、批量大小和原材料供应等方面要求的不同，不可能提供一种固定不变的合理排样方案。但在决定排样方案时应遵循的原则是：保证在最低的材料消耗和最高的劳动生产率的条件下得到符合技术条件要求的零件，同时要考虑方便生产操作、冲模结构简单、冲模寿命长以及车间生产条件和原材料供应情况等。

三、搭边

排样时冲裁件之间以及冲裁件与条料侧边之间留下的工艺废料叫搭边。搭边的作用：一是补偿定位误差和剪板误差，确保冲出合格零件；二是增加条料刚度，方便条料送进，提高劳动生产率；三是搭边可以避免冲裁时条料边缘的毛刺被拉入模具间隙，从而提高模具寿命。

搭边值对冲裁过程及冲裁件质量有很大的影响，因此一定要合理确定搭边数值。搭边过大，材料利用率低；搭边过小，搭边的强度和刚度不够，冲裁时容易翘曲或被拉断，不仅会增大冲裁件毛刺，有时甚至单边拉入模具间隙，造成冲裁力不均，损坏模具刃口。根据生产的统计，正常搭边比无搭边冲裁的模具寿命高 50% 以上。

1. 影响搭边值的因素

（1）材料的力学性能：硬材料的搭边值可小一些；软材料、脆材料的搭边值要大一些。

（2）材料厚度：材料越厚，搭边值应越大。

（3）冲裁件的形状与尺寸：零件外形越复杂，圆角半径越小，搭边值应越大。

（4）送料及挡料方式：用手工送料，有侧压装置的搭边值可以小一些；用侧刃定距比用挡料销定距的搭边要小一些。

（5）卸料方式：弹性卸料比刚性卸料的搭边小一些。

2. 搭边值的确定

搭边值是由经验来确定的。表 2-5 为最小搭边值的经验数表之一，供设计时参考。

表 2-5　最小搭边值　　/mm

材料厚度 t	圆形或圆角 $r>2t$ 的工件	矩形件边长 $L<50$ mm	矩形件边长 $L\geqslant50$ mm 或圆角 $r\leqslant2t$ 的工件
	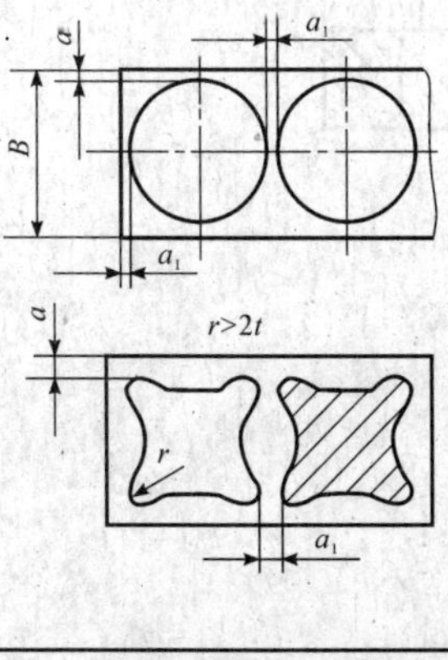 a, a_1, B, $r>2t$, r	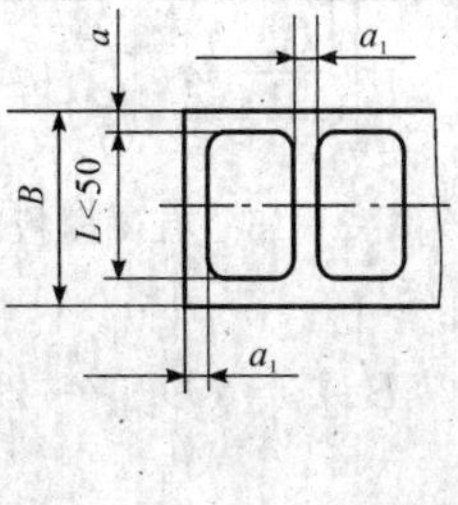 a, a_1, B, $L<50$	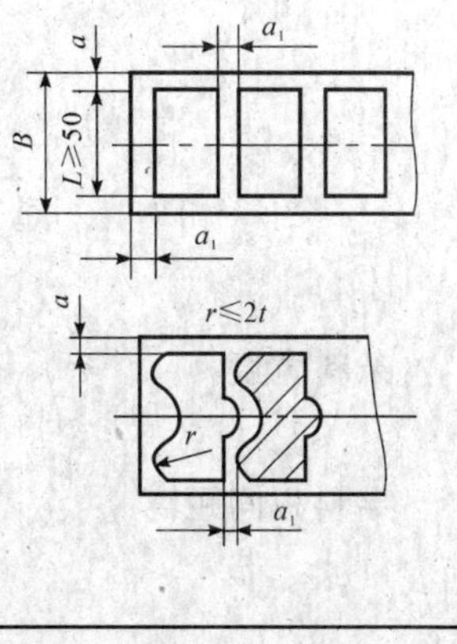 a, a_1, B, $L\geqslant50$, $r\leqslant2t$, r

续表

	工件间 a_1	侧面 a	工件间 a_1	侧面 a	工件间 a_1	侧面 a
<0.25	1.8	2.0	2.2	2.5	2.8	3.0
0.25～0.5	1.2	1.5	1.8	2.0	2.2	2.5
0.5～0.8	1.0	1.2	1.5	1.8	1.8	2.0
0.8～1.2	0.8	1.0	1.2	1.5	1.5	1.8
1.2～1.6	1.0	1.2	1.5	1.8	1.8	2.0
1.6～2.0	1.2	1.5	1.8	2.5	2.0	2.2
2.0～2.5	1.5	1.8	2.0	1.1	2.2	2.5
2.5～3.0	1.8	2.2	2.2	1.5	2.5	2.8
3.0～3.5	2.2	2.5	2.5	1.8	2.8	3.2
3.5～4.0	2.5	2.8	2.5	3.2	3.2	3.5
4.5～5.0	3.0	3.5	3.5	4.0	4.0	4.5
5.0～12	$0.6t$	$0.7t$	$0.7t$	$0.8t$	$0.8t$	$0.9t$

四、条料宽度与导料板间距离的计算

在排样方案和搭边值确定之后，就可以确定条料的宽度，进而确定导料板间的距离。由于表 2-5 所列侧面搭边值 a 已经考虑了剪料公差所引起的减小值，所以条料宽度的计算一般采用下列简化公式。

1. 有侧压装置时条料的宽度与导料板间距离

如图 2-15 所示，有侧压装置的模具能使条料始终沿着导料板送进，故按下式计算：

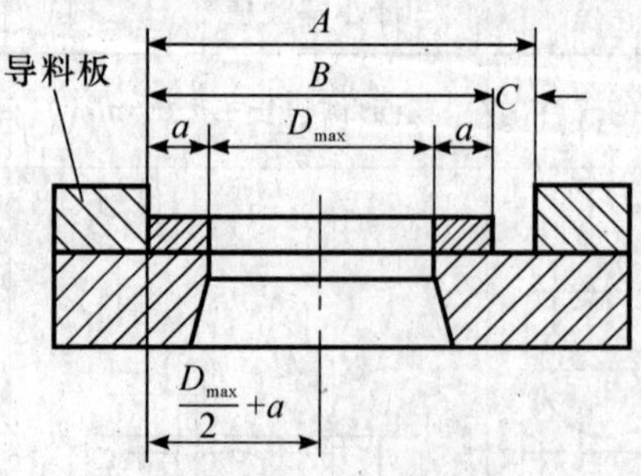

图 2-15　有侧压板的冲裁

条料宽度

$$B_{-\Delta}^{\ 0} = (D_{max} + 2a)_{-\Delta}^{\ 0}$$

导料板间距离

$$A = B + C = D_{max} + 2a + C$$

2. 无侧压装置时条料的宽度与导料板间距离

如图 2－16 所示，无侧压装置的模具应考虑在送料过程中因条料的摆动而使侧面搭边减少。为了补偿侧面搭边的减少，条料宽度应增加一个条料可能的摆动量，可按下式计算：

条料宽度

$$B_{-\Delta}^{\ 0} = (D_{\max} + 2a + C)_{-\Delta}^{\ 0}$$

导料板间距离

$$A = B + Z = D_{\max} + 2a + 2C$$

式中：

$D_{\max}$——条料宽度方向冲裁件的最大尺寸；

a——侧搭边值，可参考表 2－5；

Δ——条料宽度的单向（负向）偏差，见表 2－6、表 2－7；

C——导料板与最宽条料之间的间隙，其最小值见表 2－8。

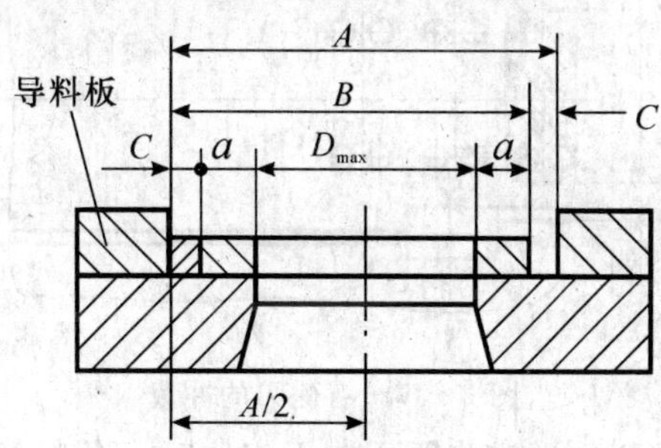

图 2－16　无侧压板的冲裁

表 2－6　**条料宽度偏差**　/mm

条料宽度 B	材料厚度 t			
	～1	1～2	2～3	3～5
～50	0.4	0.5	0.7	0.9
50～100	0.5	0.6	0.8	1.0
100～150	0.6	0.7	0.9	1.1
150～220	0.7	0.8	1.0	1.2
220～300	0.8	0.9	1.1	1.3

表 2－7　**条料宽度负向偏差**　/mm

条料宽度 B	材料厚度 t		
	～0.5	0.5～1	1～2
～20	0.05	0.08	0.10
20～30	0.08	0.10	0.15
30～50	0.10	0.15	0.20

表 2-8　　**导料板与条料之间的最小间隙**　　/mm

材料厚度 t	无侧压装置			有侧压装置	
	条料宽度 B				
	<100	100～200	200～300	<100	≥100
～0.5	0.5	0.5	1	5	8
0.5～1	0.5	0.5	1	5	8
1～2	0.5	1	1	5	8
2～3	0.5	1	1	5	8
3～4	0.5	1	1	5	8
4～5	0.5	1	1	5	8

3. 用侧刃定距时条料的宽度与导料板间距离

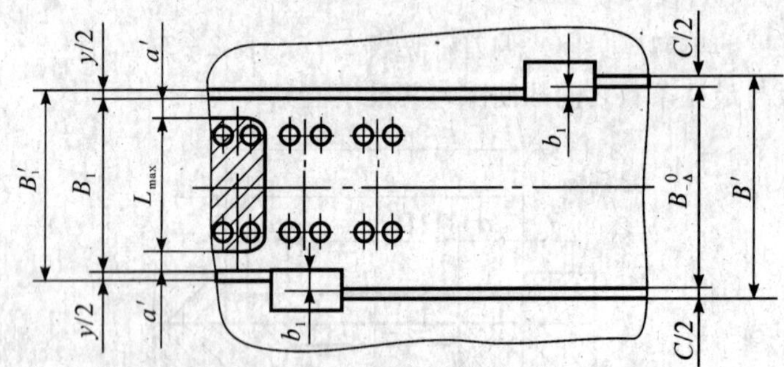

图 2-17　有侧刃的冲裁

如图 2-17 所示，当条料的送进步距用侧刃定位时，条料宽度必须增加侧刃切去的部分，故按下式计算：

$$B_{-\Delta}^{\ 0} = (L_{max} + 2a' + nb_1)_{-\Delta}^{\ 0} = (L_{max} + 1.5a + nb_1)_{-\Delta}^{\ 0}$$

式中：

L_{max}——条料宽度方向冲裁件的最大尺寸；

a——侧搭边值；

n——侧刃数；

b_1——侧刃冲切的料边宽度，见表 2-9；

C——冲切前的条料宽度与导料板间的间隙，见表 2-8；

y——冲切后的条料宽度与导料板间的间隙，见表 2-9。

表 2-9　　**b_1 和 y 值**　　/mm

条料厚度 t	b_1		y
	金属材料	非金属材料	
～1.5	1.5	2.0	0.10
1.5～2.5	2.0	3.0	0.15
2.5～3.0	2.5	4.0	0.20

五、排样图

在确定条料宽度之后，还要选择板料规格，并确定裁板方法（纵向剪裁或横向剪裁）。

值得注意的是，在选择板料规格和确定裁板方法时，还应综合考虑材料利用率、纤维方向（对弯曲件）、操作方便和材料供应情况等。当条料长度确定后，就可以绘出排样图。如图 2－18 所示，一张完整的排样图应标注条料宽度 B、条料长度 L、板料厚度 t、端距 l、步距 s、工件间搭边 a_1 和侧搭边 a，并习惯以剖面线表示冲压位置。

排样图是排样设计的最终表达形式，它应绘在冲压工艺规程卡片上和冲裁模总装图的右上角。

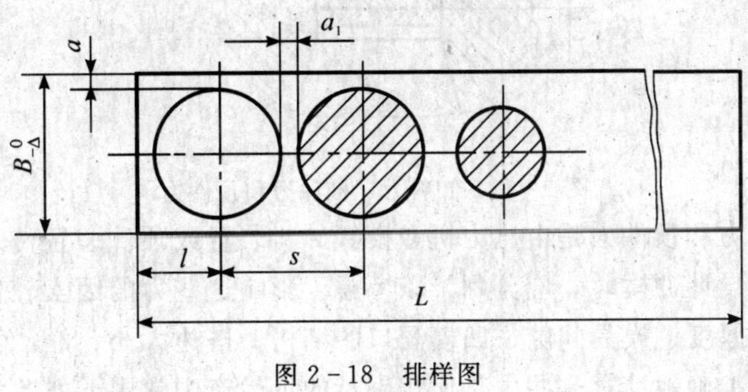

图 2－18　排样图

第 6 节　冲裁力和压力中心的计算

一、冲裁力的计算

冲裁力是冲裁过程中凸模对板料施加的压力，它是随凸模进入材料的深度（凸模行程）而变化的。通常说的冲裁力是指冲裁力的最大值，它是选用压力机和设计模具的重要依据之一。

用普通平刃口模具冲裁时，冲裁力 F 一般按下式计算：

$$F=KLt\tau_b$$

式中：

F——冲裁力；

L——冲裁周边长度；

t——材料厚度；

τ_b——材料抗剪强度；

K——系数。

系数 K 是考虑到实际生产中，模具间隙值的波动和不均匀、刃口的磨损、板料力学性能和厚度波动等因素的影响而给出的修正系数，一般取 $K=1.3$。

二、卸料力、推件力及顶件力的计算

在冲裁结束时，由于材料的弹性回复（包括径向弹性回复和弹性翘曲的回复）及摩擦的存在，将使冲落部分的材料梗塞在凹模内，而冲裁剩下的材料则紧箍在凸模上。为使冲裁工作继续进行，必须将箍在凸模上的料卸下，将卡在凹模内的料推出。从凸模上卸下箍着的料所需要的力称为卸料力；将梗塞在凹模内的料顺冲裁方向推出所需要的力称为推件力；逆冲裁方向将料从凹模内顶出所需要的力称为顶件力。如图 2－19 所示。

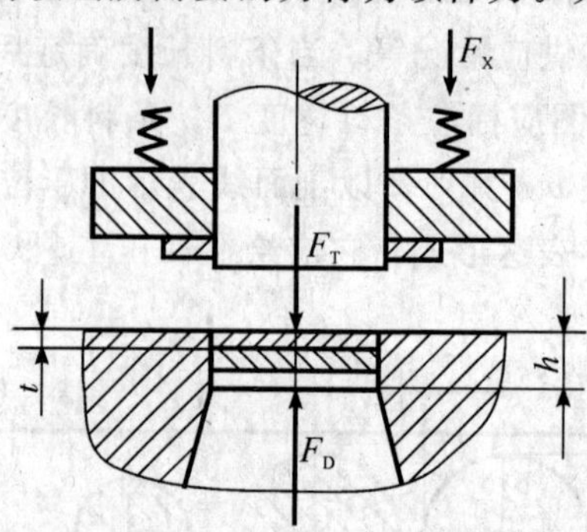

图 2－19　卸料力、推件力和顶件力

卸料力、推件力和顶件力是由压力机和模具卸料装置或顶件装置传递的，所以在选择设备的公称压力或设计冲模时，应分别予以考虑。影响这些力的因素较多，主要有材料的力学性能、材料的厚度、模具间隙、凹模洞口的结构、搭边大小、润滑情况、制件的形状和尺寸等。所以要准确地计算这些力是比较困难的，生产中常用下列经验公式计算：

$$F_X = K_X F$$

$$F_T = nK_T F$$

$$F_D = K_D F$$

式中：

F——冲裁力；

K_X，K_T，K_D——卸料力、推件力、顶件力系数，取值如表 2－10 所示；

n——同时卡在凹模内的冲裁件（或废料）数，$n=\dfrac{h}{t}$；

h——凹模洞口的直刃壁高度；

t——板料厚度。

表 2－10　　**卸料力、推件力和顶件力系数**　　/mm

料厚 t		K_X	K_T	K_D
钢	≤0.1	0.065～0.075	0.1	0.14
	>0.1～0.5	0.045～0.055	0.063	0.08
	>0.5～2.5	0.04～0.05	0.055	0.06
	>2.5～6.5	0.03～0.04	0.045	0.05
	>6.5	0.02～0.03	0.025	0.03
铝、铝合金		0.025～0.08	0.03～0.07	
纯铜、黄铜		0.02～0.06	0.03～0.09	

注：卸料力系数 K_X 在冲多孔、大搭边和轮廓复杂制件时取上限值。

三、压力机公称压力的确定

压力机的公称压力必须大于或等于各种冲压工艺力的总和 F_Z。F_Z 的计算应根据不同的模具结构分别对待。

（1）采用弹性卸料装置和下出料方式的冲裁模时：

$$F_Z = F + F_X + F_T$$

（2）采用弹性卸料装置和上出料方式的冲裁模时：

$$F_Z = F + F_X + F_D$$

（3）采用刚性卸料装置和下出料方式的冲裁模时：

$$F_Z = F + F_T$$

四、降低冲裁力的方法

为实现小设备冲裁大工件，或使冲裁过程平稳以减少压力机振动，常用下列方法来降低冲裁力。

1. 阶梯凸模冲裁

在多凸模的冲模中，将凸模设计成不同长度，使工作端面呈阶梯式分布，如图 2－20 所示。这样，各凸模冲裁力的最大峰值不同时出现，从而达到降低冲裁力的目的。

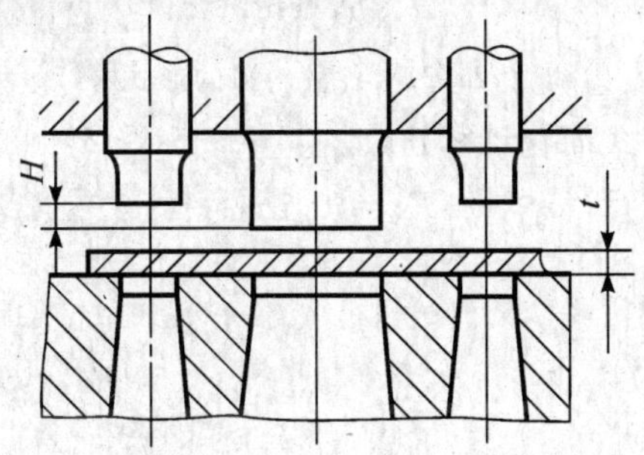

图 2－20　凸模的阶梯布置法

在几个凸模直径相差较大，相距又很近的情况下，为避免小直径凸模由于承受材料流动的侧压力而产生折断或倾斜现象，应该采用阶梯布置，即将小凸模做短一些。

凸模间的高度差 H 与板料厚度 t 有关。$t<3$ mm 时，取 $H=t$；$t>3$ mm 时，取 $H=0.5t$。阶梯凸模冲裁的冲裁力，一般只按产生最大冲裁力的那一个阶梯进行计算，其公式如下：

$$F_J = 1.3F_{max}$$

式中：

F_J——阶梯凸模冲裁力；

F_{max}——阶梯凸模中同一高度凸模冲裁力之和的最大值。

2. 斜刃冲裁

用平刃口模具冲裁时，沿刃口整个周边同时冲切材料，故冲裁力较大。若将凸模（或凹模）刃口平面做成与其轴线倾斜一个角度的斜刃，则冲裁时刃口就不是全部同时切入，而是逐步地将材料切离，这样就相当于把冲裁件整个周边分成若干小段进行剪切分离，从而显著降低冲裁力。

斜刃冲裁时，会使板料产生弯曲。因而，斜刃配置的原则是：必须保证工件平整，只允许废料发生弯曲变形。因此，落料时凸模应为平刃，凹模为斜刃，如图 2－21a)，b) 所示；冲孔时则凹模应为平刃，凸模为斜刃，如图 2－21c)，d)，e) 所示；斜刃还应当对称布置，以免冲裁时模具承受单向侧压力而发生偏移，啃伤刃口，如图 2－21a) ～e) 所示；向一边斜的斜刃，只能用于切舌或切开，如图 2－21f) 所示。

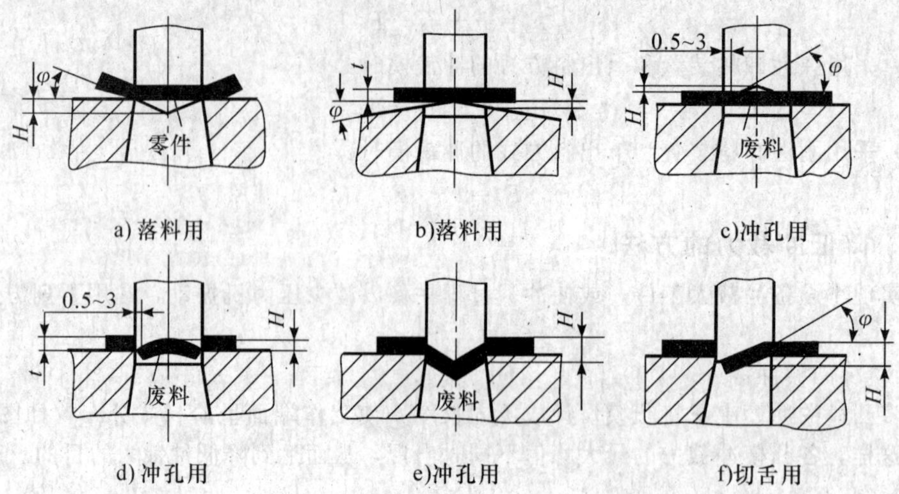

图 2-21　各种斜刃的形式

斜刃冲裁力可按下列公式简化计算：

$$F_X = K_X L t \tau_b$$

式中：

F_X——斜刃冲裁力；

K_X——降力系数；

L——冲裁件周边长度；

t——材料厚度；

τ_b——材料抗剪强度。

K_X 值大小与斜刃高度 H 有关，其值为：$H=t$ 时，$K_X=0.4\sim0.6$；$H=2t$ 时，$K_X=0.2\sim0.4$。

斜刃冲模虽有降低冲裁力使冲裁过程平稳的优点，但模具制造复杂，刃口易磨损，修磨困难，冲件不够平整，且不适于冲裁外形复杂的冲件，因此在一般情况下尽量不用，只用于大型冲件或厚板的冲裁。

最后应当指出，采用斜刃冲裁或阶梯凸模冲裁时，虽然减小了冲裁力，但凸模进入凹模较深，冲裁行程增加，因此这些模具省力而不省功。

3. 加热冲裁（红冲）

金属在常温时其抗剪强度是一定的，但是当金属材料加热到一定的温度之后，其抗剪强度显著降低，所以加热冲裁能减小冲裁力，如表 2-11 所示。但加热冲裁易破坏工件表面质量，同时会产生热变形，且精度低，因此应用比较少。

表 2-11　钢在加热状态的抗剪强度　/MPa

钢号 \ 加热温度/℃	200	500	600	700	800	900
Q195，Q215A，10，15	360	320	200	110	60	30
Q235A，Q255A，20，25	450	450	240	130	90	60
30，35	530	520	330	160	90	70
40，45，50	600	580	380	190	90	70

五、冲模压力中心的确定

模具的压力中心就是冲压力合力的作用点。为了保证压力机和模具的正常工作，应使模具的压力中心与压力机滑块的中心线相重合。否则，冲压时滑块就会承受偏心载荷，导致滑块导轨和模具导向部分不正常的磨损，还会使合理间隙得不到保证，从而影响制件质量，降低模具寿命，甚至损坏模具。在实际生产中，可能会出现由于冲件的形状特殊或排样特殊，从模具结构设计与制造考虑不宜使压力中心与模柄中心线相重合的情况，这时应注意使压力中心的偏离不致超出所选用压力机允许的范围。

1. 简单几何图形压力中心的位置

(1) 对称冲件的压力中心，位于冲件轮廓图形的几何中心上。

(2) 冲裁直线段时，压力中心位于直线段的中心。

(3) 冲裁圆弧线段时，压力中心的位置如图 2-22 所示，按下式计算：

$$y=\frac{180R\sin\alpha}{\pi\alpha}=\frac{Rs}{b}$$

式中：

b——弧长；

其他符号意义见图。

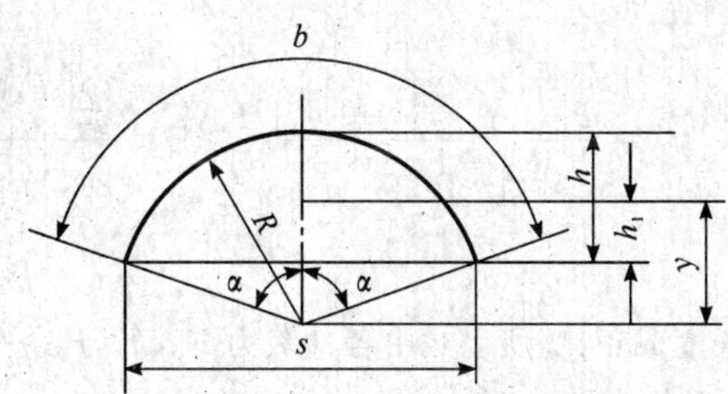

图 2-22　压力中心位置

2. 确定多凸模模具的压力中心

确定多凸模模具的压力中心，是将各凸模的压力中心确定后，再计算模具的压力中心，如图 2-23 所示。计算压力中心的步骤如下：

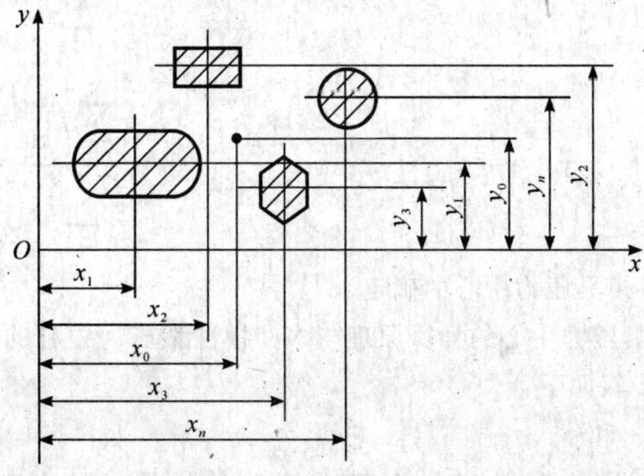

图 2-23　多凸模模具的压力中心

(1) 按比例画出每一个凸模刃口轮廓的位置。

(2) 在任意位置画出坐标轴线 x，y。坐标轴位置选择适当可使计算简化。在选择坐标轴位置时，应尽量把坐标原点取在某一刃口轮廓的压力中心，或使坐标轴线尽量多地通过凸模刃口轮廓的压力中心，坐标原点最好是几个凸模刃口轮廓压力中心的对称中心。

(3) 分别计算凸模刃口轮廓的压力中心及坐标位置 x_1，x_2，x_3，…，x_n 和 y_1，y_2，y_3，…，y_n。

(4) 分别计算凸模刃口轮廓的冲裁力 F_1，F_2，F_3，…，F_n，或每一个凸模刃口轮廓的周长 L_1，L_2，L_3，…，L_n。

(5) 对于平行力系，冲裁力的合力等于各力的代数和，即 $F=F_1+F_2+\cdots+F_n$。

(6) 根据力学定理合力对某轴之力矩等于各分力对同轴力矩之代数和，可得压力中心坐标的计算公式：

$$x_0=\frac{F_1x_1+F_2x_2+\cdots+F_nx_n}{F_1+F_2+\cdots+F_n}=\frac{\sum_{i=1}^{n}F_ix_i}{\sum_{i=1}^{n}F_i}$$

$$y_0=\frac{F_1y_1+F_2y_2+\cdots+F_ny_n}{F_1+F_2+\cdots+F_n}=\frac{\sum_{i=1}^{n}F_iy_i}{\sum_{i=1}^{n}F_i}$$

因为冲裁力与周边长度成正比,所以式中各冲裁力 $F_1,F_2,F_3,\cdots,F_n$ 可分别用冲裁周边长度 $L_1,L_2,L_3,\cdots,L_n$ 来表示。

$$x_0=\frac{L_1x_1+L_2x_2+\cdots+L_nx_n}{L_1+L_2+\cdots+L_n}=\frac{\sum_{i=1}^{n}L_ix_i}{\sum_{i=1}^{n}L_i}$$

$$y_0=\frac{L_1y_1+L_2y_2+\cdots+L_ny_n}{L_1+L_2+\cdots+L_n}=\frac{\sum_{i=1}^{n}L_iy_i}{\sum_{i=1}^{n}L_i}$$

3. 复杂形状零件模具压力中心的确定

复杂形状零件模具压力中心的计算原理与多凸模冲裁压力中心的计算原理相同，如图 2-24 所示。其具体步骤如下：

(1) 选定坐标轴 x 和 y。

(2) 将组成图形的轮廓线划分为若干简单的线段，求出各线段长度 L_1，L_2，L_3，…，L_n。

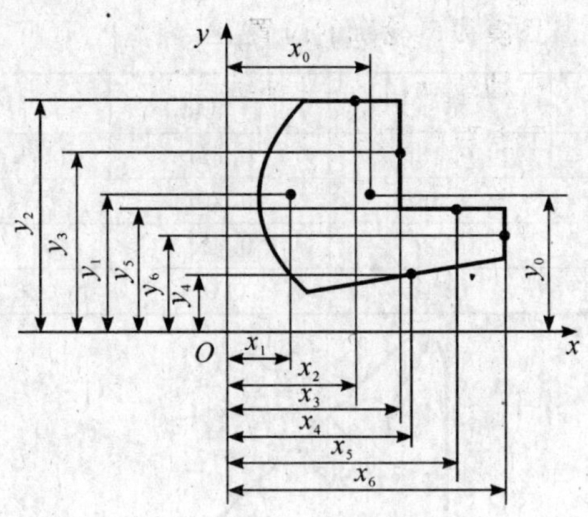

图 2-24　复杂形状零件模具压力中心

(3) 确定各线段的重心位置（x_i，y_i）

(4) 按上面的公式算出压力中心的坐标（x_0，y_0）。

冲裁模压力中心的确定，除上述的解析法外，还可以用作图法和悬挂法。但因作图法精确度不高，方法也不简单，因此在应用中受到一定限制。

悬挂法的理论根据是：用匀质金属丝代替均布于冲裁件轮廓的冲裁力，该模拟件的重心就是冲裁的压力中心。具体做法是：用匀质细金属丝沿冲裁轮廓弯制成模拟件，然后用缝纫线将模拟件悬吊起来，并从吊点作铅垂线，再取模拟件的另一点，以同样的方法作另一铅垂线，两垂线的交点即为压力中心。悬挂法多用于确定复杂零件的模具压力中心。

第 7 节　冲裁的工艺设计

冲裁工艺设计包括冲裁件的工艺性分析和冲裁工艺方案确定。良好的工艺性和合理的工艺方案，可以用最少的材料、最少的工序数和工时，使得模具结构简单且模具寿命长，能稳定地获得合格冲件。所以，劳动量和冲裁件成本是衡量冲裁工艺设计合理性的主要指标。

一、冲裁件的工艺性分析

冲裁件的工艺性是指冲裁件对冲裁工艺的适应性。所谓冲裁工艺性好，是指能用普通冲裁方法，在模具寿命和生产率较高、成本较低的条件下得到质量合格的冲裁件。因此，冲裁件的结构形状、尺寸大小、精度等级、材料及厚度等是否符合冲裁的工艺要求，对冲裁件质量、模具寿命和生产效率有很大影响。

1. 冲裁件的结构工艺性

(1) 冲裁件的形状：冲裁件的形状应力求简单、对称，有利于材料的合理利用。

(2) 冲裁件内形及外形的转角：冲裁件内形及外形的转角处要尽量避免尖角，应以圆弧过渡，如图 2-25 所示，以便于模具加工，减少热处理开裂，减少冲裁时尖角处的崩刃和过快磨损。圆角半径 R 的最小值，参照表 2-12 选取。

表 2-12　　冲裁最小圆角半径

零件种类	α	黄铜、铝	合金钢	软钢	备注/mm
落料	≥90°	0.18t	0.35t	0.25t	>0.25
	<90°	0.35t	0.70t	0.5t	>0.5
冲孔	≥90°	0.2t	0.45t	0.3t	>0.3
	<90°	0.4t	0.9t	0.6t	>0.6

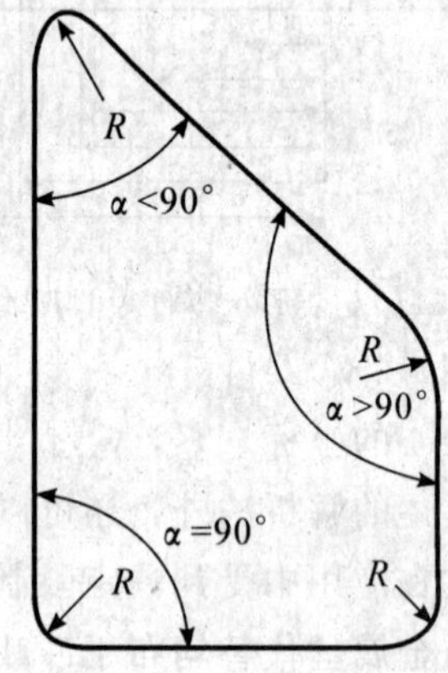

图 2-25　冲裁件的圆角图

(3) 冲裁件上凸出的悬臂和凹槽：尽量避免冲裁件上过长的凸出悬臂和凹槽，但悬臂和凹槽宽度不宜过小，其许可值 $b \geqslant 1.5t$，$l \leqslant 5b$，如图 2-26a) 所示。

(4) 冲裁件的孔边距与孔间距：为避免工件变形和保证模具强度，孔边距和孔间距不能过小，其最小许可值如图 2-26a) 所示。

(5) 在弯曲件或拉深件上冲孔时，孔边与直壁之间应保持一定距离，以免冲孔时凸模受水平推力而折断，如图 2-26b) 所示。

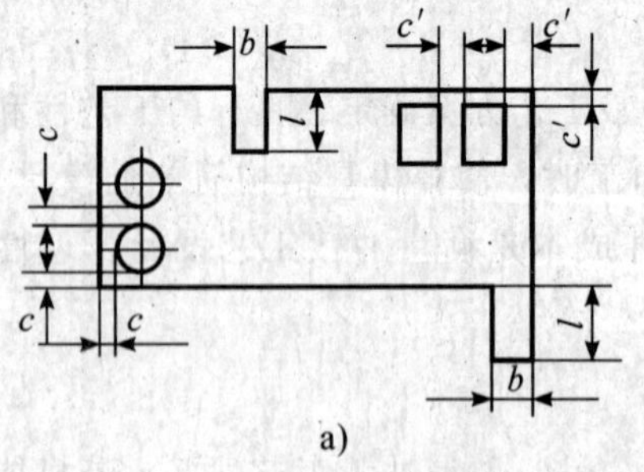

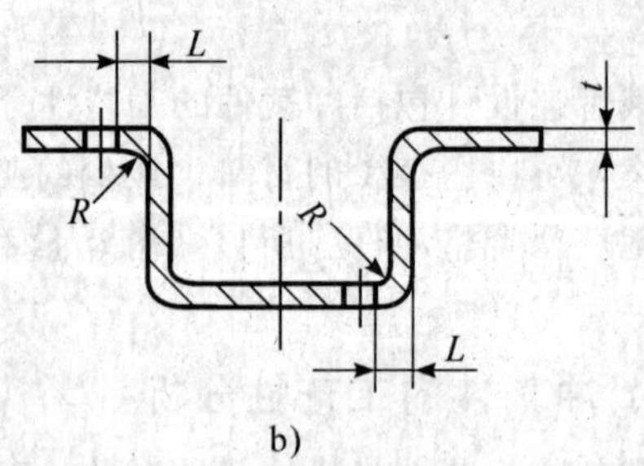

图 2-26　冲裁件的结构工艺

(6) 冲孔时，因受凸模强度的限制，孔的尺寸不应太小，否则凸模易折断或压弯。材料的抗剪强度越低，孔的最小尺寸越大，例如钢的冲孔直径 $d \geqslant 1.5t$。

2. 冲裁件的尺寸精度和表面粗糙度

冲裁件的精度一般可分为精密级与经济级两类。精密级是指冲压工艺在技术上所允许的最高精度，而经济级是指模具达到最大许可磨损时，其所完成的冲压加工在技术上可以实现而在经济上又最合理的精度，即所谓的经济精度。为降低冲压成本，获得最佳的技术经济效果，在不影响冲裁件使用要求的前提下，应尽可能采用经济精度。

（1）冲裁件的经济公差等级不高于 IT11 级，一般要求落料件公差等级最好低于 IT10 级，冲孔件最好低于 IT9 级。冲裁得到的工件公差见表 2 - 13，2 - 14。如果工件要求的公差小于表值，冲裁后需经修整或采用精密冲裁。

表 2 - 13　　冲裁件外形与内孔尺寸公差 Δ　　/mm

料厚 t	工件尺寸							
	一般精度的工件				较高精度的工件			
	<10	10～50	50～150	150～300	<10	10～50	50～150	150～300
0.2～0.5	$\frac{0.08}{0.05}$	$\frac{0.10}{0.08}$	$\frac{0.14}{0.12}$	0.20	$\frac{0.025}{0.02}$	$\frac{0.03}{0.04}$	$\frac{0.05}{0.08}$	0.08
0.5～1	$\frac{0.12}{0.05}$	$\frac{0.16}{0.08}$	$\frac{0.22}{0.12}$	0.30	$\frac{0.03}{0.02}$	$\frac{0.04}{0.04}$	$\frac{0.06}{0.08}$	0.10
1～2	$\frac{0.18}{0.06}$	$\frac{0.22}{0.10}$	$\frac{0.30}{0.16}$	0.50	$\frac{0.03}{0.03}$	$\frac{0.06}{0.06}$	$\frac{0.08}{0.10}$	0.12
2～4	$\frac{0.24}{0.08}$	$\frac{0.28}{0.12}$	$\frac{0.40}{0.20}$	0.70	$\frac{0.06}{0.04}$	$\frac{0.08}{0.08}$	$\frac{0.10}{0.12}$	0.15
4～6	$\frac{0.30}{0.10}$	$\frac{0.31}{0.15}$	$\frac{0.50}{0.25}$	1.0	$\frac{0.08}{0.05}$	$\frac{0.12}{0.10}$	$\frac{0.15}{0.15}$	0.20

注：(1) 分子为外形公差，分母为内孔公差。

(2) 一般精度的工件采用 IT8～IT7 级精度的普通冲裁模；较高精度的工件采用 IT7～IT6 级精度的高级冲裁模。

表 2 - 14　　冲裁件孔中心距公差　　/mm

料厚 t	普通冲裁			高级冲裁		
	孔距尺寸			孔距尺寸		
	<50	50～150	150～300	<50	50～150	150～300
<1	±0.10	±0.15	±0.20	±0.03	±0.05	±0.08
1～2	±0.12	±0.20	±0.30	±0.04	±0.06	±0.10
2～4	±0.15	±0.25	±0.35	±0.06	±0.08	±0.12
4～6	±0.20	±0.30	±0.40	±0.08	±0.10	±0.15

注：适用于本表数值所指的孔应同时冲出。

（2）冲裁件的断面粗糙度与材料塑性、材料厚度、冲裁模间隙、刃口锐钝以及冲模结构等有关。当冲裁厚度为 2 mm 以下的金属板料时，其断面粗糙度 Ra 一般可达 12.5～3.2 μm。

3. 冲裁件尺寸标注

冲裁件尺寸的基准应尽可能与其冲压时的定位基准重合，并选择在冲裁过程中基本上下不变动的面或线上。如图 2 - 27a）所示的尺寸标注，对孔距要求较高的冲裁件是不合理的。这是因为当两孔中心距要求较高时，尺寸 B 和 C 标注的公差等级高，而模具（同时冲孔与落料）的磨损使尺寸 B 和 C 的精度难以达到要求。改用图 2 - 27b）的标注方法就比较合理，这时孔中心距尺寸不再受模具磨损的影响。冲裁件两孔中心距所能达到的公差见表 2 - 13。

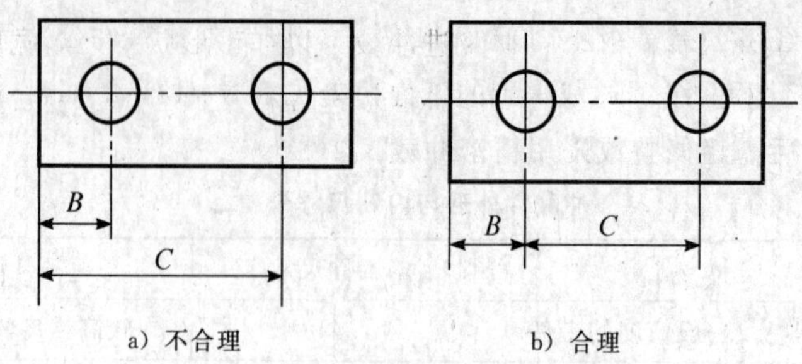

a) 不合理　　　　b) 合理

图 2-27　冲裁件尺寸标注

二、冲裁工艺方案的确定

在冲裁工艺性分析的基础上，根据冲件的特点确定冲裁工艺方案。确定工艺方案首先要考虑的问题是确定冲裁的工序数、冲裁工序的组合以及冲裁工序顺序的安排。冲裁工序数一般容易确定，关键是确定冲裁工序的组合与冲裁工序顺序。

1. 冲裁工序的组合

冲裁工序的组合方式可分为单工序冲裁、复合冲裁和级进冲裁，所使用的模具对应为单工序模、复合模、级进模。

一般组合冲裁工序比单工序冲裁生产效率高，加工的精度等级也高。冲裁工序的组合方式可根据下列因素确定：

(1) 根据生产批量来确定

一般来说，小批量和试制生产采用单工序模，中、大批量生产采用复合模或级进模。生产批量与模具类型的关系见表 2-15。

表 2-15　　**生产批量与模具类型的关系**

项目	生产批量				
	单件	小批量	中批量	大批量	大量
大型件		1～2	＞2～20	＞20～300	＞300
中型件	＜1	1～5	＞5～50	＞50～1000	＞1000
小型件		1～10	＞10～100	＞100～5000	＞5000
模具类型	单工序模	单工序模	单工序模	单工序模	硬质合金连续模、复合模、自动模
	组合模	组合模	连续模、复合模	连续模、复合模	
	简易模	简易模	半自动模	自动模	

注：表内数字为每年班产量数值，单位：千件。

(2) 根据冲裁件尺寸和精度等级来确定

复合冲裁所得到的冲裁件尺寸精度等级高，避免了多次单工序冲裁的定位误差，并且在冲裁过程中可以进行压料，且冲裁件较平整。级进冲裁比复合冲裁精度等级低。

(3) 根据对冲裁件尺寸形状的适应性来确定

冲裁件的尺寸较小时，考虑到单工序送料不方便和生产效率低，常采用复合冲裁或级进冲裁。对于尺寸中等的冲裁件，由于制造多副单工序模具的费用比复合模昂贵，故采用复合冲裁；当冲裁件上的孔与孔之间或孔与边缘之间的距离过小，不宜采用复合冲裁或单工序冲裁时，则采用级进冲裁。所以，级进冲裁可以加工形状复杂、宽度很小的异形冲裁件，且可冲裁的材料厚度比复合冲裁要厚，但级进冲裁受压力机工作台面尺寸与工序数的限制，冲裁件尺寸不宜太大，见表 2-16。

表 2-16　　各种冲裁模的对比关系

模具种类 比较项目	单工序模		连续模	复合模
	无导向	有导向		
零件公差等级	低	一般	可达 IT13～IT10 级	可达 IT10～IT8 级
零件特点	尺寸不受限制，厚度不限	中小型尺寸，厚度较厚	小型件，$t=0.2\sim6$ mm，复杂零件，如宽度极小的异形件、特殊形状零件。	形状与尺寸受模具结构与强度的限制，尺寸可以较大，厚度可达 3 mm。
零件平面度	差	一般	中、小型件不平直，高质量工件需校平。	由于压料冲裁的同时得到了校平，冲件平直且有较好的剪切断面。
生产效率	低	较低	工序间自动送料，可以自动排出冲件，生产效率高。	冲件被顶到模具工作面上，必须用手工或机械排出，生产效率稍低。
使用调整自动冲床的可能性	不能使用	可以使用	可以在行程次数为每分钟 400 次或更多的高速压力机上工作。	操作时出件困难，可能损坏弹簧缓冲机构，不作推荐。
安全性	不安全，需采取安全措施		比较安全。	不安全，需采取安全措施。
多排冲压法的应用			广泛用于尺寸较小的冲件。	很少采用。
模具制造工作量和成本	低	比无导向的稍高	冲裁较简单的零件时，比复合模低。	冲裁复杂零件时，比连续模低。

(4) 根据模具制造安装调整的难易和成本的高低来确定

对复杂形状的冲裁件来说，采用复合冲裁比采用级进冲裁较为适宜，因为模具制造安装调整比较容易，且成本较低。

(5) 根据操作是否方便与安全来确定

复合冲裁其出件或清除废料较困难，工作安全性较差；级进冲裁较安全。

综上所述，对于一个冲裁件，可以得出多种工艺方案，必须对这些方案进行比较，选取在满足冲裁件质量与生产率的要求下，模具制造成本较低、模具寿命较长、操作较方便及安全的工艺方案。

2. 冲裁顺序的安排

(1) 级进冲裁顺序的安排

①先冲孔或冲缺口，最后落料或切断，将冲裁件与条料分离。首先冲出的孔可作为后续工序的定位孔。当定位也要求较高时，则可冲裁专供定位用的工艺孔（一般为两个），如图 2-28 所示。

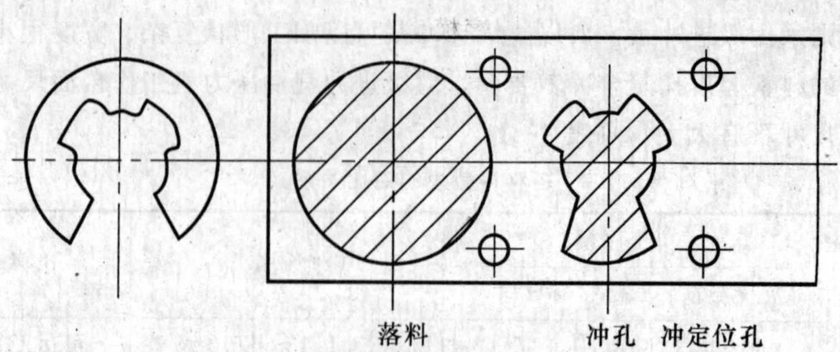

图 2－28 级进冲裁

②采用定距侧刃时，定距侧刃切边工序安排与首次冲孔同时进行，以便控制送料进距。采用两个定距侧刃时，可以安排成一前一后，也可并列安排。

（2）多工序冲裁件用单工序冲裁时的顺序安排

①先落料使坯料与条料分离，再冲孔或冲缺口。后继工序的定位基准要一致，以避免定位误差和尺寸链换算。

②冲裁大小不同、相距较近的孔时，为减小孔的变形，应先冲大孔后冲小孔。

工艺方案确定之后，需要进行必要的工艺计算和粗选设备，为模具设计提供必要的依据。

例 2－3　如图 2－29 所示连接板冲裁零件，材料为 10 钢，厚度为 2 mm。该零件年产量 20 万件，冲压设备初选为 250 kN 开式压力机，要求制定冲压工艺方案。

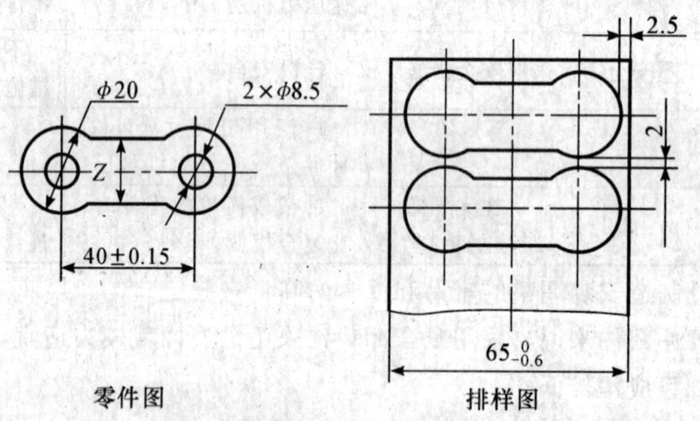

图 2－29 零件及排样图

分析零件的冲压工艺性：

（1）材料 10 钢是优质碳素结构钢，具有良好的冲压性能。

（2）该零件形状简单，孔边距远大于凸凹模允许的最小壁厚，故可以考虑采用复合冲压工序。

（3）零件图上孔心距 40 mm±0.15 mm，尺寸精度属于 IT12 级，其余尺寸未注公差，属自由尺寸，按 IT14 级确定工件的公差，一般冲压均能满足其尺寸精度要求。

（4）结论：可以冲裁。

确定冲压工艺方案：

该零件包括落料、冲孔两个基本工序，可有以下三种工艺方案：

方案一：先落料，后冲孔，采用单工序模生产。

方案二：落料、冲孔复合冲压，采用复合模生产。

方案三：冲孔、落料连续冲压，采用级进模生产。

方案一模具结构简单，但需两道工序、两副模具，生产率较低，难以满足该零件的年产量要求。方案二只需一副模具，冲压件的形位精度和尺寸精度容易保证，且生产率高。尽管模具结构较方案一复杂，但由于零件的几何形状简单对称，模具制造并不困难。方案三也只需要一副模具，生产率也很高，但零件的冲压精度稍差。欲保证冲压件的形位精度，需要在模具上设置导正销导正，故模具制造、安装较复合模复杂。通过对上述三种方案的分析比较，该件的冲压生产采用方案二为佳。

第 8 节　冲裁模设计

冲裁模是冲裁工序所用的模具。冲裁模的结构形式很多，为研究方便，对冲裁模可按不同的特征进行分类。

(1) 按工序性质可分为：落料模、冲孔模、切断模、切口模、切边模、剖切模等。

(2) 按工序组合方式可分为：单工序模、复合模和级进模。

(3) 按上、下模的导向方式可分为：无导向的开式模和有导向的导板模、导柱模、导筒模等。

(4) 按凸、凹模的材料可分为：硬质合金冲模、钢皮冲模、锌基合金冲模、聚氨脂冲模等。

(5) 按凸、凹模的结构和布置方法可分为：整体模和镶拼模、正装模和倒装模。

(6) 按自动化程度可分为：手工操作模、半自动模、自动模。

一、单工序冲裁模

单工序冲裁模指在压力机一次行程内只完成一个冲压工序的冲裁模，如落料模、冲孔模、切断模、切口模、切边模等。

1. 落料模

常见的落料模有三种形式。

(1) 无导向的敞开式落料模

其特点是上、下模无导向，结构简单，制造容易，冲裁间隙由冲床滑块的导向精度决定，可用边角余料冲裁，常用于料厚而精度要求低的小批量冲件的生产。无导向的敞开式落料模如图 2 - 30 所示。

工作过程：

①条料沿导料板送进，并由定位板 7 定位；压力机的滑块带动上模部分下行，凸模与凹模配合对条料进行冲裁。

②分离后的冲裁件靠凸模直接从凹模洞口依次推出，紧箍在凸模上的条料则在上模回程时由固定卸料板（左右各一块）刮下。

③照此循环，完成冲裁工作。

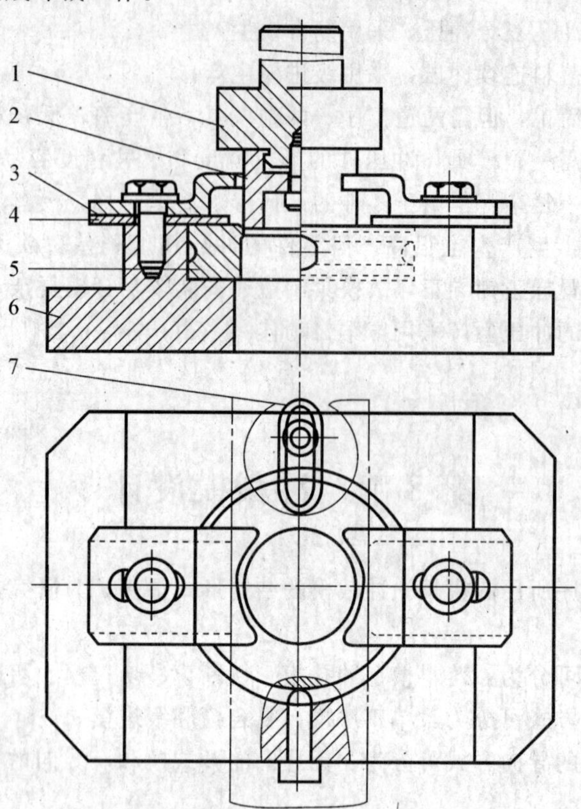

1-上模座；2-凸模；3-卸料板；4-导料板；
5-凹模；6-下模座；7-定位板

图 2-30　无导向的敞开式落料模

(2) 导板式落料模

凸模与导板（又是固定卸料板）间选用 H7/h6 的间隙配合，且该间隙小于冲裁间隙。回程时不允许凸模离开导板，以保证对凸模的导向作用。它与敞开式模相比，精度较高，模具寿命长，但制造要复杂一些，常用于料厚大于 0.3mm 的简单冲压件。导板式单工序落料模如图 2-31 所示。

工作过程：

①将条料沿导料板送进，并由始用挡料销进行定位。根据排样的需要，该模具的固定挡料销所设置的位置对首次冲裁起不到定位作用，为此采用了始用挡料销。在首次冲裁之前，用手将始用挡料销压入以限定条料的位置，在后续冲裁中，始用挡料销在弹簧作用下复位，不再起挡料作用。

②凸模由导板导向而进入凹模，完成首次冲裁，冲下一个零件。

③条料继续送进，并由固定挡料销定位，进行第二次冲裁，第二次冲裁是落下两个零件，分离后零件靠凸模从凹模洞口中依次推出，而箍在凸模上的条料则在上模回程时由导板刮下来。

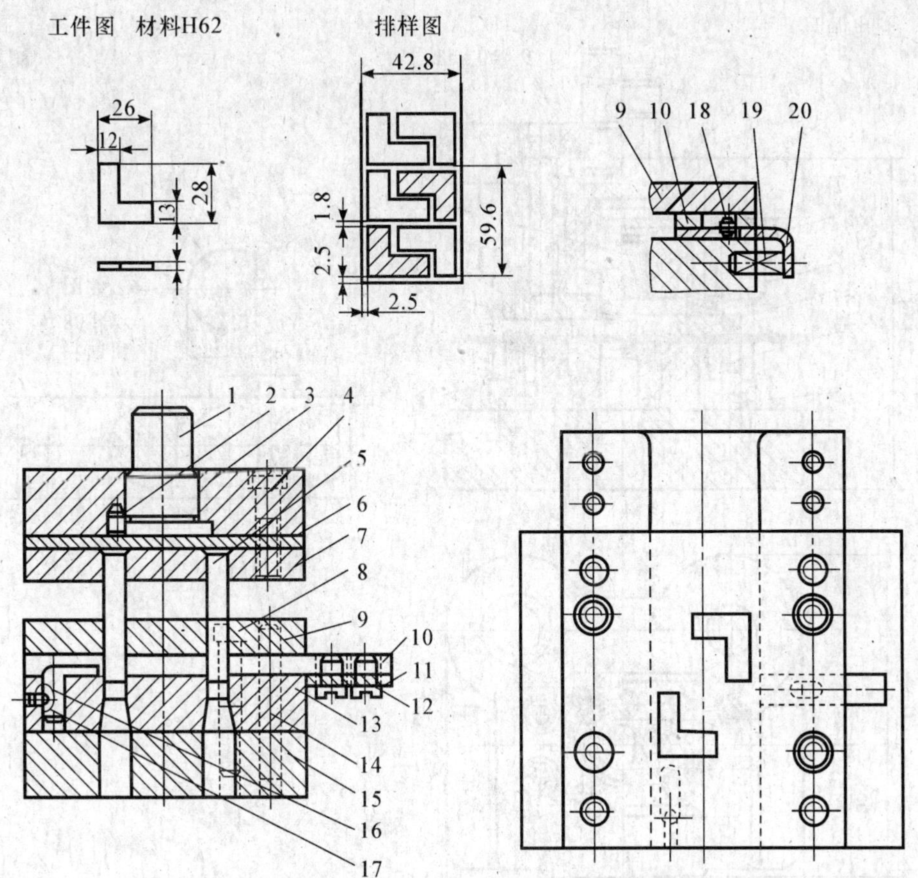

1-模柄；2-止动销；3-上模座；4，8-内六角螺钉；5-凸模；6-垫板；7-凸模固定板；9-导板；10-导料板；11-承料板；12-螺钉；13-凹模；14-圆柱销；15-下模座；16-固定挡料销；17-止动销；18-限位销；19-弹簧；20-始用挡料销

图 2－31　导板式落料模

(3) 带导柱的弹顶落料模

如图 2－32 所示，上、下模依靠导柱导套导向，间隙容易保证，并且该模具采用弹压卸料和弹压顶出的结构，冲压时材料被上下压紧完成分离，零件的变形小，平整度高。该种结构广泛用于材料厚度较小，且有平面度要求的金属件和易于分层的非金属件。

2. 冲孔模

冲孔模的结构与一般落料模相似，但冲孔模有其自己的特点，特别是冲小孔模具，必须考虑凸模的强度和刚度，以及快速更换凸模的结构。在已成形零件侧壁上冲孔时，要设计凸模水平运动方向的转换机构。

(1) 冲侧孔模

图 2－33 是导板式侧面冲孔模。该模具的最大特征是凹模 6 嵌入悬壁式的凹模体 7 中，凸模 5 靠导板 11 导向，以保证与凹模的正确配合。凹模体固定在支架 8 上，并以销钉 12 固定，防止转动。支架与底座 9 以 H7/h6 配合，并以螺钉紧固。凸模与上模座 3 用螺钉 4 紧定，更换较方便。

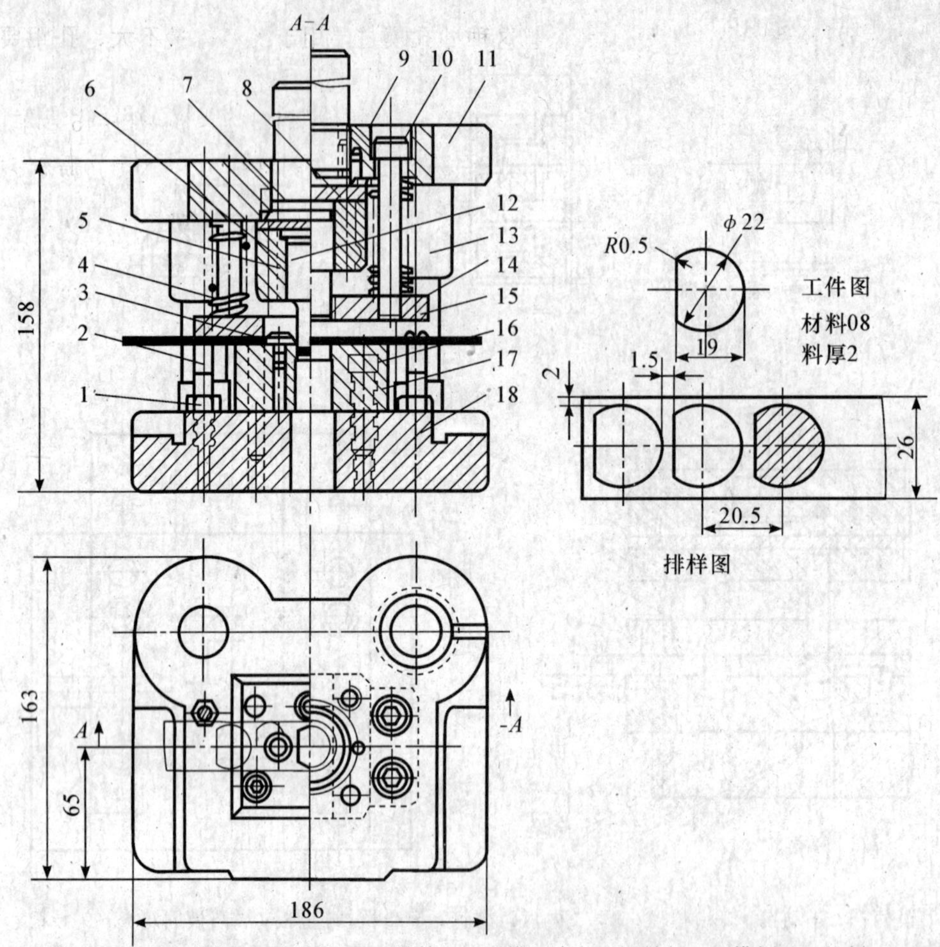

1-螺母；2-导料螺钉；3-挡料销；4-弹簧；5-凸模固定板；6-销钉；7-模柄；8-垫板；
9-止动销；10-卸料螺钉；11-上模座；12-凸模；13-导套；14-导柱；15-卸料板；
16-凹模；17-内六角螺钉；18-下模座

图 2-32　导柱式落料模

工序件的定位方法是：径向和轴向以悬臂凹模体和支架定位；孔距定位由定位销 2、摇臂 1 和压缩弹簧 13 组成的定位器来完成，保证冲出的六个孔沿圆周均匀分布。

工作过程：

①条料沿导料螺栓 2 送至挡料销 3 定位后进行落料。

②箍在凸模上的边料靠弹压卸料装置进行卸料，弹压卸料装置由卸料板 15、卸料螺钉 10 和弹簧 4 组成。

③在凸、凹模进行冲裁工作之前，由于弹簧力的作用，卸料板先压住条料，上模继续下压时进行冲裁分离，此时弹簧被压缩（如图左半边所示）。

④上模回程时，弹簧恢复推动卸料板把箍在凸模上的边料卸下。

冲压开始前，拨开定位器摇臂，将工序件套在凹模体上，然后放开摇臂，凸模下冲，即冲出第一个孔。随后转动工序件，使定位销落入已冲好的第一个孔内，接着冲第二个孔。用同样的方法冲出其他孔。

这种模具结构紧凑，重量轻，但在压力机一次行程内只能冲一个孔，生产率低，而且如果孔较多，孔距积累误差较大。因此，这种冲孔模主要用于生产批量不大、孔距要求不高的小型空心件的侧面冲孔或冲槽。

斜楔的返回行程运动是靠橡皮或弹簧完成的。斜楔的工作角度 α 以 40°～45°为宜。40°的斜楔滑块机构的机械效率最高，45°时滑块的移动距离与斜楔的行程相等。需较大冲裁力的冲孔件，α 可采用 35°，以增大水平推力。此种结构凸模常对称布置，最适宜壁部对称孔的冲裁。

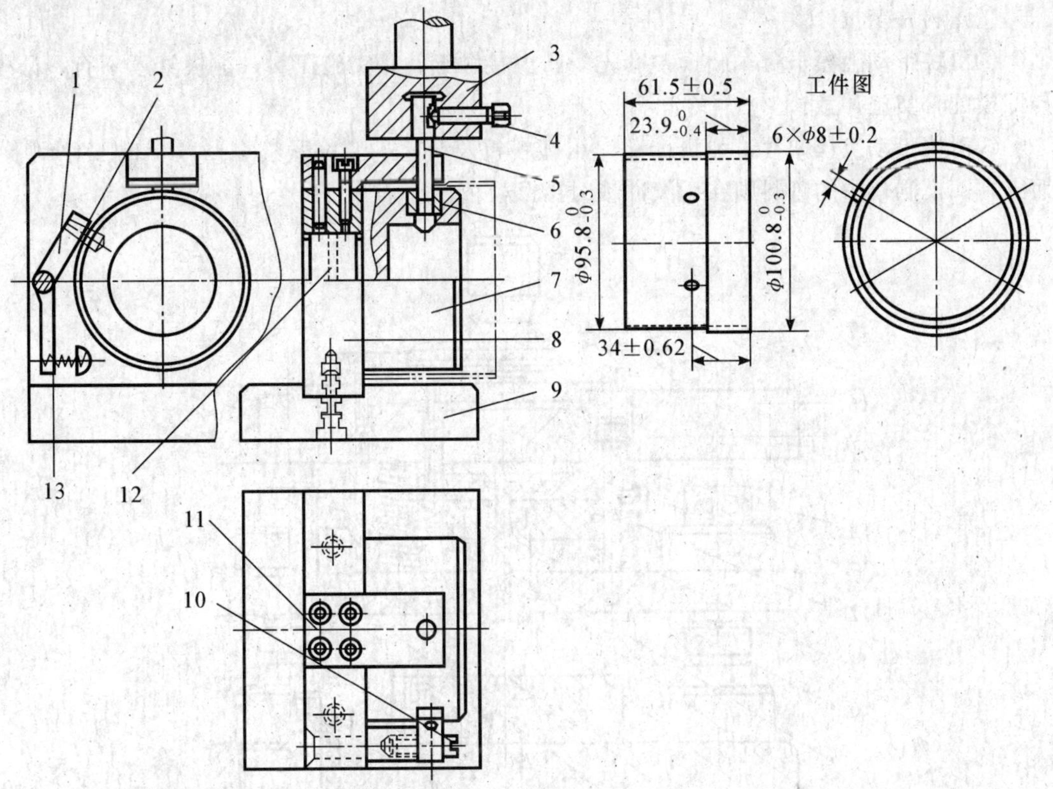

1-摇臂；2-定位销；3-上模座；4-螺钉；5-凸模；6-凹模；7-凹模体；8-支架；9-底座；10-螺钉；11-导板；12-销钉；13-压缩弹簧

图 2－33　侧壁冲孔模

(2) 小孔冲模

图 2－34 是一副全长导向结构的小孔冲模，其与一般冲孔模的区别是：凸模在工作行程中除了进入被冲材料内的工作部分外，其余全部得到不间断的导向作用，因而大大提高了凸模的稳定性和强度。该模具的结构特点是：

(1) 导向精度高。这副模具的导柱不但在上、下模座之间进行导向，而且对卸料板也导向。在冲压过程中，导柱装在上模座上，在工作行程中上模座、导柱、弹压卸料板一同运动，严格地保持上、下模座平行装配的卸料板中的凸模护套精确地与凸模滑配。当凸模受侧向力时，卸料板通过凸模护套承受侧向力，保护凸模不致发生弯曲。

为了提高导向精度，排除压力机导轨的干扰，这副模具采用了浮动模柄的结构，但必须保证在冲压过程中，导柱始终不脱离导套。

(2) 凸模全长导向。该模具采用凸模全长导向结构，冲裁时，凸模 7 由凸模护套 9 全长导向，伸出护套后，即冲出一个孔。

(3) 在所冲孔周围先对材料加压。由图可见，凸模护套伸出卸料板冲压时，卸料板不接触材料。由于凸模护套与材料的接触面积上的压力很大，使其产生了立体的压应力状态，改善了材料的塑性条件，有利于塑性变形过程。因而，在冲制的孔径小于材料厚度时，仍能获得断面光洁孔。

工作过程：

①送料并定位。

②滑块带动上模下行，凸模护套先于凸模接触工件并实施压料，上模继续下行，凸模与凹模配合实施冲裁。

③滑块带动上模回程，弹簧推动弹压卸料板及凸模护套将紧箍在凸模上的工件刮下，而卡在凹模洞口中的废料则在后续冲裁时由凸模依次推落。

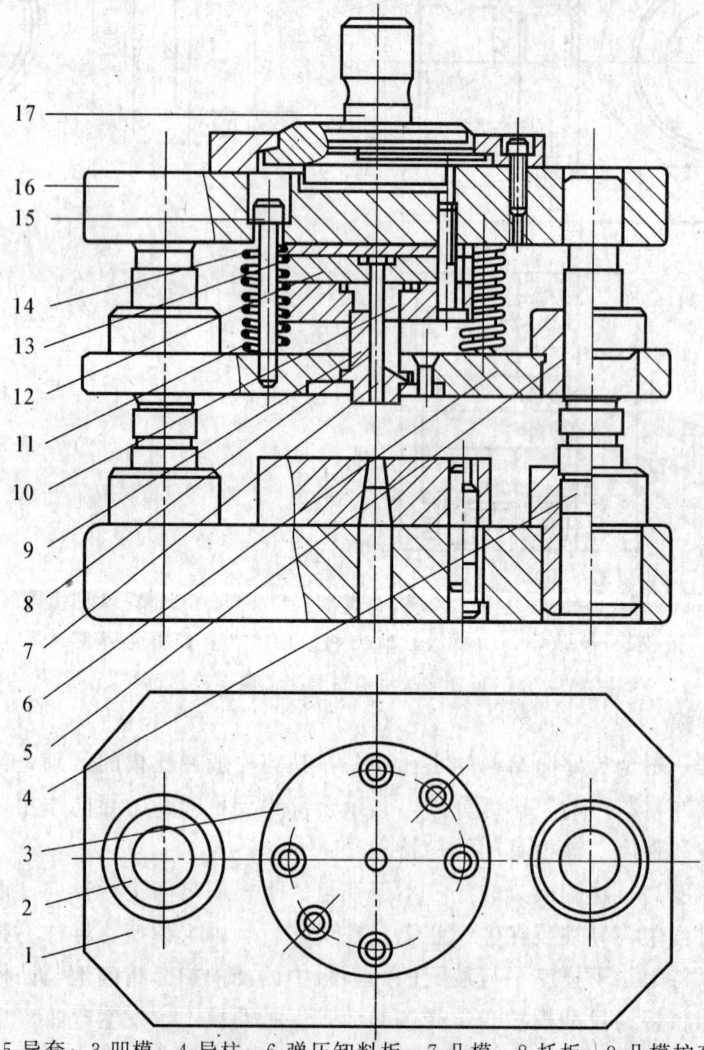

1-下模座；2、5-导套；3-凹模；4-导柱；6-弹压卸料板；7-凸模；8-托板；9-凸模护套；10-扇形块；11-扇形块固定板；12-凸模固定板；13-垫板；14-弹簧；15-阶梯螺钉；16-上模座；17-模柄

图 2-34 全长导向结构的小孔冲模

二、级进模

级进模是一种工位多、效率高的冲模，整个冲件的成形是在连续过程中逐步完成的。连续成形是工序集中的工艺方法，可使切边、切口、切槽、冲孔、塑性成形、落料等多种工序在一副模具上完成。根据冲压件的实际需要，按一定顺序安排了多个冲压工序（在级进模中称为工位）进行连续冲压。它不但可以完成冲裁工序，还可以完成成形工序，甚至装配工序，许多需要多工序冲压的复杂冲压件可以在一副模具上完全成形，为高速自动冲压提供了有利条件。

由于级进模工位数较多，因而用级进模冲制零件必须解决条料或带料的准确定位问题，才有可能保证冲压件的质量。根据级进模定位零件的特征，级进模有以下几种典型结构。

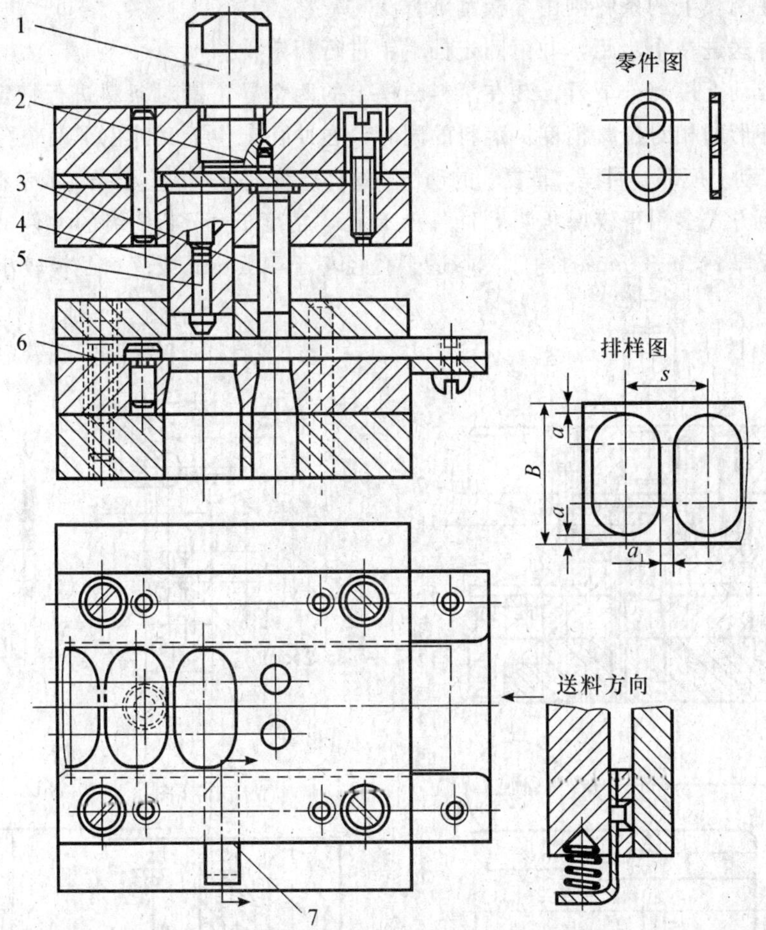

1-模柄；2-螺钉；3-冲孔凸模；4-落料凸模；5-导正销；6-固定导料销；7-始用导料销

图 2 - 35　用导正销定距的冲孔落料级进模

1. 用导正销定位的级进模

图 2 - 35 为用导正销定距的冲孔落料连续模。上、下模用导板导向，冲孔凸模 3 与落料凸模 4 之间的距离就是送料步距 s。送料时由固定挡料销 6 进行初定位，由两个装在落料凸模上的导正销 5 进行精定位。导正销与落料凸模的配合为 H7/r6，其连接应保证在修磨凸模时的装拆方便，因此，落料凸模安装导正销的孔是个通孔。导正销头部的形状应有

利于在导正时插入已冲的孔，它与孔的配合应略有间隙。为了保证首件的正确定距，在带导正销的级进模中，常采用始用挡料装置。它安装在导板下的导料板中间。在条料上冲制首件时，用手推始用挡料销 7，使它从导料板中伸出来抵住条料的前端，即可冲第一件上的两个孔。以后各次冲裁时都由固定挡料销 6 控制送料步距作粗定位。

工作过程：

①将条料沿导料板送进，并由始用挡料销限定条料的初始位置。

②滑块带动上模部分下行进行冲孔，而落料的凸、凹模则走了一个空行程，始用挡料销在弹簧的作用下复位。

③滑块带动上模部分回程，冲落的废料卡在凹模洞口，待后续冲裁时由凸模依次推落；而紧箍在凸模上的条料则由导板刮下。

④条料再送进一个步距，并由固定挡料销进行粗定位。

⑤滑块带动上模部分下行，装在落料凸模上的两个导正销对条料进行精定位，保证零件上的孔与外形的相对位置精度。落料的同时，在冲孔工位上又冲出了两个孔。

⑥滑块带动上模部分回程，重复③的动作，这样连续进行冲裁直至条料或带料冲完为止。

这种定距方式多用于较厚板料，冲件上有孔，精度低于 IT12 级的冲件冲裁。它不适用于软料或板厚 $t<0.3$ mm 的冲件，不适于孔径小于 1.5 mm 或落料凸模较小的冲件。

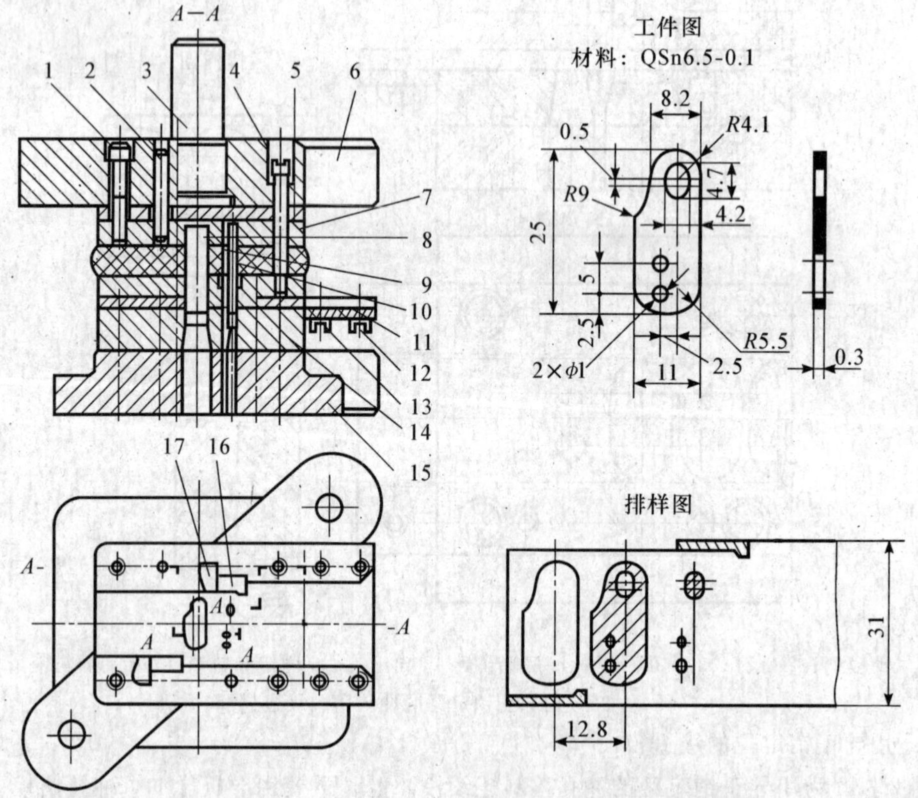

1-内六角螺钉；2-销钉；3-模柄；4-卸料螺钉；5-垫板；6-上模座；7-凸模固定板；8，9，10-凸模；11-导料板；12-承料板；13-卸料板；14-凹模；15-下模座；16-侧刃；17-侧刃挡块

图 2-36　侧刃定距的冲孔落料级进模

2. 侧刃定距的级进模

图 2－36 是双侧刃定距的冲孔落料级进模。它以侧刃 16 代替了始用挡料销、挡料销和导正销控制条料送进距离（进距或俗称步距）。侧刃是特殊功用的凸模，其作用是在压力机每次冲压行程中，沿条料边缘切下一块长度等于步距的料边。由于沿送料方向，在侧刃前后，两导料板间距不同，前宽后窄形成一个凸肩，所以条料上只有切去料边的部分方能通过，通过的距离即等于步距。为了减少料尾损耗，尤其工位较多的级进模，可采用两个侧刃前后对角排列。由于该模具冲裁的板料较薄（0.3 mm），所以选用弹压卸料方式。

①沿导料板将条料送进，并由侧刃挡块定位。

②上模部分下行对条料实施冲孔，侧刃与侧刃凹模配合，在条料的边缘上冲切下一块长度等于送料步距的料边，在条料上形成一个台肩，为后续送料作准备。

③上模部分回程，橡胶推动卸料板将紧箍在凸模上的条料刮下。

④沿导料板将条料送进，并由侧刃挡块对条料的台肩定位。

⑤上模部分下行进行落料并在冲孔的工位上冲孔，侧刃又将在条料的边缘上冲切下一块长度等于送料步距的料边，在条料上形成一个台肩。

⑥上模部分回程并卸料。

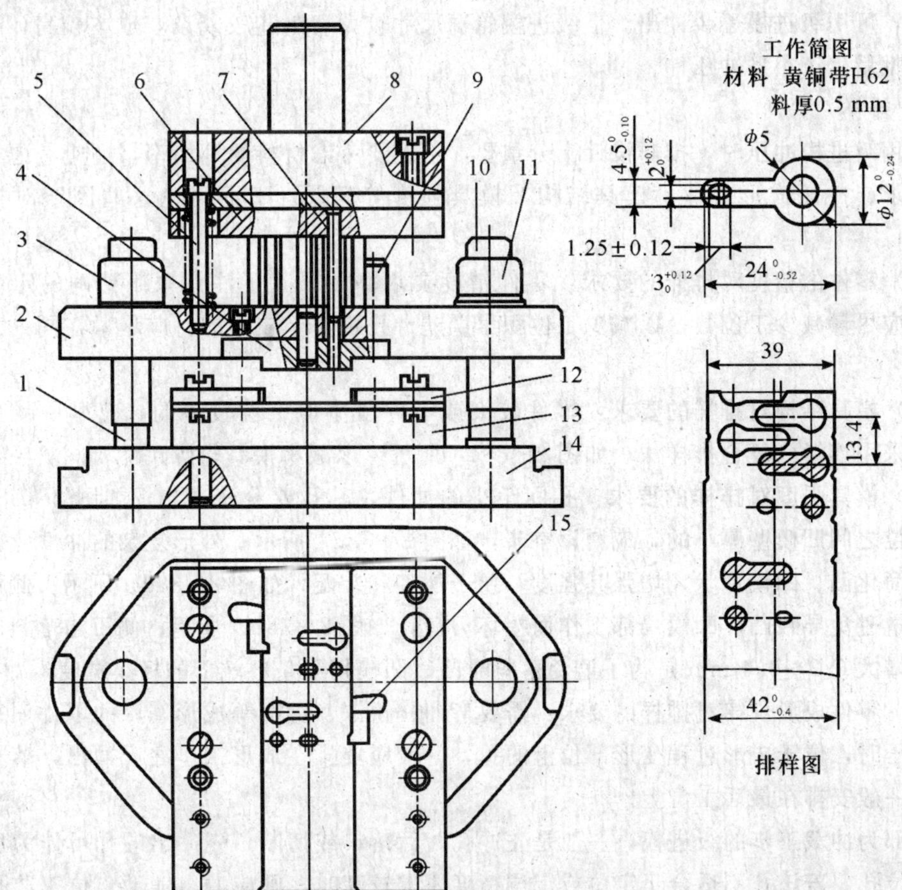

1，10-导柱；2-弹压导板；3，11-导套；4-导板镶块；5-卸料螺钉；6-凸模固定板；7-凸模；8-上模座；9-限位柱；12-导料板；13-凹模；14-下模座；15-侧刃挡块

图 2－37　侧刃定距的弹压导板级进模

图 2 - 37 为侧刃定距的弹压导板级进模。该模具除了具有上述侧刃定距级进模的特点外，还具有如下特点：

(1) 凸模由装在弹压导板 2 中的导板镶块 4 导向，弹压导板以导柱 1，10 导向，导向准确，保证凸模与凹模的正确配合，并且加强了凸模纵向稳定性，避免了凸模产生纵弯曲。

(2) 凸模与固定板为间隙配合，凸模装配调整和更换较方便。

(3) 弹压导板用卸料螺钉与上模连接，加上凸模与固定板是间隙配合，因此能消除压力机导向误差对模具的影响，对延长模具寿命有利。

(4) 冲裁排样采用直对排，一次冲裁获得两个零件；两件的落料工位离开一定距离，增强了凹模强度，也便于加工和装配。

这种模具用于冲压零件尺寸小而复杂、需要保护凸模的场合。

在实际生产中，对于精度要求高的冲压件和多工位的级进冲裁，应采用既有侧刃定位（粗定位）又有导正销定位（精定位）的级进模。

总之，级进模比单工序模生产率高，减少了模具和设备的数量，工件精度较高，便于操作和实现生产自动化。对于特别复杂或孔边距较小的冲压件，用简单模或复合模冲制有困难时，可用级进模逐步冲出。但级进模轮廓尺寸较大，制造较复杂，成本较高，一般适用于大批量生产小型冲压件。

3. 排样

应用级进模冲压时，排样设计十分重要，不但要考虑材料的利用率，还应考虑零件的精度要求、冲压成形规律、模具结构及模具强度等问题。下面讨论这些因素对排样的要求。

(1) 零件的精度对排样的要求：零件精度要求高的，除了注意采用精确的定位方法外，还应尽量减少工位数，以减少工位积累误差；孔距公差较小的，应尽量在同一工步中冲出。

(2) 模具结构对排样的要求：零件较大或零件虽小但工位较多的，应尽量减少工位数，可采用连续—复合排样法，如图 2 - 38a) 所示，以减小模具轮廓尺寸。

(3) 模具强度对排样的要求：孔间距小的冲件，其孔要分步冲出，如图 2 - 38b) 所示；工位之间凹模壁厚小的，应增设空步，如图 2 - 38c) 所示；外形复杂的冲件应分步冲出，以简化凸、凹模形状，增强其强度，便于加工和装配，如图 2 - 38d) 所示；侧刃的位置应尽量避免导致凸、凹模局部工作而损坏刃口，如图 2 - 38b) 所示；侧刃与落料凹模刀口距离增大 0.2～0.4 mm 是为了避免落料时凸、凹模切下条料端部的极小宽度。

(4) 零件成形规律对排样的要求：需要弯曲、拉深、翻边等成形工序的零件，采用级进模冲压时，位于成形过程变形部位上的孔，一般应安排在成形工步之后冲出，落料或切断工步一般安排在最后工位上。

全部为冲裁工步的级进模，一般是先冲孔，后落料或切断。先冲出的孔可作为后续工位的定位孔，若该孔不适合于定位或定位精度要求较高时，则应冲出辅助定位工艺孔（导正销孔），如图 2 - 38a) 所示。

套料级进冲裁时，如图 2 - 38e) 所示，按由里向外的顺序进行冲裁。

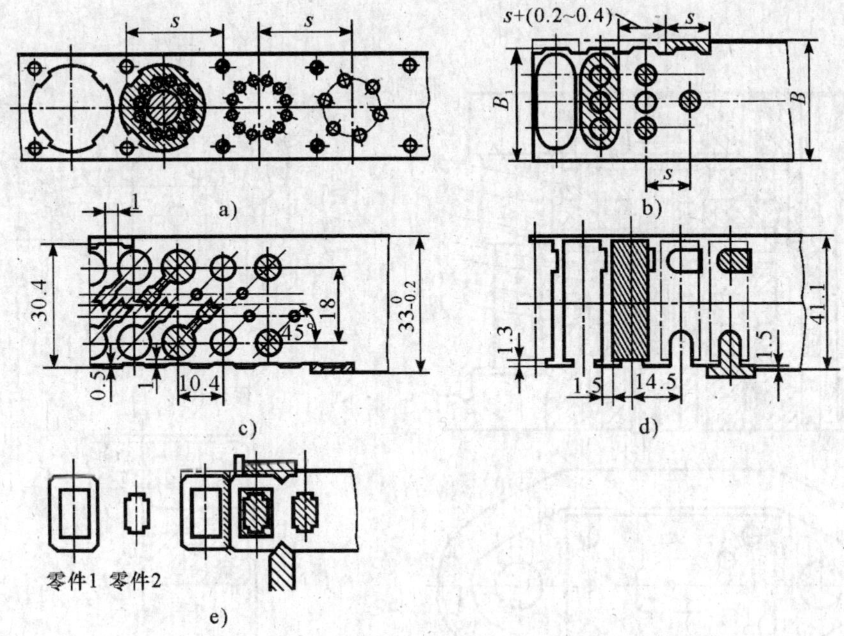

图 2－38　级进模的排样图

三、复合模

复合模是一种多工序的冲模，是在压力机的一次工作行程中，在模具同一部位同时完成数道分离工序的模具。复合模的设计难点是如何在同一工作位置上合理地布置好几对凸、凹模。它在结构上的主要特征是有一个既是落料凸模又是冲孔凹模的凸凹模。按照工作零件的安装位置不同，复合模分为正装式复合模和倒装式复合模两种。

1. 正装式复合模

图 2－39 为正装式落料冲孔复合模，凸凹模 6 在上模，落料凹模 8 和冲孔凸模 11 在下模。

正装式复合模工作时，板料以导料销 13 和挡料销 12 定位。上模下压，凸凹模外形和凹模 8 进行落料，落下的料卡在凹模中，同时冲孔凸模与凸凹模内孔进行冲孔，冲孔废料卡在凸凹模孔内。卡在凹模中的冲件由顶件装置顶出凹模面。顶件装置由带肩顶杆 10 和顶件块 9 及装在下模座底下的弹顶器组成。

该模具采用装在下模座底下的弹顶器推动顶杆和顶件块，弹性元件高度不受模具有关空间的限制，顶件力大小容易调节，可获得较大的顶件力。卡在凸凹模内的冲孔废料由推件装置推出。推件装置由打杆 1、推板 3 和推杆 4 组成，当上模上行至上止点时，把废料推出。每冲裁一次，冲孔废料被推下一次，凸凹模孔内不积存废料，胀力小，不易破裂。但冲孔废料落在下模工作面上，清除废料麻烦，尤其孔较多时。边料由弹压卸料装置卸下。由于采用固定挡料销和导料销，在卸料板上需钻出让位孔，或采用活动导料销或挡料销。

从上述工作过程可以看出，正装式复合模工作时，板料是在压紧的状态下分离，冲出的冲件平直度较高。但由于弹顶器和弹压卸料装置的作用，分离后的冲件容易被嵌入边料中影响操作，从而影响生产率。

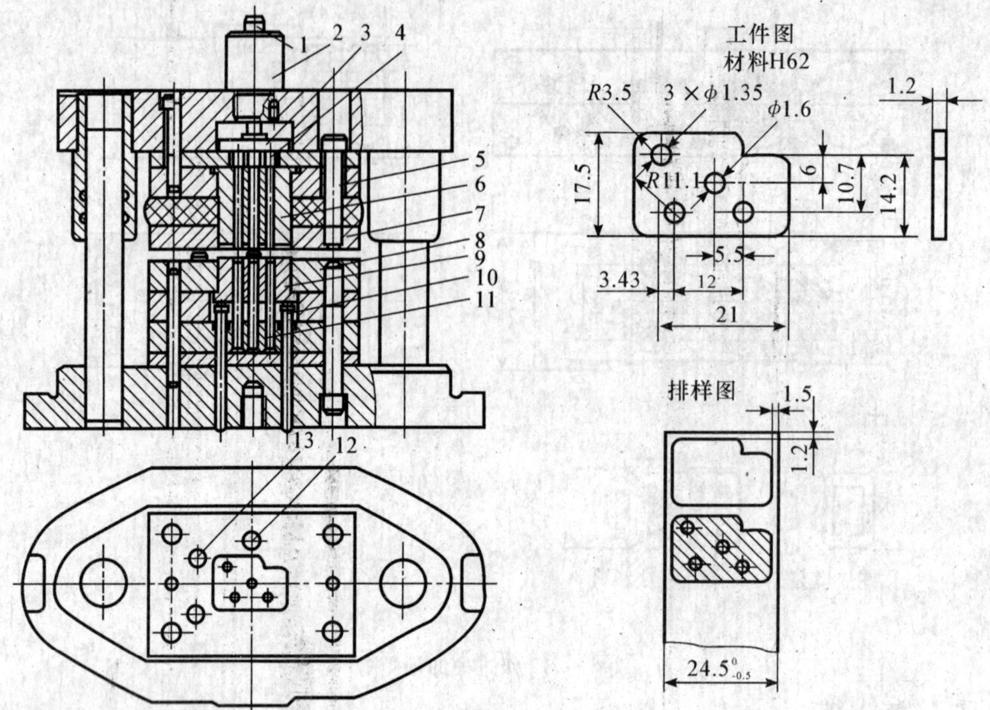

1-打杆；2-模柄；3-推板；4-推杆；5-卸料螺钉；6-凸凹模；7-卸料板；8-落料凹模；
9-顶件块；10-带肩顶杆；11-冲孔凸模；12-挡料销；13-导料销

图 2-39 正装式复合模

2. 倒装式复合模

图 2-40 为倒装式复合模，凸凹模 18 装在下模，落料凹模 17 和冲孔凸模 14，16 装在上模。

倒装式复合模通常采用刚性推件装置把卡在凹模中的冲件推下，刚性推件装置由打杆 12、推板 11、连接推杆 10 和推件块 9 组成。冲孔废料直接由冲孔凸模从凸凹模内孔推下，无顶件装置，结构简单，操作方便。但如果采用直刃壁凹模洞口，凸凹模内有积存废料，胀力较大，当凸凹模壁厚较小时，可能导致凸凹模破裂。

板料的定位靠导料销 22 和弹簧弹顶的活动挡料销 5 来完成。非工作行程时，挡料销 5 由弹簧 3 顶起，可供定位；工作时，挡料销被压下，上端面与板料平。由于采用弹簧弹顶挡料装置，所以在凹模上不必钻相应的让位孔，但这种挡料装置的工作可靠性较差。

采用刚性推件的倒装式复合模，板料不是处在被压紧的状态下冲裁，因而平直度不高。这种结构适用于冲裁较硬的或厚度大于 0.3 mm 的板料。如果在上模内设置弹性元件，即采用弹性推件装置，就可以用于冲制材质较软的或板料厚度小于 0.3 mm 且平直度要求较高的冲裁件。

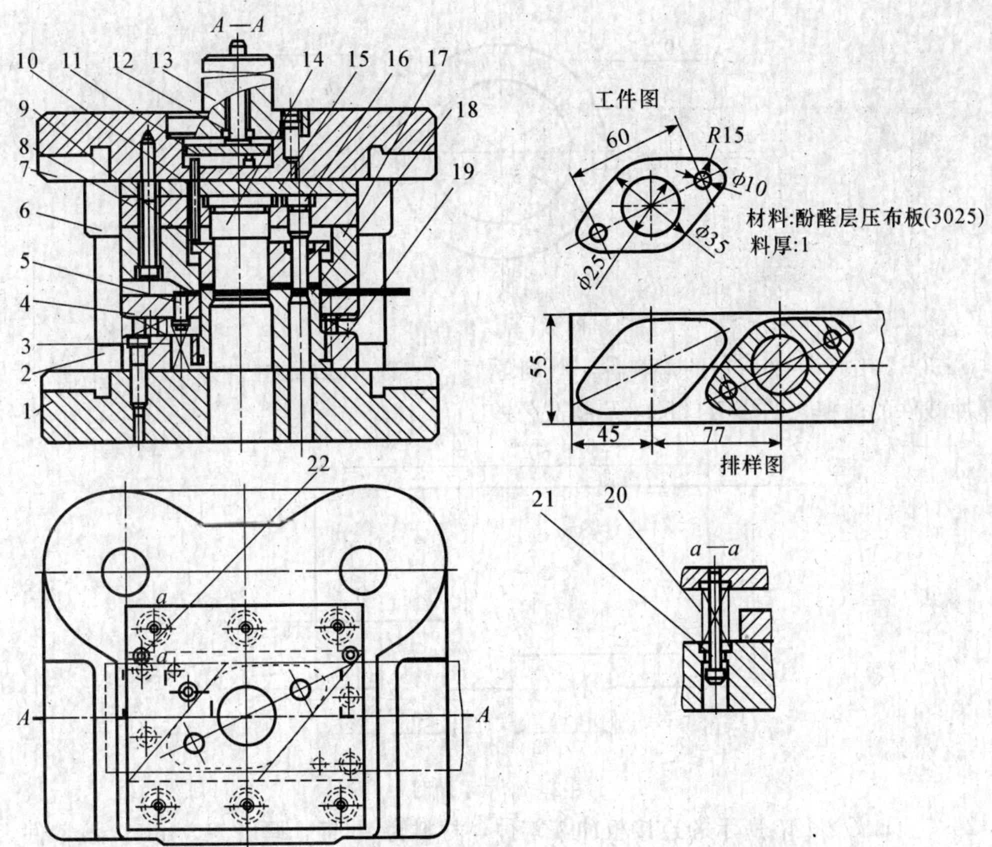

1-下模座；2-导柱；3、20-弹簧；4-卸料板；5-活动挡料销；6-导套；7-上模座；8-凸模固定板；9-推件块；10-连接推杆；11-推板；12-打杆；13-模柄；14、16-冲孔凸模；15-垫板；17-落料凹模；18-凸凹模；19-固定板；21-卸料螺钉；22-导料销

图 2-40　倒装式复合模

3. 正装式和倒装式复合模结构比较

(1) 正装式复合模较适用于冲制材质较软的或板料较薄的平直度要求较高的冲裁件，还可以冲制孔边距较小的冲裁件。

(2) 倒装式复合模不宜冲制孔边距较小的冲裁件，但倒装式复合模结构简单，又可以直接利用压力机的打杆装置进行推件，卸件可靠，便于操作，并为机械化出件提供了有利条件，故应用十分广泛。

(3) 复合模的特点是生产率高，冲裁件的内孔与外缘的相对位置精度高，板料的定位精度要求比级进模低，冲模的轮廓尺寸较小。但复合模结构复杂，制造精度要求高，成本高。复合模主要用于生产批量大、精度要求高的冲裁件。

[练习与思考题]

2-1　试简述冲裁变形过程中各阶段的特点。

2-2　冲制如图 2-41 所示零件，材料为 Q345 钢，料厚 $t=0.8$ mm。试按凸模与凹模分别加工法计算冲裁凸、凹模刃口尺寸及公差。

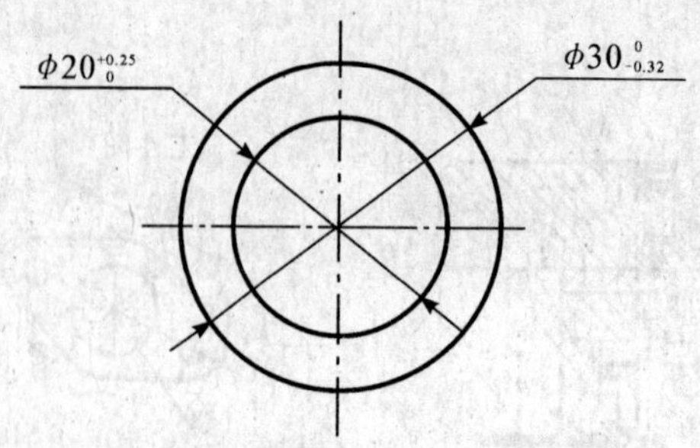

图 2-41　零件图

2-3　如图 2-42 所示的落料件，板料厚度 $t = 2.5$ mm，材料为 40 钢。试按配作法计算冲裁件的凸模、凹模刃口尺寸及制造公差。

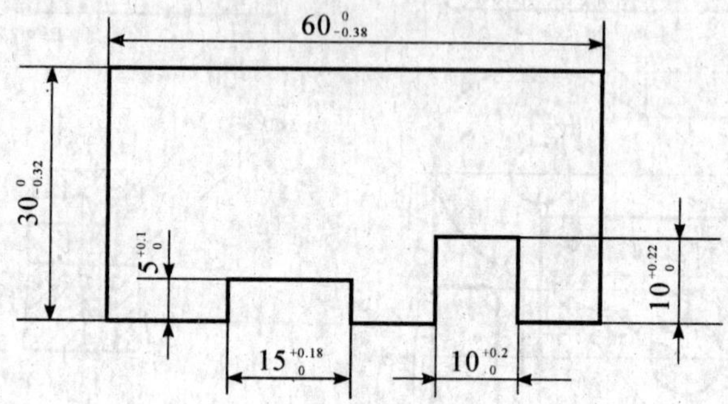

图 2-42　零件图

2-4　如图 2-43 所示的连接板冲裁零件，材料为 10 钢，厚度为 3 mm。该零件为大批量生产，冲压设备初选为 250 kN 开式压力机，要求制定冲压工艺方案。

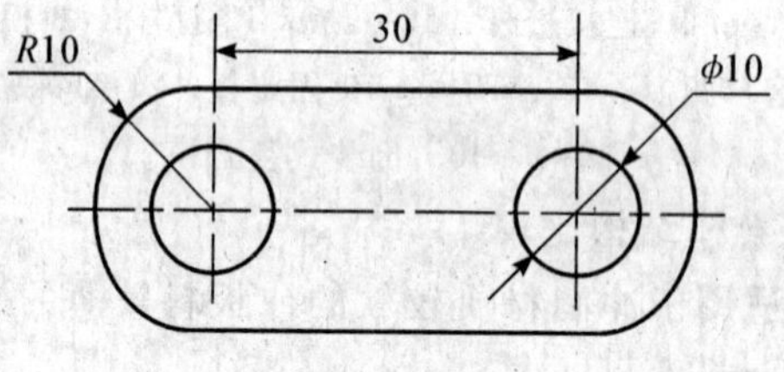

图 2-43　零件图

第3章 弯曲及弯曲模具设计

本章在分析弯曲变形过程及弯曲件质量影响因素的基础上，介绍弯曲工艺计算、工艺方案制定和弯曲模设计，涉及弯曲变形过程分析、弯曲半径及最小弯曲半径影响因素、弯曲卸载后的回弹及影响因素、坯料尺寸计算、工艺性分析与工艺方案确定、弯曲模典型结构、弯曲模工作零件设计等内容。

第1节 概 述

弯曲是通过模具和压力机将板料、型材、管材或棒料等按设计要求弯成一定的角度和一定的曲率，形成所需形状零件的冲压工艺方法。它属于成形工序，是冲压基本工序之一，在冲压零件生产中应用较普遍。图3-1是用弯曲方法加工的一些典型零件。

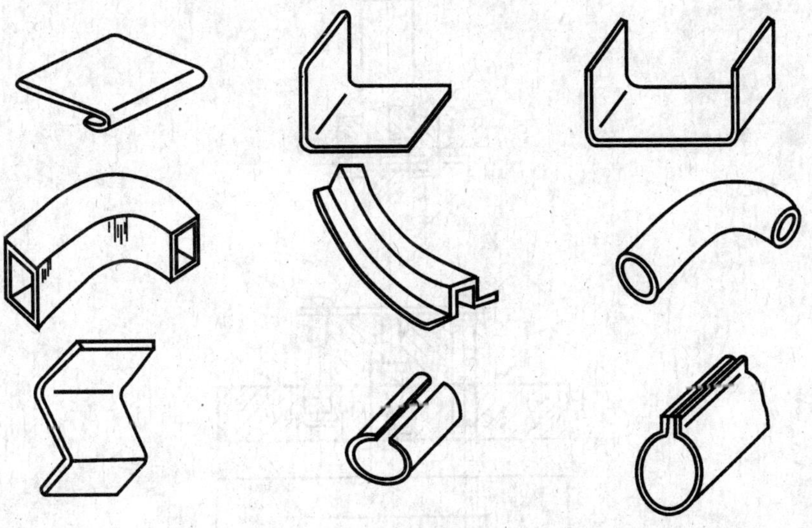

图3-1 弯曲成形典型零件

根据所使用的工具与设备的不同，弯曲方法可分为在压力机上利用模具进行的压弯以及在专用弯曲设备上进行的折弯、滚弯、拉弯等，如图3-2所示。各种弯曲方法尽管所用设备与工具不同，但其变形过程及特点有共同规律。本章主要介绍在生产中应用最多的压弯工艺与弯曲模设计。

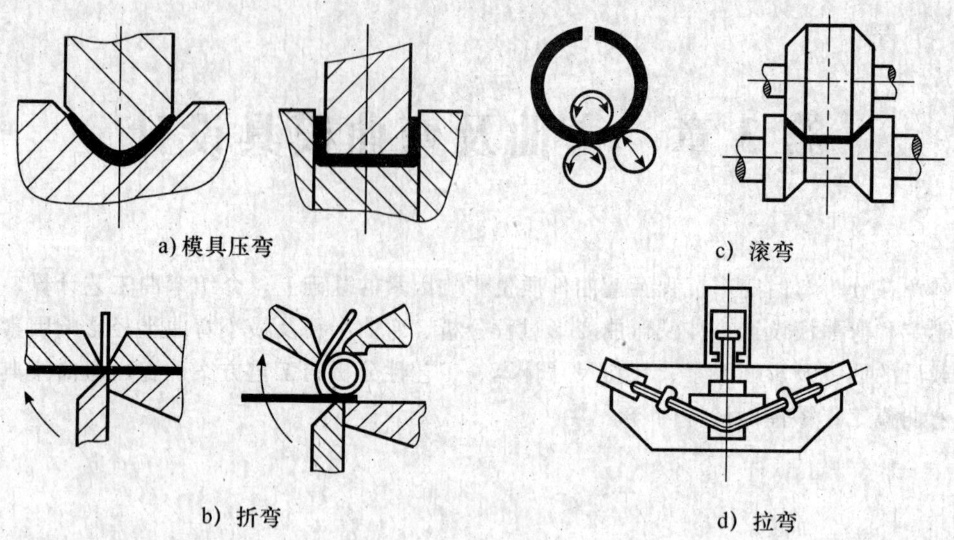

图 3-2　弯曲件的弯曲方法

弯曲所使用的模具叫弯曲模，它是弯曲过程必不可少的工艺装备。图 3-3 是一副常见的 V 形件弯曲模。弯曲开始前，先将平板毛坯放入定位板 10 中定位，然后弯曲凸模 4 下行，与顶杆 7 将板材压住（可防止板材在弯曲过程中发生偏移），实施弯曲，直至板材与凸模 4、凹模 3 完全贴紧，最后开模，V 形件被顶杆顶出。

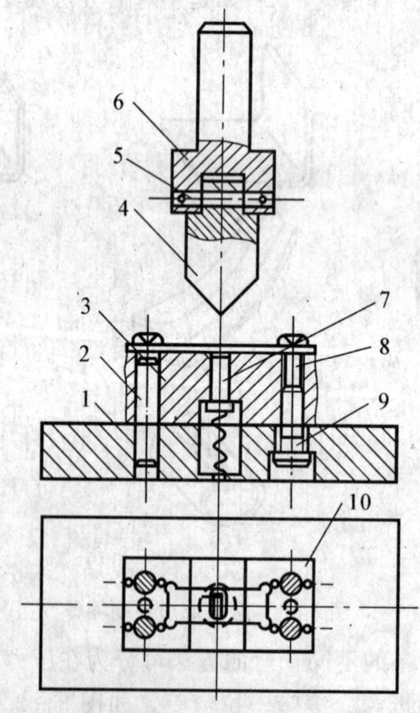

1-下模板；2，5-圆柱销；3-弯曲凹模；4-弯曲凸模；6-模柄；7-顶杆；8，9-螺钉；10-定位板

图 3-3　V 形件弯曲模

第 2 节　弯曲变形分析

一、弯曲变形过程

V 形弯曲是最基本的弯曲变形，任何复杂弯曲都可看成由多个 V 形弯曲组成。本章以 V 形弯曲为代表分析弯曲变形过程。

图 3-4 为 V 形弯曲时板料的受力情况示意图。在板料 A 处，凸模 1 施加外力 $2F$，在凹模 2 支承点 B 处，则产生反力并与这一外力构成了弯曲力矩 M（$M=FL$），该弯曲力矩使板料产生弯曲变形。

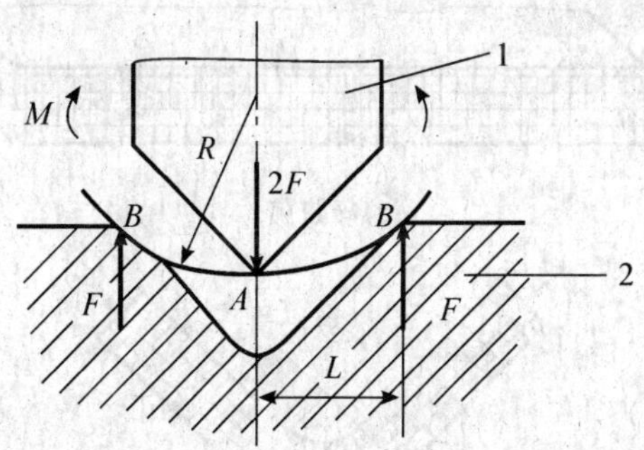

1-凸模；2-凹模

图 3-4　V 形弯曲板材受力情况

板料在 V 形模内的校正弯曲过程如图 3-5 所示。在凸模的压力下，板料受弯矩的作用首先经过弹性变形，然后进入塑性变形。在塑性弯曲的开始阶段，板料是自由弯曲；随着凸模的下压，板料与凹模 V 形表面逐渐靠紧，同时曲率半径和弯曲力臂逐渐变小（由 r_0 变为 r_1，由 $l_A/2$ 变为 $l_1/2$）；凸模继续下压，板料弯曲变形区进一步减小，直到与凸模三点接触，此时，曲率半径减速变为 r_2，力臂为 $l_2/2$；此后，板料的直边部分向与以前相反的方向变形，到行程终了时，凸、凹模对弯曲件进行校正，使其直边、圆角与凸模全部靠紧。

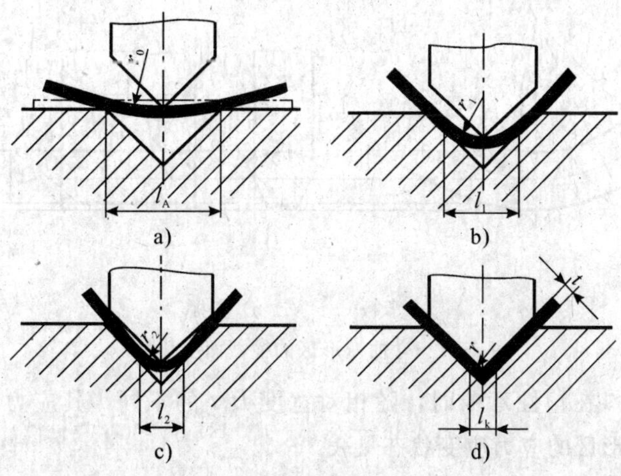

图 3-5　弯曲过程

二、塑性弯曲变形区的应力、应变

弯曲过程中材料应力与应变情况可以使用网格法进行测量，如图 3-6 所示。对一块带有网格的材料进行弯曲变形，在弯曲中心角 α 的范围内，正方形网格变成了扇形，而板料的直边部分，除靠近圆角的直边处网格略有微小变化外，其余仍保持原来的正方形方格。可见，弯曲时塑性变形区主要在弯曲件的圆角部分。弯曲前$\overline{aa}=\overline{bb}$，弯曲后 $aa<\overline{aa}$，$bb>\overline{bb}$，这说明弯曲时内缘区域的金属切向受压而缩短，外缘区域的金属切向受拉而伸长，由内、外表面至板料中心，其缩短和伸长的程度逐渐变小。从内区的缩短过滤到外区的伸长，其间必有一层金属，它的长度在变形前后保持不变，该层称为应变中性层。

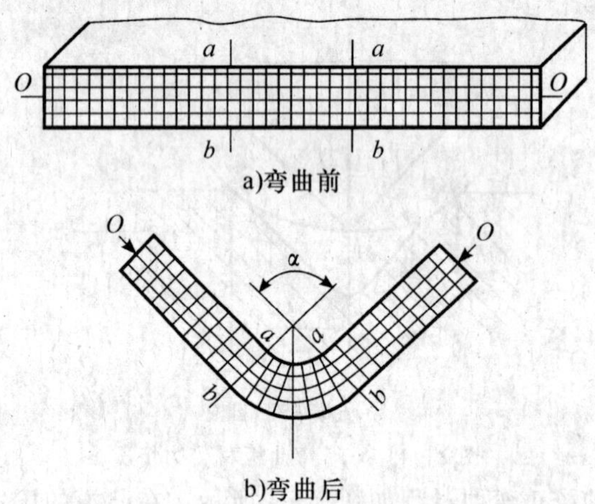

图 3-6 弯曲前后坐标网格的变化

从弯曲变形区的横截面变化来看，变形有两种情况：窄板($B/t\leqslant3$)弯曲时，内区宽度增加，外区宽度减小，原矩形截面变成了扇形，如图 3-7a) 所示；宽板($B/t>3$)弯曲时，横截面几乎不变，仍为矩形，如图 3-7b) 所示。

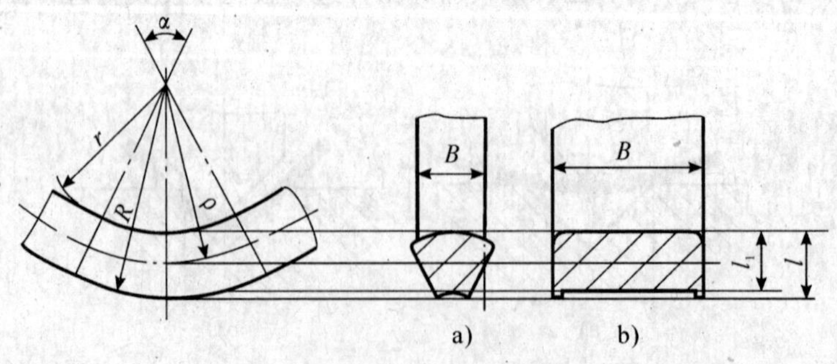

a) 窄板　　b) 宽板

图 3-7 弯曲变形区的横截面变化情况

由此可见，板料在塑性弯曲时，随相对宽度 B/t 的不同，其应力、应变的性质也不同。板料弯曲时变形区的应力应变状态见表 3-1。

表 3-1　　板料弯曲时的应力应变状态

相对宽度	变形区域	应力应变状态分析	
		应力状态	应变状态
窄　板	内区（压区）	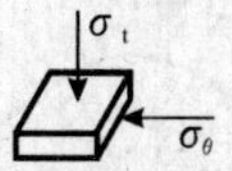 σ_t　σ_θ	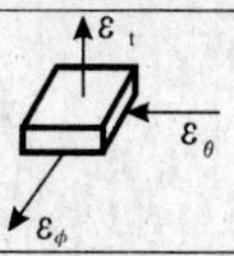 ε_t　ε_θ　ε_ϕ
	外区（拉区）	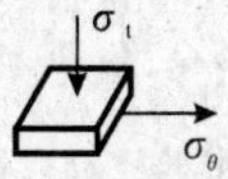 σ_t　σ_θ	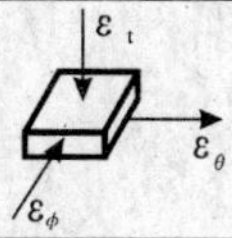 ε_t　ε_θ　ε_ϕ
宽　板	内区（压区）	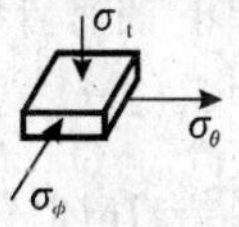 σ_t　σ_θ　σ_ϕ	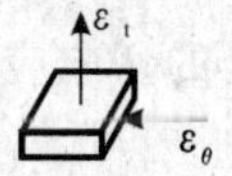 ε_t　ε_θ
	外区（拉区）	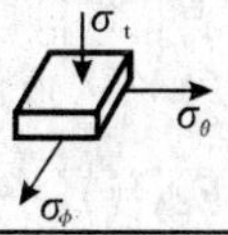 σ_t　σ_θ　σ_ϕ	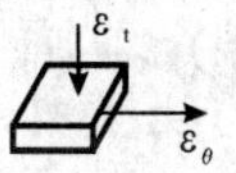 ε_t　ε_θ

1. 应变状态

长度方向（切向）ε_θ：弯曲变形区内区纤维缩短，切向应变为压缩应变；外区纤维伸长，切向应变为拉伸应变。该应变为绝对值最大的主应变。

厚度方向（径向）ε_t：因为弯曲变形时，绝对值最大的主应变是切向应变 ε_θ，由塑性变形体积不变条件可知，另外两个方向产生的应变，其符号将与 ε_θ 相反。由此可以判断：在弯曲变形区的内区，因切向主应变 ε_θ 为压应变，所以径向应变为拉应变；在弯曲变形区的外区，因切向主应变 ε_θ 为拉应变，故径向应变 ε_t 为压应变。

宽度方向 ε_φ：根据宽度 B/t 的不同，分两种情况。对于 $B/t \leqslant 3$ 的窄板，因金属在宽度方向可以自由变形，在内区，宽度方向应变 ε_φ 与切向应变 ε_θ 符号相反，为拉应变，在外区则为压应变。对于 $B/t > 3$ 的宽板，由于宽度方向受到材料彼此之间的制约作用，不能自由变形，可以近似认为无论内区还是外区，其宽度方向的应变都为零。

由此可见，窄板弯曲时的应变状态是立体的，宽板弯曲时的应变状态则是平面的。

2. 应力状态

长度方向（切向）σ_θ：内区纤维受压，切向应力为压应力；外区纤维受拉，切向应力为拉应力。

厚度方向（径向）σ_t：塑性弯曲时，由于变形区曲率增大，以及金属各层之间的相互挤压作用，在变形区内产生径向压应力 σ_t。在板料表面，$\sigma_t=0$，并由外及里逐步递增，至中性层处达到最大值。

宽度方向 σ_φ：对于窄板，由于宽度方向可以自由变形，因而无论是内区还是外区，$\sigma_\varphi=0$；对于宽板，因为宽度方向受到材料的制约作用，$\sigma_\varphi \neq 0$。内区由于宽度方向的伸长受阻，所以 σ_φ 为压应力；外区由于宽度方向的收缩受阻，所以 σ_φ 为拉应力。

从应力状态来看，窄板弯曲时的应力状态是平面的，宽板则是立体的。

三、变形程度及其表示方法

塑性弯曲首先需要经过弹性弯曲阶段。在弹性弯曲时，受拉的外区与受压的内区以中性层为界，中性层恰好通过剖面的重心，其应力应变为零，如图 3－8 所示。

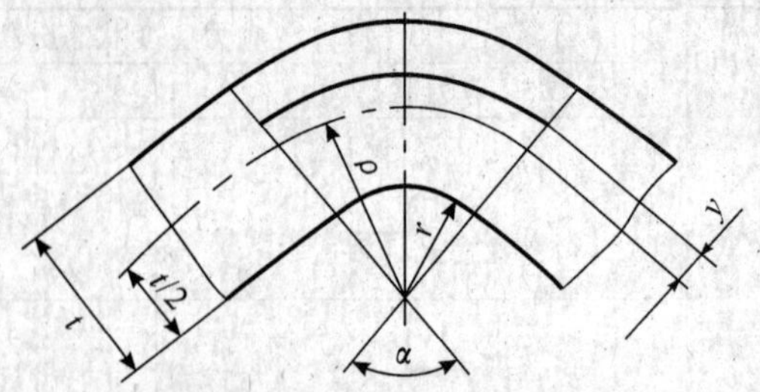

图 3－8　弯曲半径和弯曲中心角

假定弯曲内表面圆角半径为 r，中性层的曲率半径 $\rho=r+t/2$，弯曲中心角为 α，则距中性层 y 处的切向应变为：

$$\varepsilon_\theta=\ln\frac{(\rho+y)\alpha}{\rho\alpha}=\ln(1+\frac{y}{\rho})\approx\frac{y}{\rho}$$

切向应力 σ_θ 为：

$$\sigma_\theta=E\varepsilon_\theta=E\frac{y}{\rho}$$

因此，材料切向应变和应力的大小只取决于比值 y/ρ，而与弯曲中心角无关。在弯曲变形区的内、外表面，切向应力与切向应变的绝对值最大。

$$\varepsilon_{\theta\max}=\pm\frac{t/2}{r+t/2}=\pm\frac{1}{1+2r/t}$$

$$\sigma_{\theta\max}=\pm E\varepsilon_{\theta\max}=\pm\frac{E}{1+2r/t}$$

若材料的屈服强度为 σ_s，则弹性弯曲的条件为

$$|\sigma_{\theta\max}|=\frac{E}{1+2r/t}\leqslant\sigma_s \text{ 或 } r/t\geqslant\frac{1}{2}(E/\sigma_s-1)$$

其中：r/t 称为相对弯曲半径，r/t 越小，板料表面的切向变形程度 $\varepsilon_{\theta\max}$ 越大。因此，生产中常用 r/t 来表示板料弯曲变形程度的大小。

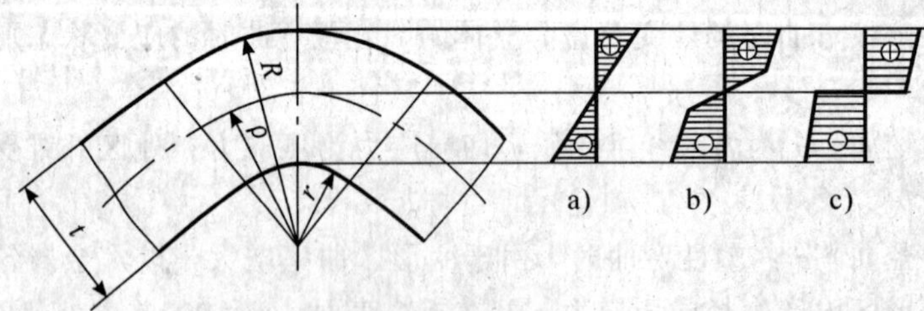

a）弹性弯曲　b）弹—塑性弯曲　c）纯塑性弯曲

图 3－9　坯料弯曲变形区内切向应力的分布

当 $\frac{r}{t}\geqslant\frac{1}{2}\left(\frac{E}{\sigma_s}-1\right)$ 时，仅在板料内部引起弹性变形，称为弹性弯曲，变形区内切向应力分布如图 3－9a）所示。当 $\frac{r}{t}<\frac{1}{2}\left(\frac{E}{\sigma_s}-1\right)$ 时，板料变形区的内、外表面首先屈服，开始塑性变形；如果 r/t 继续减小，则塑性变形部分由内、外表面向中心逐步扩展，弹性变形部分则逐步缩小，变形由弹性弯曲过渡为弹—塑性弯曲，变形区内切向应力分布如图

3-9b)所示。当 $r/t \leqslant 3 \sim 5$ 时，弹性变形区已经很小，可近似认为仅有纯塑性弯曲，切向应力的分布如图 3-9c) 所示。

四、板料弯曲变形特点

1. 中性层的内移

中性层的曲率半径和弯曲变形程度有关。当变形程度较小时（r/t 较大），应变中性层与弯曲板料截面中心的轨迹相重合，即 $\rho = r + \frac{t}{2}$。变形程度比较大时（r/t 较小），由于径向压应力 σ_t 的作用，应变中性层不再通过板料截面的中心，而向内侧移动。另外，由于弯曲时板厚的变薄，也会使应变中性层的曲率半径小于 $r + \frac{t}{2}$。

2. 变形区板料厚度变薄和长度增加

由于拉区会使板料变薄，而压区使板料加厚，但由于中性层向内移动，拉区扩大，压区减小，板料的变薄将大于板料的加厚，整个板料便出现变薄现象。r/t 越小，变形程度越大，变薄现象也越严重。变薄后的厚度 $t_1 = \eta t$（η 为变薄系数）。

弯曲所用坯料一般属于宽板，由于宽度方向没有变形，因而变形区厚度的变薄必然导致长度的增加，r/t 值越小，增长量越大。

3. 弯曲后的翘曲与剖面畸变

细而长的板料弯曲件，弯曲后纵向会产生翘曲变形，如图 3-10 所示。这是因为沿折弯线方向工件的刚度小，塑性弯曲时，外区宽度方向的压应变和内区的拉应变将得以实现，结果使折弯线翘曲。当弯曲短而粗的工件时，工件纵向刚度大，宽向应变被抑制，翘曲不明显。

管材、型材弯曲后的剖面畸变如图 3-11 所示，这种现象是因为径向压应力 σ_x 所引起的。另外，在薄壁管的弯曲中，还会出现内侧面因受到压应力 σ_θ 的作用而失稳起皱的现象。因此，弯曲管件时，管中应加填料或芯棒。

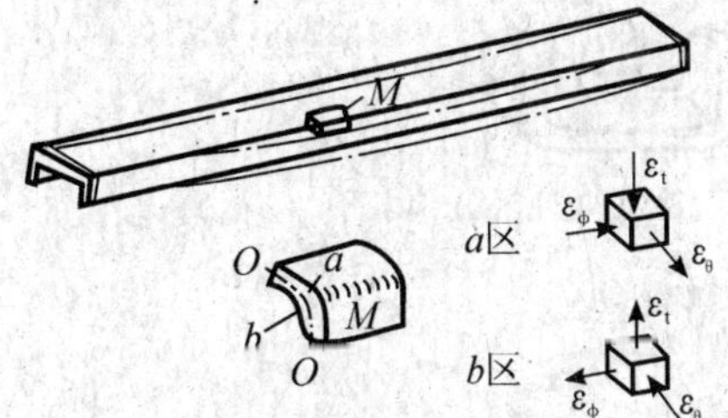

图 3-10　弯曲后的翘曲

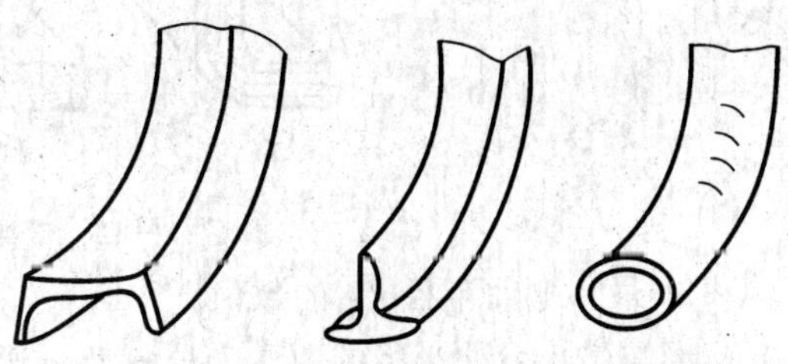

图 3-11　管材、型材弯曲后的剖面畸变

五、最小弯曲半径

在板料不发生破坏的条件下，弯曲件内表面能够弯成的最小圆角半径称为最小弯曲半径（r_{min}），并用它来表示弯曲时的成形极限。

1. 影响最小弯曲半径的因素

(1) 材料的力学性能

材料的塑性越好，塑性变形的稳定性越强（均匀伸长率 δ_b 越大），许可的最小弯曲半径就越小。

（2）材料表面和侧面的质量

板料表面和侧面（剪切断面）的质量差时，容易造成应力集中并降低塑性变形的稳定性，使材料过早地破坏。对于冲裁或剪裁坯料，若未经退火，由于切断的面存在冷变形硬化层，就会使材料塑性降低。在上述情况下，应选用较大的最小弯曲半径。

（3）弯曲线的方向

轧制钢板具有纤维组织，顺纤维方向的塑性指标高于垂直纤维方向的塑性指标。当工件的弯曲线与板料的纤维方向垂直时，可具有较小的最小弯曲半径，如图 3－12a）所示；当工件的弯曲线与板料的纤维方向平行时，其最小弯曲半径则最大，如图 3－12b）所示。因此，在弯制 r/t 较小的工件时，其排样应使弯曲线尽可能垂直于板料的纤维方向。若工件有两个互相垂直的弯曲线，应在排样时使两个弯曲线与板料的纤维方向成 45°的夹角，如图 3－12c）所示。而在 r/t 较大时，可以不考虑纤维方向。

（4）弯曲中心角

虽然弯曲变形区外表面的变形程度与弯曲中心角 α 无关，但在接近圆角的直边部分也会产生一定程度的切向伸长变形，从而使变形区的变形得到一定程度的减轻，所以最小弯曲半径可以小一点。弯曲中心角越小，变形分散效应越明显。当 $\alpha>70°$ 时，其影响明显减弱。

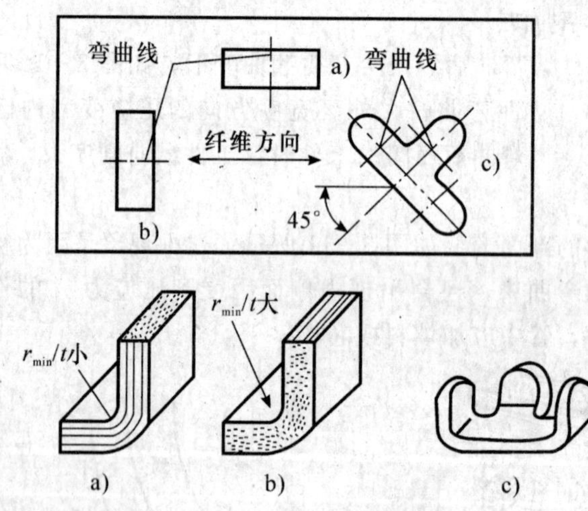

图 3－12　纤维方向对 r_{min} 的影响

2. 最小弯曲半径 r_{min} 的数值

影响最小弯曲半径的因素十分复杂，通常用试验方法确定最小弯曲半径的数值。各种金属材料在不同状态下的最小弯曲半径的数值参见表 3－1。

表 3－1　　**最小弯曲半径** r_{min}

材料	退火状态		冷作硬化状态	
	弯曲线位置			
	垂直纤维	平行纤维	垂直纤维	平行纤维
08，10，Q195，Q215	0.1t	0.4t	0.4t	0.8t
15，20，Q235	0.1t	0.5t	0.5t	1.0t

续表

材料	退火状态		冷作硬化状态	
	弯曲线位置			
	垂直纤维	平行纤维	垂直纤维	平行纤维
25，30，Q255	0.2t	0.6t	0.6t	1.2t
35，40，Q275	0.3t	0.8t	0.8t	1.5t
45，50	0.5t	1.0t	1.0t	1.7t
55，60	0.7t	1.3t	1.3t	2.0t
铝	0.1t	0.35t	0.5t	1.0t
纯铜	0.1t	0.35t	1.0t	2.0t
软黄铜	0.1t	0.35t	0.35t	0.8t
半硬黄铜	0.1t	0.35t	0.5t	1.2t
磷铜	—	—	1.0t	3.0t
硬铝（软）	1.0t	1.5t	1.5t	2.5t
硬铝（硬）	2.0t	3.0t	3.0t	4.0t

注：(1) 当弯曲线与纤维方向成一定角度时，可采用垂直和平行纤维方向二者的中间值。

(2) 冲裁或剪切后没有退火的毛坯弯曲时，应作为硬化的金属选用。

(3) 弯曲时应使有毛刺的一边处于弯角的内侧。

(4) 表中 t 为板料厚度。

3. 提高弯曲极限变形程度的方法

在一般情况下，不宜采用最小弯曲半径。当工件的弯曲半径小于表 3-1 所列数值时，为提高弯曲极限变形程度，常采取以下措施：

(1) 经冷变形硬化的材料，可采用热处理的方法恢复其塑性，再进行弯曲。

(2) 清除冲裁毛刺，当毛刺较小时也可以使有毛刺的一面处于弯曲受压的内缘（即有毛刺的一面朝向弯曲凸模），以免应力集中而开裂。

(3) 对于低塑性的材料或厚料，可采用加热弯曲。

(4) 采取两次弯曲的工艺方法：第一次采用较大的弯曲半径，然后退火；第二次再按工件要求的弯曲半径进行弯曲。这样就使变形区域扩大，减小了外层材料的伸长率。

(5) 对于较厚材料的弯曲，如结构允许，可以采取先在弯角内侧开槽，再进行弯曲的工艺，如图 3-13 所示。

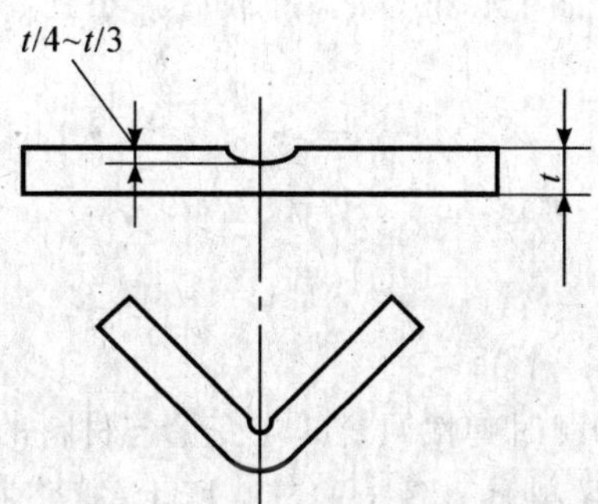

图 3-13　开槽后进行弯曲

第3节　弯曲卸载后弯曲件的回弹

一、回弹现象

与所有塑性变形一样，塑性弯曲时伴随有弹性变形。当外载荷去除后，塑性变形保留下来，而弹性变形会完全消失，使弯曲件的形状和尺寸发生变化而与模具尺寸不一致，这种现象叫回弹。由于弯曲时内、外区切向应力方向不一致，因而弹性回复方向也相反，即外区弹性缩短而内区弹性伸长，如图 3-14 所示。这种反向的弹性回复加剧了工件形状和尺寸的改变，所以与其他变形工序相比，弯曲过程的回弹现象是一个影响弯曲件精度的重要问题，设计弯曲工艺与弯曲模时应认真考虑。

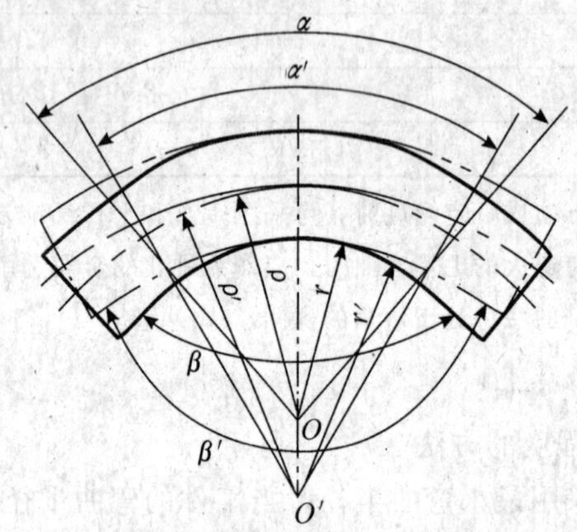

图 3-14　弯曲后的回弹

弯曲回弹的表现形式主要有两个方面。

1. 曲率减小

卸载前的弯曲中性层半径为 ρ，卸载后增加到 ρ'，曲率则由卸载前的 $1/\rho$ 减小到卸载后的 $1/\rho'$，则曲率的减小量 ΔK 为：

$$\Delta K=\frac{1}{\rho}-\frac{1}{\rho'}$$

2. 弯曲中心角减小

卸载前的弯曲变形区的弯曲中心角为 α，卸载后减小到 α'，所以弯曲中心角的减小量 $\Delta\alpha$ 为：

$$\Delta\alpha=\alpha-\alpha'$$

ΔK 与 $\Delta\alpha$ 即为弯曲件的回弹量。

二、影响回弹的因素

1. 材料的力学性能

由金属变形特点可知，卸载时弹性回复的应变量与材料的屈服强度成正比，与弹性模量成反比，即 σ_s/E 越大，回弹越大。图 3-15a) 所示的两种材料屈服强度基本相同，但弹性模量不同（$E_1>E_2$），在弯曲变形程度相同的条件下，退火软钢在卸载时的弹性回复变形小于软锰黄铜，即 $\varepsilon_1' < \varepsilon_2'$。又如图 3－15b）所示的两种材料，其弹性模量基本相同，而屈服强度不同，在弯曲变形程度相同的条件下，经冷作硬化而屈服强度较高的软钢在卸载时的弹性回复变形大于屈服强度较低的退火软钢，即 $\varepsilon_4' > \varepsilon_3'$。

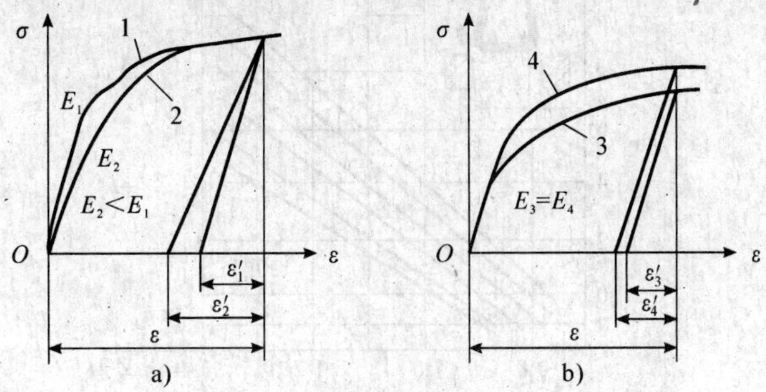

1，3-退火软钢；2-软锰黄铜；4-经冷变形硬化的软钢

图 3－15　材料的力学性能对回弹值的影响

2. 相对弯曲半径 r/t

r/t 越大，弯曲变形程度越小，中性层两侧的纯弹性变形区增加越多，塑性变形区总变形中弹性变形所占的比例也同时增大，故相对弯曲半径 r/t 越大，回弹越大。

3. 弯曲中心角 α

弯曲中心角 α 越大，变形区的长度越长，回弹积累值也越大，故回弹角 $\Delta\alpha$ 越大。

4. 弯曲方式及弯曲模

在无底凹模内作自由弯曲时（图 3－16），回弹最大；在有底凹模内作校正弯曲时（图 3－3），回弹较小。一个原因是：从坯料直边部分的回弹来看，由于凹模 V 形面对坯料的限制作用，当坯料与凸模三点接触后，随凸模的继续下压，坯料的直边部分向与以前相反的方向变形，弯曲终了时可以使产生了一定曲率的直边重新压平并与凸模完全贴合。卸载后弯曲件直边部分的回弹方向是朝向 V 形闭合方向（负回弹），而圆角部分的回弹方向是朝向 V 形张开方向（正回弹），两者回弹方向相反。另一个原因是：从圆角部分的回弹来看，由于板料受凸、凹模压缩的作用，不仅弯曲变形外区的拉应力有所减小，而且在外区中性层附近还出现和内区同号的压缩应力，随着校正力的增加，压应力区向板料的外表面逐步扩展，致使板料的全部或大部分断面均出现压缩应力。于是圆角部分的内、外区回弹方向一致，故校正弯曲圆角部分的回弹比自由弯曲时大为减小。因此，校正弯曲时圆角部分的较小正回弹与直边部分负回弹抵销，回弹可能出现正、零或是负三种情况。

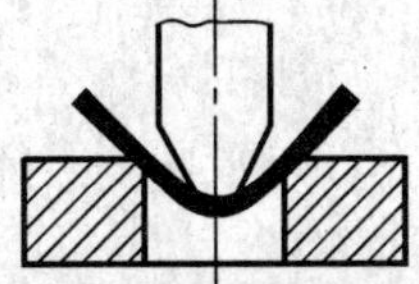

图 3－16　无底凹模内的自由弯曲

5. 模具间隙

在弯曲 U 形件时，凸、凹模之间的间隙对回弹有较大的影响。间隙越大，回弹角也就越大，如图 3－17 所示。

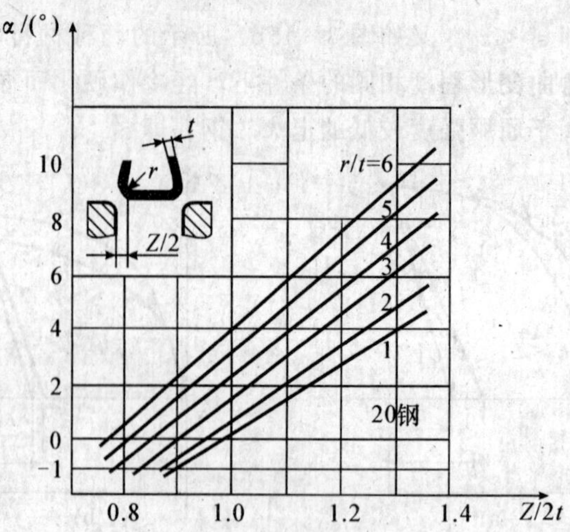

图 3-17 间隙对回弹的影响

6. 工件的形状

一般而言，弯曲件越复杂，一次弯曲成形角的数量越多，则弯曲时各部分互相牵制作用越大，弯曲中拉伸变形的成分越大，故回弹量就越小。

三、回弹值的确定

为得到形状和尺寸精确的工件，在设计及制造模具时，必须预先考虑材料的回弹。其方法是先根据经验值和简单的计算来初步确定模具工作部分尺寸，然后在试模时进行修正。

1. 小变形程度自由弯曲时的回弹值

当相对弯曲半径 $r/t \geqslant 10$ 时，卸载后弯曲件的角度和圆角半径变化较大。在此情况下，凸模工作部分的圆角半径和角度可按下式进行计算：

$$r_T = \frac{r}{1 + 3\dfrac{\sigma_s r}{Et}}$$

$$\alpha_T = \frac{r}{r_T}\alpha$$

式中：

r_T——凸模工作部分的圆角半径；

r——弯曲件的圆角半径；

α_T——凸模圆角部分中心角；

α——弯曲件圆角部分中心角；

σ_s——弯曲件材料的屈服点；

E——弯曲件材料的弹性模量。

2. 大变形程度自由弯曲时的回弹值

当相对弯曲半径 $r/t < 5$ 时，卸载后弯曲件的圆角半径变化很小，可不予考虑，而仅考虑弯曲中心角的回弹。表 3-2 所示为自由弯曲 V 形件时，弯曲中心角为 90°时部分材料的平均回弹角。

表 3-2　　单角自由弯曲 90°时平均回弹角 $\Delta\alpha_{90}$

材料	r/t	材料厚度 t/mm		
		<0.8	0.8～2	>2
软钢 $\sigma_b=350$ MPa 黄铜 $\sigma_b=350$ MPa 铝、锌	<1	4°	2°	0°
	1～5	5°	3°	1°
	>5	6°	4°	2°
中硬钢 $\sigma_b=400\sim500$ MPa 硬黄铜 $\sigma_b=350\sim400$ MPa 硬青铜	<1	5°	2°	0°
	1～5	6°	3°	1°
	>5	8°	5°	3°
硬钢 $\sigma_b>550$ MPa	<1	7°	4°	2°
	1～5	9°	5°	3°
	>5	12°	7°	6°
硬铝 LY12	<2	2°	3°	4°30′
	2～5	4°	6°	8°30′
	>5	6°30′	10°	14°

当弯曲件弯曲中心角不为 90°时，其回弹角可用下式计算：

$$\Delta\alpha=\frac{\alpha}{90}\Delta\alpha_{90}$$

式中：

$\Delta\alpha$——弯曲中心角为 α 时的回弹角；

$\Delta\alpha_{90}$——弯曲中心角为 90°时的回弹角；

α——弯曲件的弯曲中心角。

3. 校正弯曲时的回弹值

校正弯曲的回弹可用试验所得的公式计算，见表 3-3。

表 3-3　　V 形件校正弯曲时的回弹角 $\Delta\beta$

材料	弯曲角 β			
	30°	60°	90°	120°
08，10，Q195	$\Delta\beta=0.75\frac{r}{t}-0.39$	$\Delta\beta=0.58\frac{r}{t}-0.80$	$\Delta\beta=0.43\frac{r}{t}-0.61$	$\Delta\beta=0.36\frac{r}{t}-1.26$
15，20，Q215，Q235	$\Delta\beta=0.69\frac{r}{t}-0.23$	$\Delta\beta=0.64\frac{r}{t}-0.65$	$\Delta\beta=0.43\frac{r}{t}-0.36$	$\Delta\beta=0.37\frac{r}{t}-0.58$
25，30，Q255	$\Delta\beta=1.59\frac{r}{t}-1.03$	$\Delta\beta=0.95\frac{r}{t}-0.94$	$\Delta\beta=0.78\frac{r}{t}-0.79$	$\Delta\beta=0.46\frac{r}{t}-1.36$
35，Q275	$\Delta\beta=1.51\frac{r}{t}-1.48$	$\Delta\beta=0.84\frac{r}{t}-0.76$	$\Delta\beta=0.79\frac{r}{t}-1.62$	$\Delta\beta=0.51\frac{r}{t}-1.71$

四、减少回弹的措施

在实际生产中，由于材料的力学性能和厚度的波动等，要完全消除弯曲件的回弹是不可能的，但可以采取一些措施来减小或补偿回弹所产生的误差，以提高弯曲件的精度。

1. 改进弯曲件的设计

（1）尽量避免选用过大的相对弯曲半径 r/t，如有可能，在弯曲区压制加强筋，如图3-18所示，以提高零件的刚度，抑制回弹。

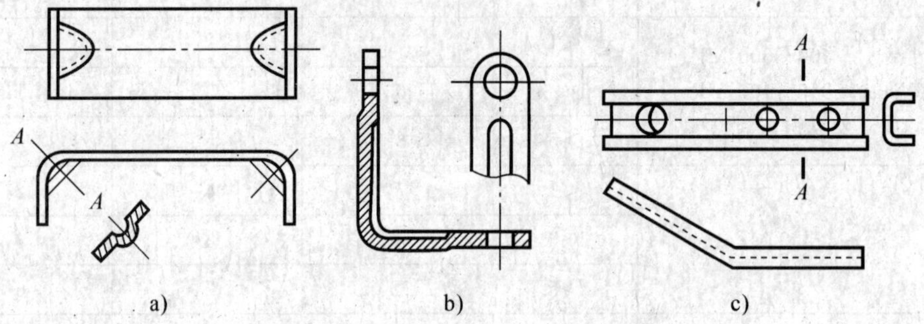

图 3-18　在弯曲区压制加强筋

（2）尽量选用 σ_s/E 小、力学性能稳定和板料厚度波动小的材料。

2. 采取适当的弯曲工艺

（1）采用校正弯曲代替自由弯曲。

（2）对冷作硬化的材料先退火，使其屈服点 σ_s 降低。对回弹较大的材料，必要时可采用加热弯曲。

（3）弯曲相对弯曲半径很大的弯曲件时，由于变形程度很小，变形区横截面大部分或全部处于弹性变形状态，回弹很大，甚至根本无法成形，因此可采用拉弯工艺。拉弯用模具如图 3-19 所示。拉弯特点是在弯曲之前先使坯料承受一定的拉伸应力，使坯料截面内的应力稍大于材料的屈服强度，随后在拉力作用的同时进行弯曲。图 3-20 所示为工件在拉弯中沿截面高度的应变分布，a）为拉伸时的应变，b）为普通弯曲时的应变，c）为拉弯总的合成应变；d）为卸载时的应变，e）为最后永久变形。从图 3-20d）可看出，拉弯卸载时坯料内、外区弹性回复方向一致，故大大减小了工件的回弹。所以，拉弯主要用于长度和曲率半径都比较大的零件。

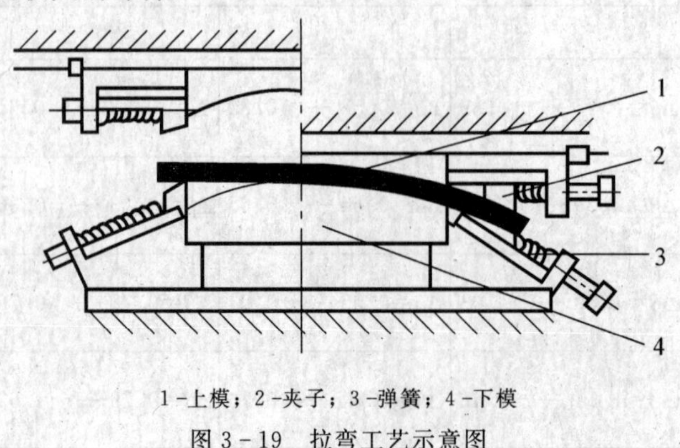

1-上模；2-夹子；3-弹簧；4-下模

图 3-19　拉弯工艺示意图

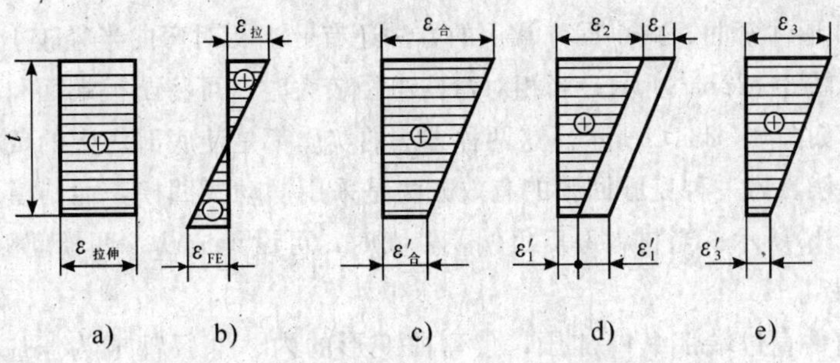

图 3－20　拉弯时断面内切向应变的分析

3. 合理设计弯曲模

（1）对于较硬材料，如 45，50，Q275 和 H62（硬）等，可根据回弹值对模具工作部分的形状和尺寸进行修正。

（2）对于软材料，如 Q215，Q235，10，20 和 H62（软）等，其回弹角小于 5°时，可在模具上做出补偿角并取较小的凸、凹模间隙，如图 3－21 所示。

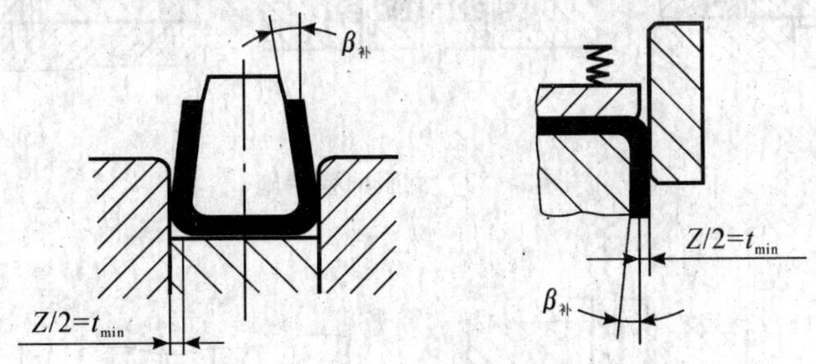

图 3－21　克服回弹措施

（3）对于厚度在 0.8 mm 以上的软材料，相对弯曲半径又不大时，可把凸模做成图 3－22a)，b）所示结构，使凸模的作用力集中在变形区，以改变应力状态，达到减小回弹的目的。但这种方法易产生压痕。也可采用凸模角减小 2°～5°的方法来减小接触面积，减小回弹，使压痕减轻，如图 3－22c）所示。还可将凹模角度减小 2°，以此减小回弹，又能减小弯曲件纵向翘曲度，如图3－22d)所示。

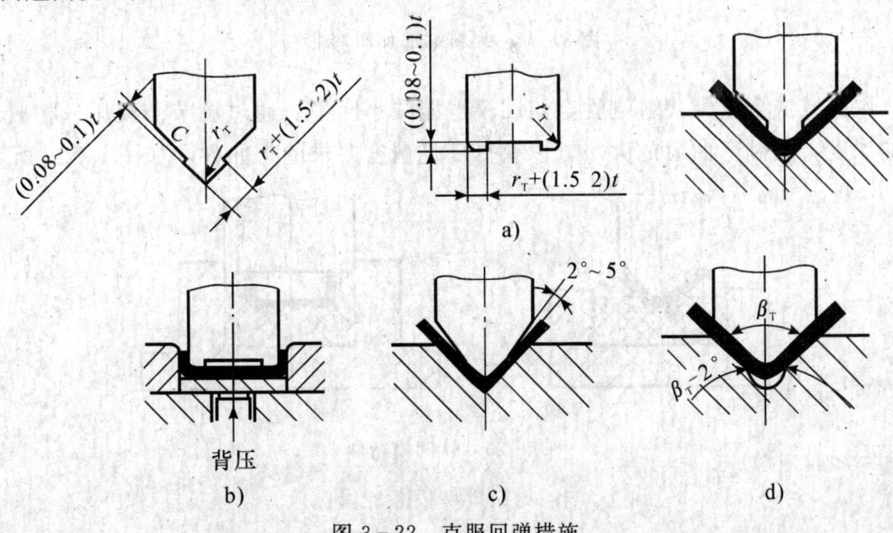

图 3－22　克服回弹措施

(4) 对于U形件弯曲，减小回弹常用的方法还有：当相对弯曲半径较小时，可采取增加背压的方法，如图3-22b）所示；当相对弯曲半径较大时，可将凸模端面和顶板表面做成一定曲率的弧形，如图3-23a）所示。这两种方法的实质都是使底部产生的负回弹和角部产生的正回弹互相补偿。另一种克服回弹的有效方法是采用摆动式凹模，而凸模侧壁应有补偿回弹角，如图3-23b)所示；当材料厚度负偏差较大时，可设计成凸、凹模间隙可调的弯曲模，如图3-23c）所示。

(5) 在弯曲件直边端部纵向加压，使弯曲变形的内、外区都成为压应力而减少回弹，可得到精确的弯边高度，如图3-24所示。

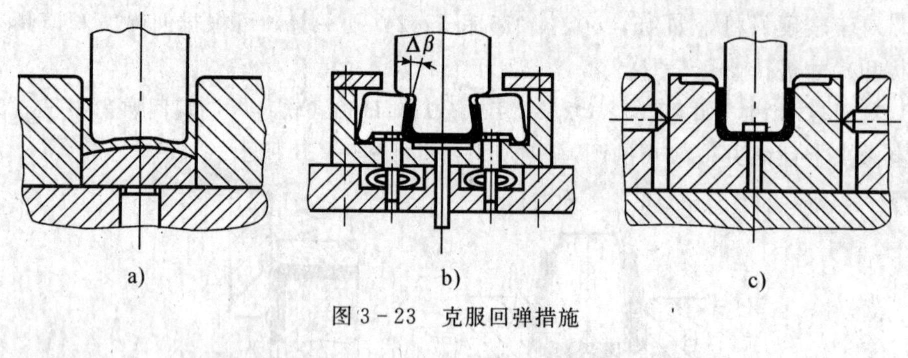

图3-23　克服回弹措施

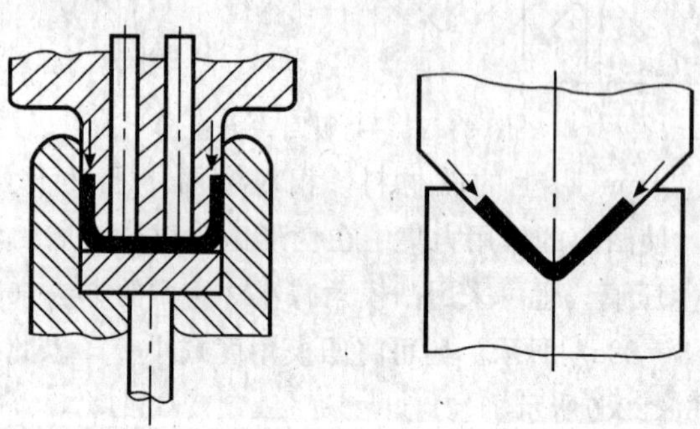

图3-24　坯料端部加压弯曲

(6) 用橡胶或聚氨酯代替刚性金属凹模也能减小回弹。通过调节凸模压入橡胶或聚氨酯凹模的深度，控制弯曲力的大小，以获得满足精度要求的弯曲件，如图3-25所示。

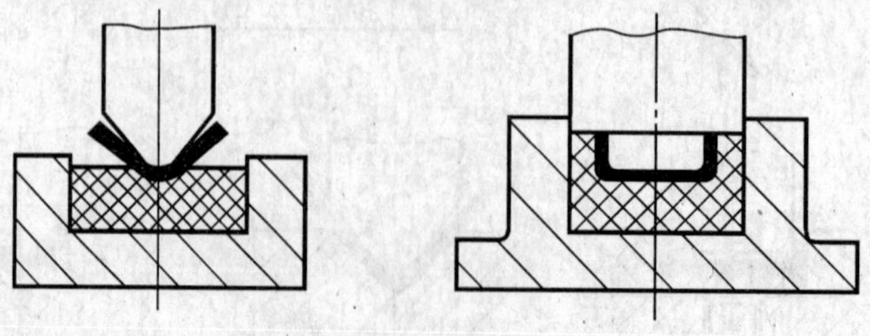

图3-25　软凹模弯曲

第 4 节　弯曲件坯料尺寸的计算

一、弯曲中性层位置的确定

根据中性层的定义，弯曲件的坯料长度应等于中性层的展开长度。中性层位置以曲率半径 ρ 表示，如图 3－26 所示，通常用下面的经验公式确定：

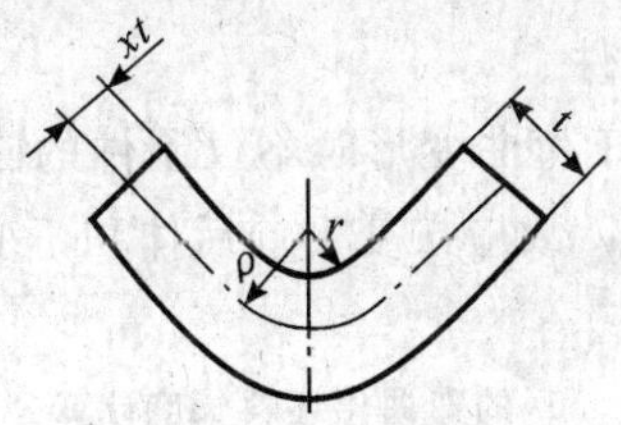

图 3－25　中性层位置

$$\rho = r + xt$$

式中：

r——零件的内弯曲半径；

t——材料厚度；

x——中性层位移系数，取值如表 3－4 所示。

表 3－4　中性层位移系数 x 值

r/t	0.1	0.2	0.3	0.4	0.5	0.6	0.7	0.8	1.0	1.2
x	0.21	0.22	0.23	0.24	0.25	0.26	0.28	0.30	0.32	0.33
r/t	1.3	1.5	2.0	2.5	3.0	4.0	5.0	6.0	7.0	≥8
x	0.34	0.36	0.38	0.39	0.40	0.42	0.44	0.46	0.48	0.50

二、弯曲件坯料尺寸的计算

中性层位置确定后，对于形状比较简单、尺寸精度要求不高的弯曲件，可直接采用下面介绍的方法计算坯料长度。而对于形状比较复杂或精度要求高的弯曲件，在利用下述公式初步计算坯料长度后，还需反复试弯不断修正，才能最后确定坯料的形状及尺寸。

1. 圆角半径 $r>0.5t$ 的弯曲件

$r>0.5t$ 的弯曲件由于变薄不严重，按中性层展开的原理，坯料总长度应等于弯曲件直线部分和圆弧部分长度之和，如图 3－27 所示。即

$$L_z = l_1 + l_2 + \frac{\pi\alpha}{180}\rho = l_1 + l_2 + \frac{\pi\alpha}{180}(r + xt)$$

式中：

L_z——坯料展开总长度；

α——弯曲中心角。

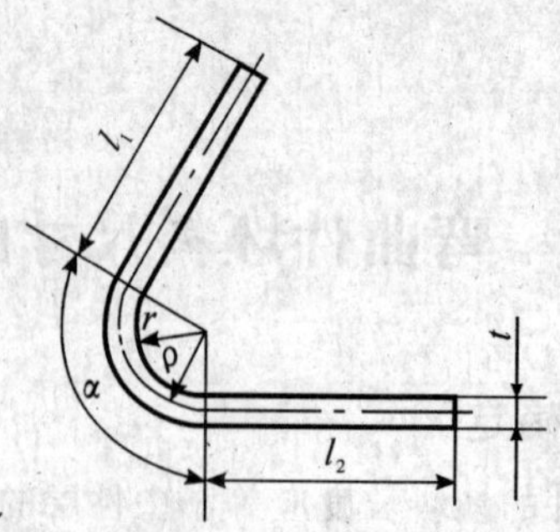

图 3 - 27　$r>0.5t$ 的弯曲

2. 圆角半径 $r\leqslant 0.5t$ 的弯曲件

对于 $r\leqslant 0.5t$ 的弯曲件，由于弯曲变形时不仅制件的圆角变形区产生严重变薄，而且与其相邻的直边部分也产生变薄，故应按变形前后体积不变条件确定坯料长度。通常采用表 3 - 5 所列经验公式计算。

表 3 - 5　**$r\leqslant 0.5t$ 的弯曲件坯料长度计算公式**

简图	计算公式	简图	计算公式
	$L_z=l_1+l_2+0.4t$		$L_z=l_1+l_2+l_3+0.6t$
	$L_z=l_1+l_2-0.43t$		$L_z=l_1+2l_2+2l_3+t$ (一次同时弯曲四个角) $L_z=l_1+2l_2+2l_3+1.2t$ (分两次弯曲四个角)

3. 铰链式弯曲件

对于 $r=(0.6\sim3.5)t$ 的铰链件，如表 3 - 6 所示，通常采用推卷的方法成形。在卷圆过程中，板料增厚，中性层外移，坯料长度 L_z 可按下式近似计算：

$$L_z=l+1.5\pi(r+x_1t)+r\approx l+5.7r+4.7x_1t$$

式中：

l——直线段长度；

r——铰链内半径；

x_1——中性层位移系数。

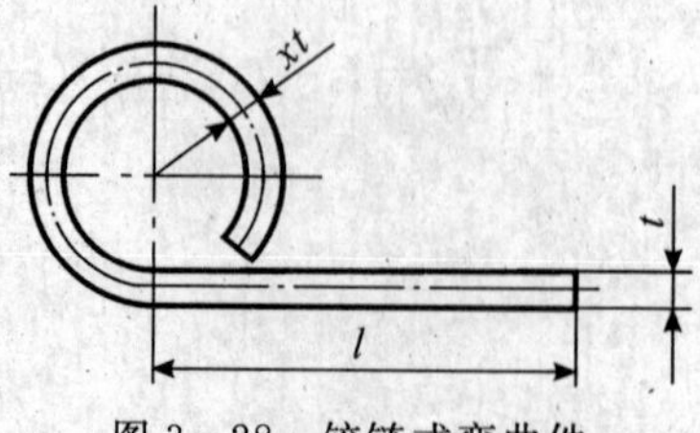

图 3 - 28　铰链式弯曲件

表 3-6　卷圆时中性层位移 x_1 值

r/t	>0.5～0.6	>0.6～0.8	>0.8～1	>1～1.2	>1.2～1.5	>1.5～1.8	>1.8～2	>2～2.2	>2.2
x_1	0.76	0.73	0.7	0.67	0.64	0.61	0.58	0.54	0.5

例 4-1　计算图 3-29 所示弯曲件的坯料展开长度。

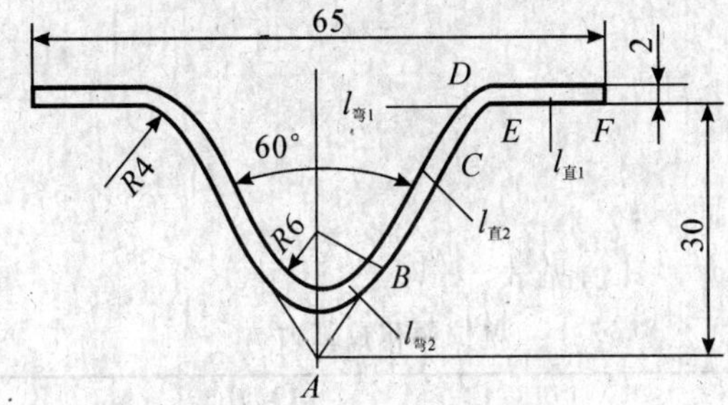

图 3-29　V 形支架

解：工件弯曲半径 $r>0.5t$，故坯料展开长度公式为

$$L_z=2(l_{直1}+l_{直2}+l_{弯1}+l_{弯2})$$

查表 3-4 得，当 $r/t=2$ 时，$x=0.38$；当 $r/t=3$ 时，$x=0.4$。所以

$$l_{直1}=EF=[32.5-(30\times\tan30°+4\times\tan30°)]=12.87(\text{mm})$$

$$l_{直2}=BC=[30/\cos30°-(8\times\tan60°+4\times\tan30°)]=18.47(\text{mm})$$

$$l_{弯1}=\pi\alpha(r+xt)/180=\pi\times60(4+0.38\times2)/180=4.98(\text{mm})$$

$$l_{弯2}=\pi\alpha(r+xt)/180=\pi\times60(6+0.4\times2)/180=7.12(\text{mm})$$

因此，坯料展开长度：

$$L_z=2\times(12.87+18.47+4.98+7.12)=86.88(\text{mm})$$

第 5 节　弯曲力的计算

弯曲力是设计弯曲模和选择压力机吨位的重要依据，特别是在弯曲板料较厚、弯曲变形程度较大、材料强度较大时，必须对弯曲力进行计算。生产中，常用经验公式概略计算弯曲力，作为设计弯曲工艺过程和选择冲压设备的依据。

一、自由弯曲力

V 形件弯曲力　$$F_{自}=\frac{0.6KBt^2\sigma_b}{r+t}$$

U 形件弯曲力　$$F_{自}=\frac{0.7KBt^2\sigma_b}{r+t}$$

式中：

$F_{自}$——自由弯曲在冲压行程结束时的弯曲力；

B——弯曲件的宽度；

t——弯曲材料的厚度；

r——弯曲件的内弯曲半径；

σ_b——材料的抗拉强度；

K——安全系数，一般取 $K=1.3$。

二、校正弯曲力

V形弯曲件和U形弯曲件的校正弯曲力均按下式计算：

$$F_{校}=Ap$$

式中：

$F_{校}$——校正弯曲力；

A——校正部分投影面积；

p——单位面积校正力，其值见表3-7。

表3-7　　单位面积校正力 p　　/MPa

材料名称	板料厚度 t/mm			
	<1	1～3	3～6	6～10
铝	10～20	20～30	30～40	40～50
黄铜	20～30	30～40	40～60	60～80
10，15，20钢	30～40	40～60	60～80	80～100
25，30钢	40～50	50～70	70～100	100～120

三、顶件力或压料力

带有顶件装置或压料装置的压弯模，顶件力 F_D（或压料力 F_Y）的取值如下：

$$F_D=(0.3\sim0.8)\ F_{自}$$

四、压力机公称压力

自由弯曲时压力机公称压力为：

$$F_{压机}\geqslant F_{自}+F_Y$$

对于校正弯曲，由于校正弯曲力 $F_{校}$ 比顶件力 F_D 和压料力 F_Y 大很多，故 F_D，F_Y 可以忽略，则：

$$F_{压机}\geqslant F_{校}$$

第6节　弯曲件的工艺性

弯曲件的工艺性是指弯曲零件的形状、尺寸、精度、材料以及技术要求等是否符合弯曲加工的工艺要求。具有良好工艺性的弯曲件，能简化弯曲的工艺过程及模具结构，提高工件的质量。

一、弯曲件的精度

弯曲件的精度受坯料定位、偏移、翘曲和回弹等因素的影响，弯曲的工序数目越多，精度也越低。一般弯曲件的经济公差等级在IT13级以下，角度公差大于15′。长度的未注公差尺寸的极限偏差见表3-8，弯曲件角度的自由公差见表3-9。

表 3-8　　**弯曲件未注公差的长度尺寸极限偏差**　　/mm

长度尺寸 l		3～6	>6～18	>18～50	>50～120	>120～260	>260～500
材料厚度 t	≤2	±0.3	±0.4	±0.6	±0.8	±1.0	±1.5
	>2～4	±0.4	±0.6	±0.8	±1.2	±1.5	±2.0
	>4	—	±0.8	±1.0	±1.5	±2.0	±2.5

表 3-9　　**弯曲件角度的自由公差**

$\beta+\Delta\beta$，l	l (mm)	≤6	>6～10	>10～18	>18～30	>30～50
	$\Delta\beta$	±3°	±2°30′	±2°	±1°30′	±1°15′
	l (mm)	>50～80	>80～120	>120～180	>180～260	>260～360
	$\Delta\beta$	±1°	±50′	±40′	±30′	±25′

二、弯曲件的材料

如果弯曲件的材料具有足够的塑性，屈强比(σ_s/σ_b)小，屈服点与弹性模量的比值(σ_s/E)小，则有利于弯曲成形和工件质量的提高，如软钢、黄铜和铝等。而屈强比较大的材料，如磷青铜、铍青铜、弹簧等，其最小相对弯曲半径大，回弹大，不利于成形。

三、弯曲件的结构工艺性

1. 弯曲半径

弯曲件的弯曲半径不宜小于最小弯曲半径，否则，要多次弯曲，增加工序数；也不宜过大，因为过大时，受到回弹的影响，弯曲角度与弯曲半径的精度都不易保证。

2. 弯曲件的形状

一般要求弯曲件形状对称，弯曲半径左右一致，以使弯曲时坯料受力平衡而无滑动，如图 3-30a）所示。如果弯曲件不对称，由于摩擦阻力不均匀，坯料在弯曲过程中会产生滑动，造成偏移，如图 3-30b）所示。

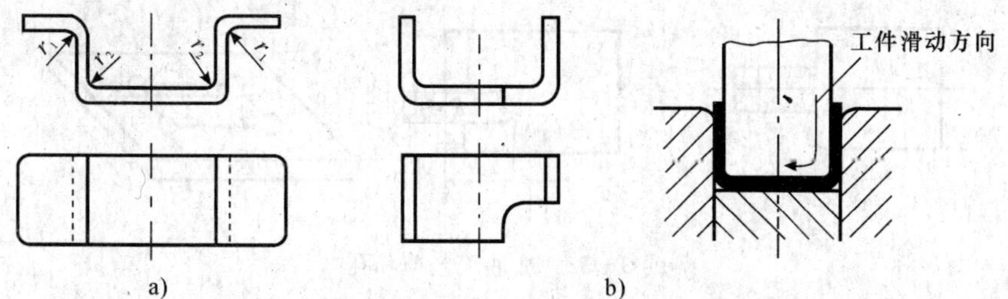

图 3-30　形状对称和不对称的弯曲件

3. 弯曲件直边高度

弯曲件的直边高度不宜过小，其值应满足 $h>r+2t$，如图 3-31a）所示。当 h 较小时，直边在模具上支持的长度过小，不容易形成足够的弯矩，很难得到形状准确的零件。若 $h<r+2t$ 时，则须预先压槽再弯曲，或增加弯边高度，弯曲后再切掉，如图 3-31b）所示。如果所弯直边带有斜角，则在斜边高度小于 $r+2t$ 的区段不可能弯曲到要求的角度，而且此处也容易开裂，如图 3-31c）所示。因此，必须改变零件的形状，加高直边尺寸，

如图 3 - 31d）所示。

4. 防止弯曲根部裂纹的工件结构

在局部弯曲某一段边缘时，为避免弯曲根部撕裂，应减小不弯曲部分的长度，使其退出弯曲线之外，即 $s \geqslant r$，如图 3 - 32a）所示。如果零件的长度不能减小，应在弯曲部分与不弯曲部分之间切槽（图 3 - 32b））或在弯曲前冲出工艺孔（图 3 - 32c））。

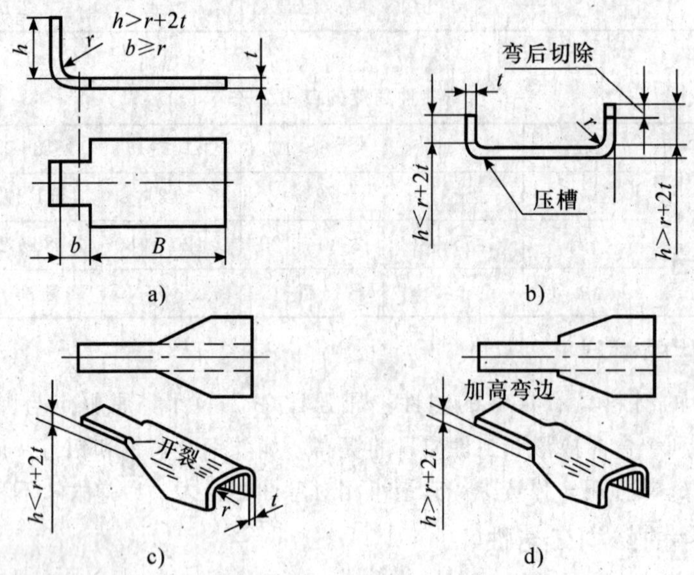

图 3 - 31　弯曲件的弯边高度

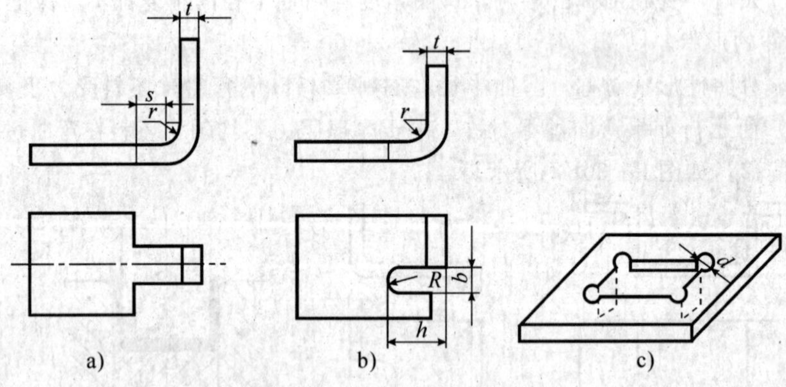

图 3 - 32　加冲工艺槽和孔

5. 弯曲件孔边距离

弯曲有孔的工序件时，如果孔位于弯曲变形区内，则弯曲时孔要发生变形，为此必须使孔处于变形区之外，如图 3 - 33a）所示。

如果孔边至弯曲半径 r 中心的距离过小，为防止弯曲时孔变形，可在弯曲线上冲工艺孔（图 3 - 33b））或切槽（图 3 - 33c））。如对零件孔的精度要求较高，则应弯曲后再冲孔。

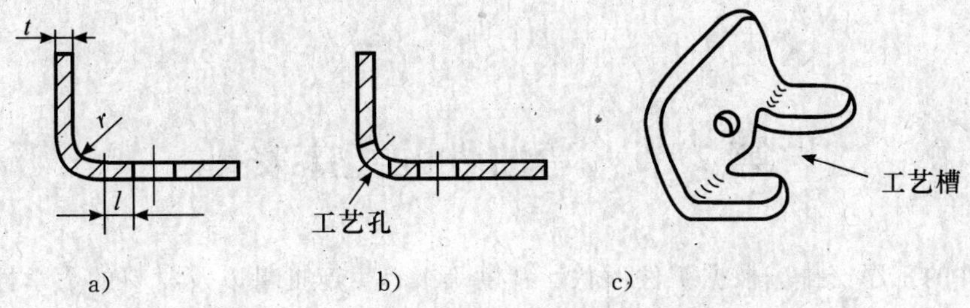

图 3 - 33　弯曲件孔边距离

6. 增添连接带和定位工艺孔

在弯曲变形区附近有缺口的弯曲件，若在坯料上先将缺口冲出，弯曲时会出现叉口，严重时无法成形。这时，应在缺口处留连接带，待弯曲成形后再将连接带切除，如图 3 - 34a）和图 3 - 34b）所示。

为保证坯料在弯曲模内准确定位，或防止在弯曲过程中坯料的偏移，最好能在坯料上预先增添定位工艺孔，如图 3 - 34b）和图 3 - 34c）所示。

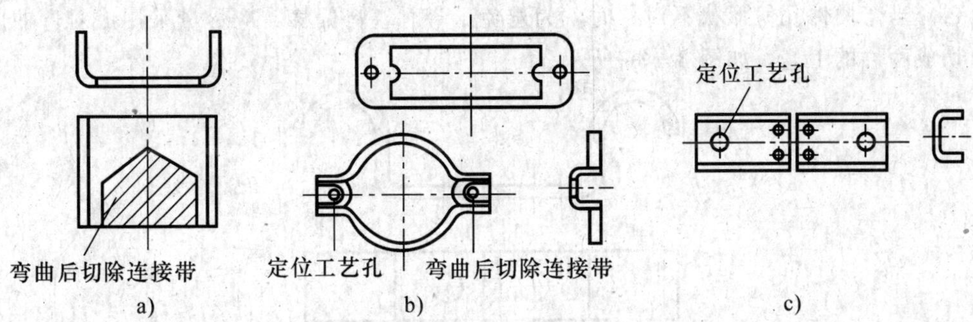

图 3 - 34　增添连接带和定位工艺孔的弯曲件

7. 尺寸标注

尺寸标注对弯曲件的工艺性有很大的影响。例如，图 3 - 35 是弯曲件孔的位置尺寸的三种标注法。第一种标注法，孔的位置精度不受坯料展开长度和回弹的影响，将大大简化工艺设计。因此，在不要求弯曲件有一定装配关系时，应尽量考虑冲压工艺的方便来标注尺寸。

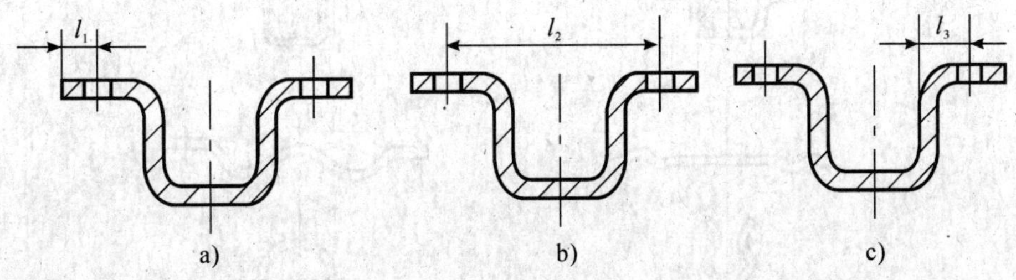

图 3 - 35　尺寸标注对弯曲工艺的影响

第7节　弯曲件的工序安排

弯曲件的工序安排应根据工件形状、精度等级、生产批量以及材料的力学性质等因素进行考虑。弯曲工序安排合理，可以简化模具结构，提高工件质量和劳动生产率。

一、弯曲件工序安排原则

(1) 对于形状简单的弯曲件，如V形、U形、Z形工件等，可以采用一次弯曲成形；对于形状复杂的弯曲件，一般需要采用二次或多次弯曲成形。

(2) 对于批量大而尺寸较小的弯曲件，为使操作方便、定位准确和提高生产率，应尽可能采用级进模或复合模。

(3) 需多次弯曲时，弯曲次序一般是先弯两端，后弯中间部分，前次弯曲应考虑后次弯曲有可靠的定位，后次弯曲不能影响前次已成形的形状。

(4) 当弯曲件几何形状不对称时，为避免压弯时坯料偏移，应尽量采用成对弯曲，然后再切成两件的工艺，如图3-36所示。

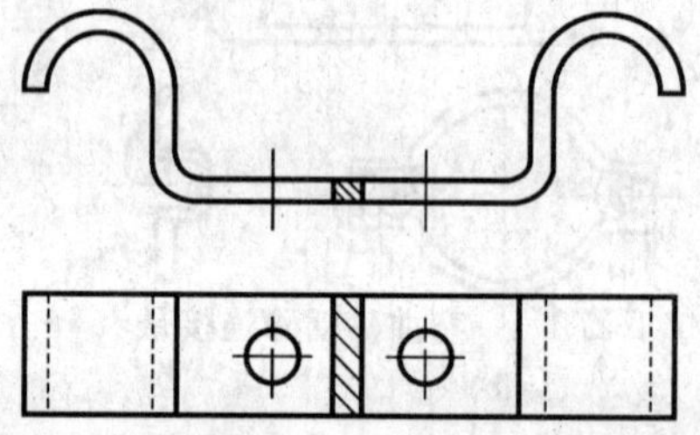

图3-36　成对弯曲成形

二、典型弯曲件的工序安排

二次弯曲、三次弯曲弯曲成形工件的示意图如图3-37，3-38所示，供制定弯曲件工艺程序时参考。

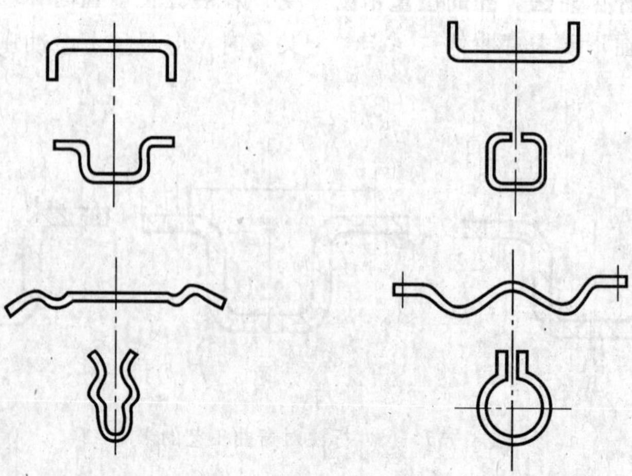

图3-37　二次弯曲成形

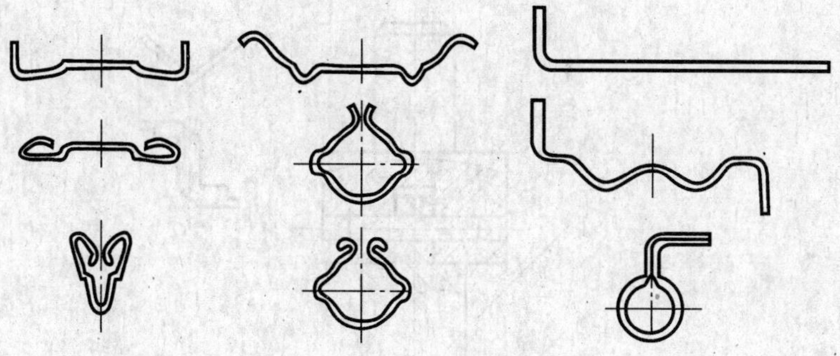

图 3－38　三次弯曲成形

第 8 节　弯曲模典型结构

确定弯曲件工艺方案后，即可进行弯曲模的结构设计。常见的弯曲模结构类型有：单工序弯曲模、级进弯曲模、复合模和通用弯曲模。

一、单工序弯曲模

1. V 形件弯曲模

图 3－39a）为简单的 V 形件弯曲模，其特点是结构简单，通用性好，但弯曲时坯料容易偏移，影响工件精度。

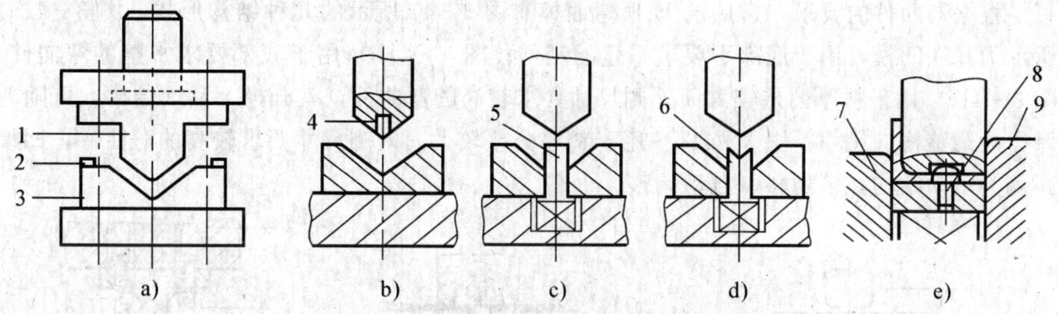

1-凸模；2-定位板；3-凹模；4-定位尖；5-顶杆；
6-V 形顶板；7-顶板；8-定料销；9-反侧压块

图 3－39　V 形弯曲模的一般结构形式

图 3－39b）～图 3－39d）所示分别为带有定位尖、顶杆、V 形顶板的模具结构，可以防止坯料滑动，提高工件精度。

图 3－39e）所示的 V 形弯曲模，由于有顶板及定料销，可以有效防止弯曲时坯料的偏移，得到边长偏差为 0.1 mm 的工件。反侧压块的作用是平衡左边弯曲时产生的水平侧向力。

图 3－40 为 V 形精弯模。两块活动凹模 4 通过转轴 5 铰接，定位板 3（或定位销）固定在活动凹模上。弯曲前，顶杆 7 将转轴顶到最高位置，使两块活动凹模成一平面。在弯曲过程中，坯料始终与活动凹模和定位板接触，以防止弯曲过程中坯料的偏移。这种结构特别适用于有精确孔位的小零件、坯料不易放平稳的带窄条的零件以及没有足够压料面的零件。

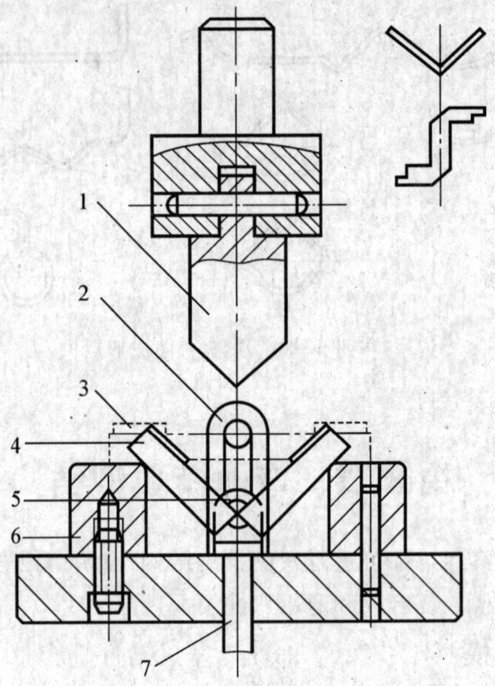

1-凸模；2-支架；3-定位板（或定位销）；4-活动凹模；5-转轴；6-支承板；7-顶杆

图 3-40　V 形精弯模

2. U 形件弯曲模

根据弯曲件的要求，常用的 U 形弯曲模有图 3-41 所示的几种结构形式。图 3-41a）所示为开底凹模，用于底部不要求平整的制件；图 3-41b）用于底部要求平整的弯曲件；图 3-41c）用于料厚公差较大而外侧尺寸要求较高的弯曲件，其凸模为活动结构，可随料厚自动调整横向尺寸；图 3-41d）用于料厚公差较大而内侧尺寸要求较高的弯曲件，凹模两侧为活动结构，可随料厚自动调整。

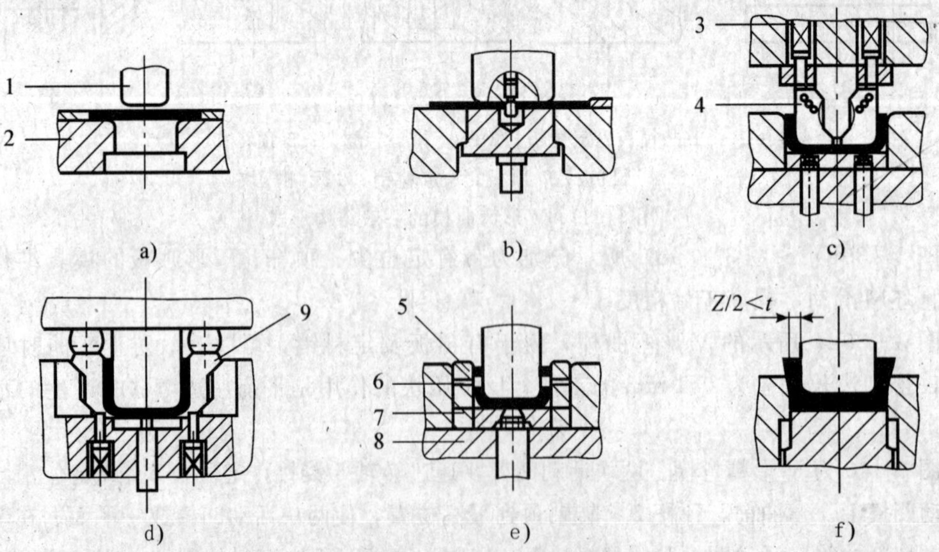

1-凸模；2-凹模；3-弹簧；4-凸模活动镶块；5、9-凹模活动镶块；6-定位销；7-转轴；8-顶板

图 3-41　U 形件弯曲模

图 3－41e）为 U 形精弯模，两侧的凹模活动镶块用转轴分别与顶板铰接。弯曲前顶杆将顶板顶出凹模面，同时顶板与凹模活动镶块成一平面，镶块上有定位销供工序件定位之用。弯曲时工序件与凹模活动镶块一起运动，这样就保证了两侧孔的同轴。图 3－41f）为弯曲件两侧壁厚变薄的弯曲模。

图 3－42 是弯曲角小于 90°的 U 形弯曲模。压弯时凸模首先将坯料弯曲成 U 形，当凸模继续下压时，两侧的转动凹模使坯料最后压弯成弯曲角小于 90°的 U 形件。凸模上升，弹簧使转动凹模复位，工件则由垂直图面方向从凸模上卸下。

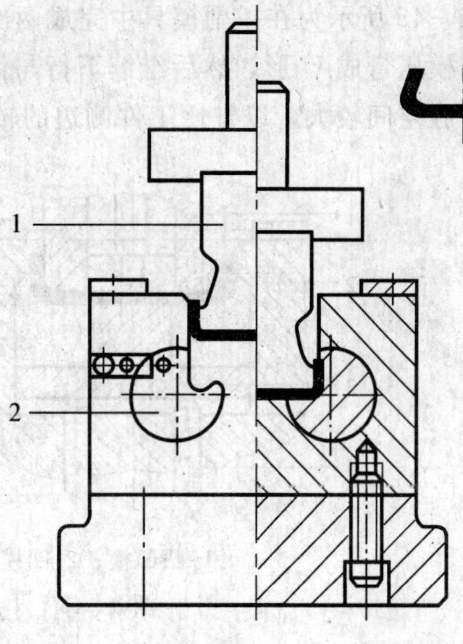

1-凸模；2-转动凹模

图 3－42　弯曲角小于 90°的 U 形弯曲模

3. ¯|_|¯形件弯曲模

¯|_|¯形弯曲件可以一次弯曲成形，也可以二次弯曲成形。图 3－43 为一次成形弯曲模。从图 3－43a）可以看出，在弯曲过程中由于凸模肩部妨碍了坯料的转动，加大了坯料通过凹模圆角的摩擦力，使弯曲件侧壁容易擦伤和变薄，成形后弯曲件两肩部与底面不易平行（图 3－43c））。特别是材料厚、弯曲件直壁高、圆角半径小时，这一现象更为严重。

a)　　b)　　c)

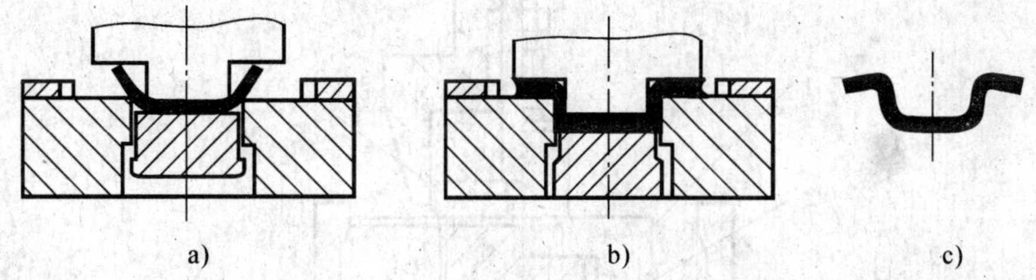

图 3－43　¯|_|¯形件一次成形弯曲模

图 3－44 为二次成形弯曲模。由于采用两副模具弯曲，从而避免了上述现象，提高了弯曲件质量。但从图 3－43b）可以看出，只有弯曲件高度 $H>(12\sim15)t$ 时，才能使凹模保持足够的强度。

a）首次弯曲　　b）二次弯曲

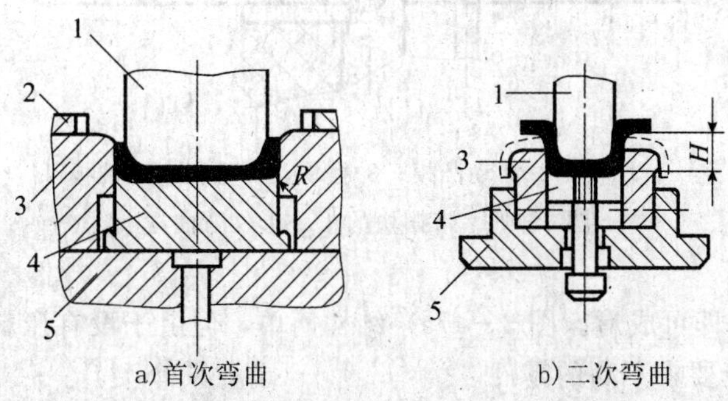

1-凸模；2-定位板；3-凹模；4-顶板；5-下模座

图 3－44　¯|_|¯形件二次成形弯曲模

图 3-45 所示为在一副模具中完成两次弯曲的⎺⎿⏌⎺形件复合弯曲模。凸凹模下行，先使坯料凹模压弯成 U 形，然后继续下行与活动凸模作用，最后压弯成⎺⎿⏌⎺形。这种结构需要凹模下腔空间较大，以方便工件侧边的转动。

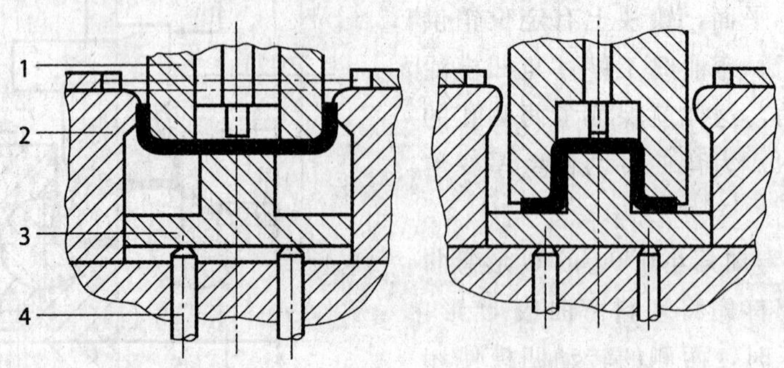

1-凸凹模；2-凹模；3-活动凸模；4-顶杆

图 3-45 ⎺⎿⏌⎺形件复合弯曲模

图 3-46 所示为复合弯曲的另一种结构形式。凹模下行，利用活动凸模的弹性力先将坯料弯成 U 形；然后凹模继续下行，当推板与凹模底面接触时，便强迫凸模向下运动，在摆块作用下最后弯成⎺⎿⏌⎺形。其缺点是模具结构复杂。

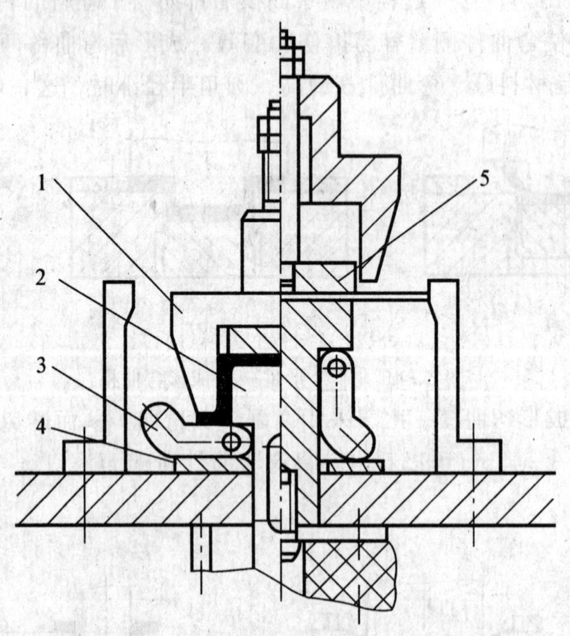

1-凹模；2-活动凸模；3-摆块；4-垫板；5-推板

图 3-46 带摆块的⎺⎿⏌⎺形件弯曲模

4. Z 形件弯曲模

Z 形件一次弯曲即可成形。图 3-47a）结构简单，但由于没有压料装置，压弯时坯料容易滑动，只适用于要求不高的零件。

图 3-47b）为有顶板和定位销的 Z 形件弯曲模，能有效防止坯料的偏移。反侧压块的作用是克服上、下模之间水平方向的错移力，同时也为顶板导向，防止其窜动。

图 3－47c）所示的 Z 形件弯曲模，在冲压前活动凸模 10 在橡皮 8 的作用下与凸模 4 端面平齐。冲压时活动凸模与顶板 1 将坯料压紧。由于橡皮 8 产生的弹压力大于顶板 1 下方缓冲器所产生的弹顶力，推动顶板下移使坯料左端弯曲。当顶板接触下模座 11 后，橡皮 8 压缩，则凸模 4 相对于活动凸模 10 下移将坯料右端弯曲成形。当压块 7 与上模座 6 相碰时，整个工件得到校正。

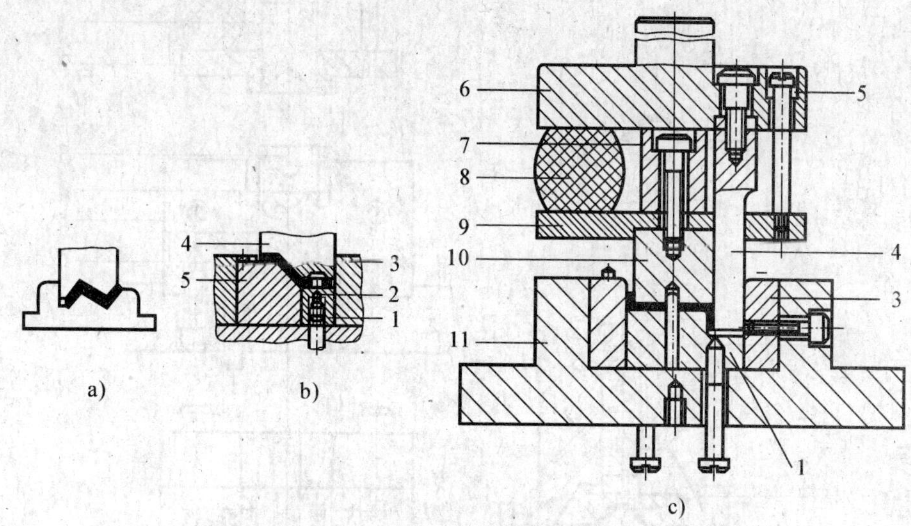

1-顶板；2-定位销；3-反侧压块；4-凸模；5-凹模；6-上模座；7-压块；8-橡皮；9-凸模托板；10-活动凸模；11-下模座

图 3－47 Z 形件弯曲模

5. 圆形件弯曲模

圆形件的尺寸大小不同，其弯曲方法也不同，一般按直径分为小圆和大圆两种。

（1）直径 $d \leqslant 5$ mm 的小圆形件

弯小圆的方法是先弯成 U 形，再将 U 形弯成圆形。用两套简单模弯圆的方法见图3－48a）。

由于工件小，分两次弯曲操作不便，故可将两道工序合并。图 3－48b）为有侧楔的一次弯圆模，上模下行，芯棒 3 先将坯料弯成 U 形，上模继续下行，侧楔推动活动凹模将 U 形弯成圆形。图 3－48c）所示的也是一次弯圆模。上模下行时，压板将滑块往下压，滑块带动芯棒将坯料弯成 U 形。上模继续下行，凸模再将 U 形弯成圆形。如果工件精度要求高，可以旋转工件连冲几次，以获得较好的圆度。工件由垂直图面方向从芯棒上取下。

（2）直径 $d \geqslant 20$ mm 的大圆形件

图 3－49 所示是用三道工序弯曲大圆的方法，这种方法生产率低，适合于材料厚度较大的工件。

图 3－50 是用两道工序弯曲大圆的方法。先预弯成三个 120°的波浪形，然后再用第二套模具弯成圆形，工件顺凸模轴线方向取下。

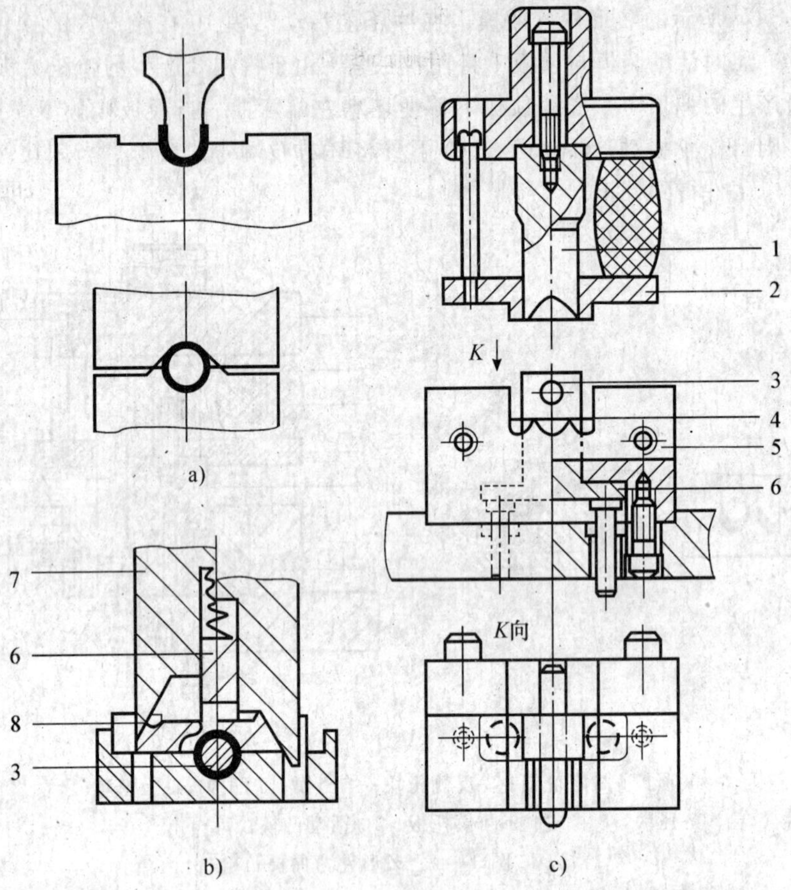

1-凸模；2-压板；3-芯棒；4-坯料；5-凹模；6-滑块；7-楔模；8-活动凹模

图 3-48　小圆弯曲模

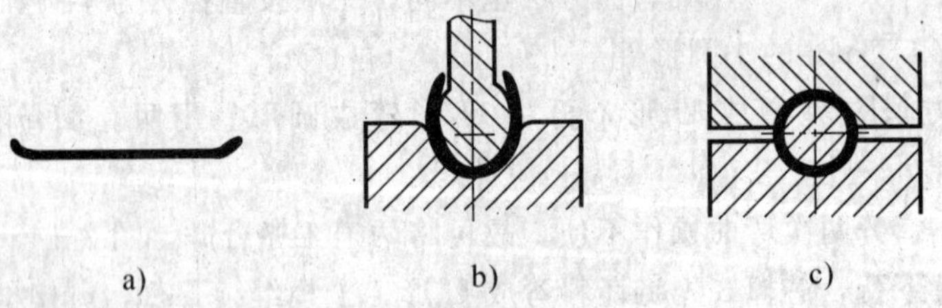

图 3-49　大圆三次弯曲

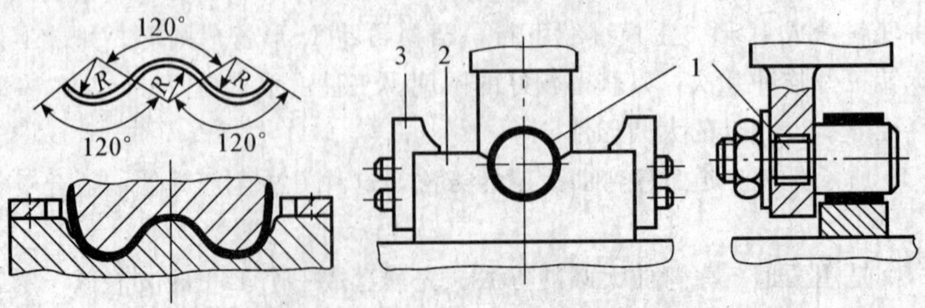

1-凸模；2-凹模；3-定位板

图 3-50　大圆两次弯曲模

图 3－51a）是带摆动凹模的一次弯曲成形模。凸模下行先将坯料压成 U 形，然后继续下行，摆动凹模将 U 形弯成圆形，工件顺凸模轴线方向推开支撑取下。这种模具生产率较高，但由于回弹在工件接缝处留有缝隙和少量直边，工件精度差，模具结构也较复杂。图 3－51b）是坯料绕芯棒卷制圆形件的方法。反侧压块的作用是为凸模导向，并平衡上、下模之间水平方向的错移力。该模具结构简单，工件的圆度较好，但需要行程较大的压力机。

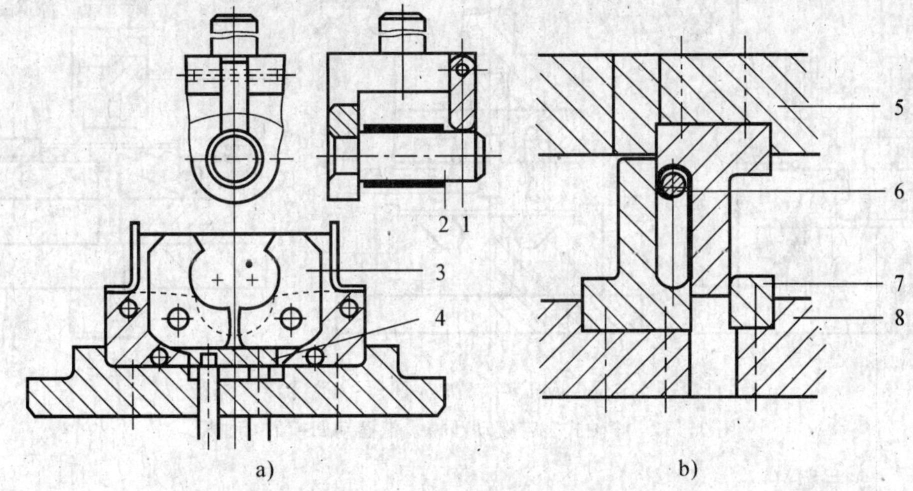

1-支撑；2-凸模；3-摆动凹模；4-顶板；5-上模座；6-芯棒；7-反侧压块；8-下模座

图 3－51　大圆一次弯曲成形模

6. 铰链件弯曲模

图 3－52 所示为常见的铰链件形式和弯曲工序的安排。预弯模如图 3－53 所示。卷圆的原理通常是采用推圆法。图 3－53b）是立式卷圆模，结构简单。图 3－53c）是卧式卷圆模，有压料装置，工件质量较好，操作方便。

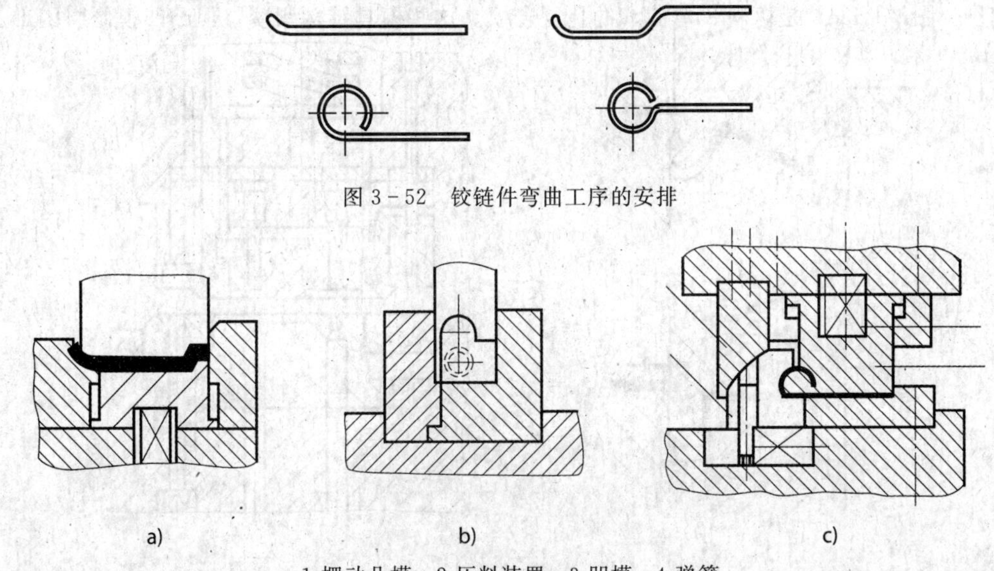

图 3－52　铰链件弯曲工序的安排

1-摆动凸模；2-压料装置；3-凹模；4-弹簧

图 3－53　铰链件弯曲模

7. 其他形状弯曲件的弯曲模

对于其他形状弯曲件，由于品种繁多，其工序安排和模具设计只能根据弯曲件的形状、尺寸、精度要求、材料的性能以及生产批量等来考虑，不可能有一个统一不变的弯曲方法。图 3－54 是几种工件弯曲模的例子。

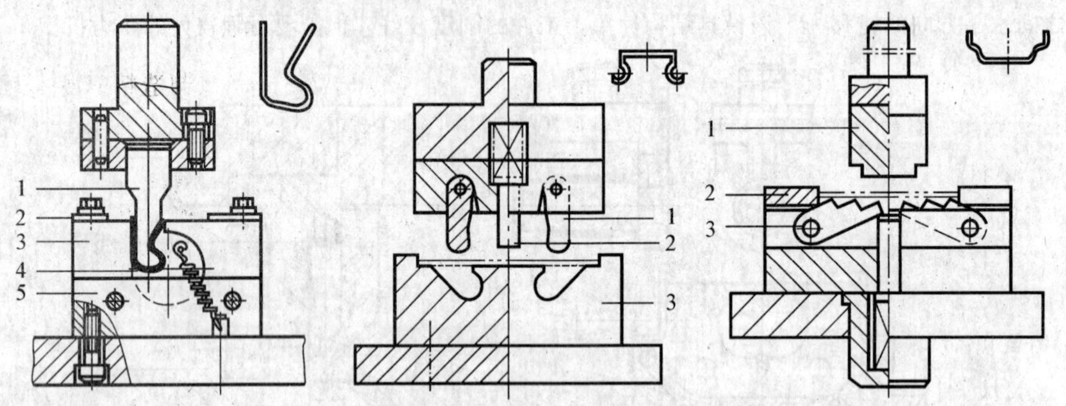

1-凸模；2-定位板或压料装置；3-凹模；4-滚轴；5-挡板

图 3－54　滚轴式、带摆动凸模、带摆动凹模的弯曲模

二、级进模

对于批量大、尺寸较小的弯曲件，为了提高生产率，操作安全，保证产品质量等，可以采用级进弯曲模进行多工位的冲裁、压弯、切断连续工艺成形。

三、复合模

对于尺寸不大的弯曲件，还可以采用复合模，即在压力机一次行程内，在模具同一位置上完成落料、弯曲、冲孔等几种不同工序。图 3－55a）和图 3－55b）是切断、弯曲复合模结构简图。图 3－55c）是落料、弯曲、冲孔复合模。这些模具结构紧凑，但凸凹模修磨困难。

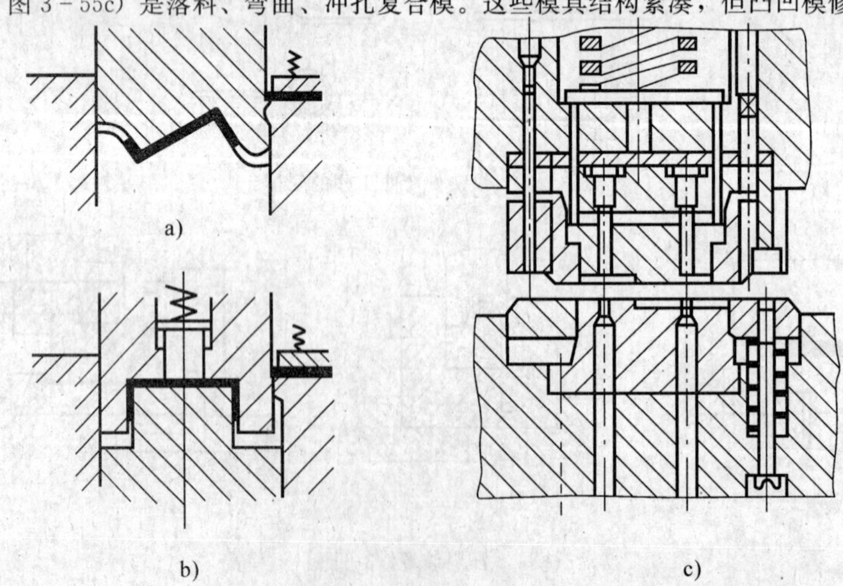

1-冲孔凹模；2-冲孔凸模；3-凸凹模；4-顶件销；5-挡块；6-弯曲凸模

图 3－55　复合弯曲模

四、通用弯曲模

对于小批生产或试制生产的零件，因为生产量少、品种多且形状尺寸经常改变，所以在大多数情况下不能使用专用弯曲模。如果用手工加工，不仅会影响零件的加工精度，增加劳动强度，而且延长了产品的制造周期，增加了产品成本。解决这一问题的有效途径是采用通用弯曲模。

采用通用弯曲模不仅可以制造一般的 V 形、U 形、Z 形零件，还可以制造精度要求不高的复杂形状的零件。图 3-56 是经多次 V 形弯曲制造复杂零件的例子。

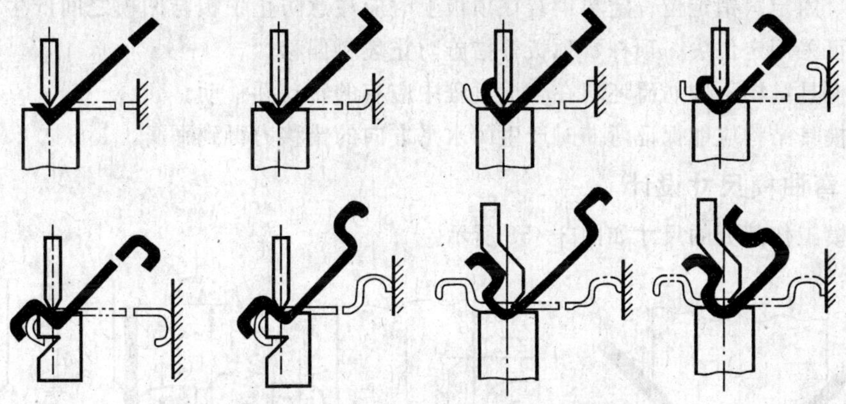

图 3-56　多次 V 形弯曲制造复杂零件

图 3-57 是折弯机上用的通用弯曲模。凹模四个面上分别制出适合于弯制零件的几种槽口（图 3-57a)）。凸模有直臂式和曲臂式两种，工作圆角半径做成几种尺寸，以便按工件需要更换（图 3-57b）和图 3-57c)）。

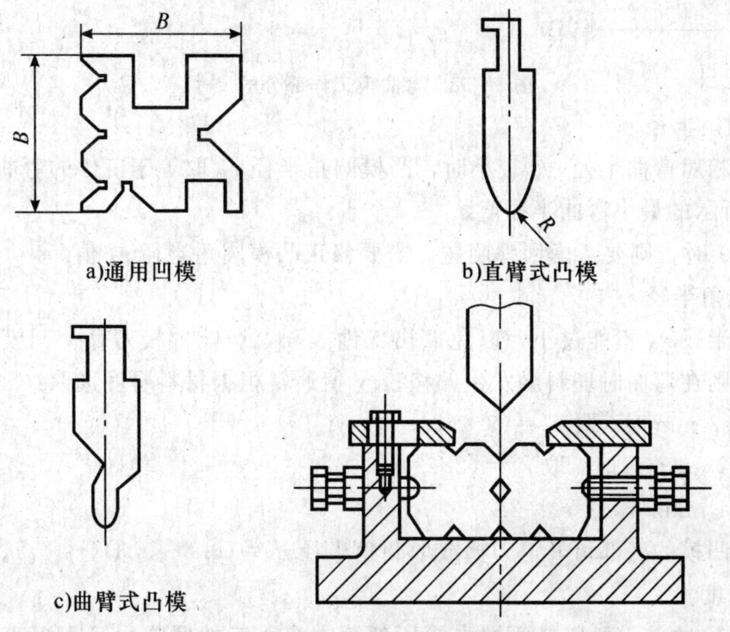

图 3-57　折弯机用弯曲模的端面形状

第 9 节　弯曲模结构设计

弯曲模结构设计应注意以下问题：

(1) 模具结构应能保证坯料在弯曲时不发生偏移。为了防止坯料偏移，应尽量利用零件上的孔，用定料销定位。定料销装在顶板上时应注意防止顶板与凹模之间产生窜动，工件无孔时可采用定位尖、顶杆、顶板等措施防止坯料偏移。

(2) 模具结构不应妨碍坯料在合模过程中应有的转动和移动。

(3) 模具结构应能保证弯曲时产生的水平方向的错移力得到平衡。

一、弯曲模尺寸设计

弯曲模工作部分的尺寸如图 3-58 所示。

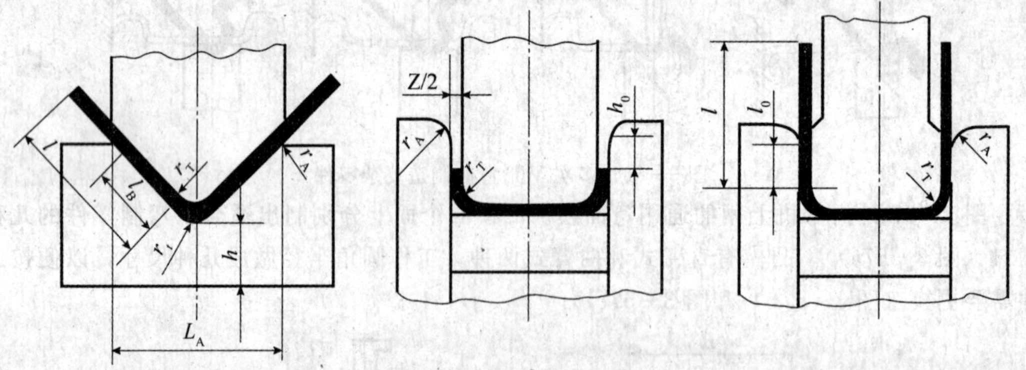

图 3-58　弯曲模工作部分的尺寸

1. 凸模圆角半径

当工件的相对弯曲半径 r/t 较小时，凸模圆角半径 r_T 取等于工件的弯曲半径，但不应小于表 3-1 所示的最小弯曲半径值。

当 $r/t>10$ 时，则要考虑回弹问题，需要修正凸模圆角半径 r_T 值。

2. 凹模圆角半径

凹模圆角半径 r_A 不能过小，以免擦伤工件表面，影响冲模寿命。凹模两边的圆角半径应一致，否则在弯曲时坯料会发生偏移。r_A 值通常根据材料厚度选取：

(1)当 $t\leqslant 2$ mm 时，取 $r_A=(3\sim6)t$；

(2)当 $t=2\sim4$ mm 时，取 $r_A=(2\sim3)t$；

(3)当 $t>4$ mm 时，取 $r_A=2t$。

V 形弯曲凹模的底部可开退刀槽或取圆角半径 $r'_A=(0.6\sim0.8)(r_T+t)$。

3. 凹模深度

凹模深度 l_0 过小，则坯料两端未受压部分太多，工件回弹大且不平直，影响工件质量。若过大，则浪费模具钢材，且需要冲床有较大的工作行程。

V 形件弯曲模的凹模深度 l_0 及底部最小厚度 h 值可查表 3-11 得到，还需要保证凹模

开口宽度 L_A 之值不能大于弯曲坯料展开长度的 80%。

表 3-11　　弯曲 V 形件的凹模深度 l_0 及底部最小厚度 h　　/mm

弯曲件的边长 l	材料厚度 t					
	≤2		2～4		>4	
	h	l_0	h	l_0	h	l_0
10～25	20	10～15	22	15	—	—
>25～50	22	15～20	27	25	32	30
>50～75	27	20～25	32	30	37	35
>75～100	32	25～30	37	35	42	40
>100～150	37	30～35	42	40	47	50

对于弯边高度不大或要求两边平直的 U 形件，凹模深度应大于零件的高度，如图 3-57所示，图中 h_0 值见表 3-12；对于弯边高度较大，而平直度要求不高的 U 形件，可采用图 3-57c）所示的凹模形式，凹模深度 l_0 值见表 3-13。

表 3-12　　弯曲 U 形件凹模的 h_0 值　　/mm

材料厚度 t	≤1	1～2	2～3	3～4	4～5	5～6	6～7	7～8	8～10
h_0	3	4	5	6	8	10	15	20	25

表 3-13　　弯曲 U 形件凹模深度 l_0 值　　/mm

弯曲件边长 l	材料厚度 t				
	<1	>1～2	>2～4	>4～6	>6～10
<50	15	20	25	30	35
50～75	20	25	30	35	40
75～100	25	30	35	40	40
100～150	30	35	40	50	50
150～200	40	45	55	65	65

4. 凸、凹模间隙

V 形弯曲模的凸、凹模间隙是靠调整压机的闭合高度来控制的，设计时可以不考虑。对于 U 形件弯曲模，则应当选择合适的间隙。间隙过小，会使工件弯边厚度变薄，会降低凹模寿命，增大弯曲力；间隙过大，则回弹大，会降低工件的精度。U 形件弯曲模的凸、凹模单边间隙一般可按下式计算：

$$Z/2=t_{max}+Ct=t+\Delta+Ct$$

式中：

$Z/2$——弯曲模凸、凹模单边间隙；

t——工件材料厚度（基本尺寸）；

Δ——材料厚度的正偏差；

C——间隙系数，如表 3-14 所示。

表 3-14　U 形件弯曲模凸、凹模的间隙系数 C 值　/mm

弯曲高度 H/mm	弯曲件宽度 $B\leqslant 2H$				弯曲件宽度 $B>2H$				
	材料厚度 t/mm								
	<0.5	0.6～2	2.1～4	4.1～5	<0.5	0.6～2	2.1～4	4.1～7.5	7.6～12
10	0.05	0.05	0.04	—	0.10	0.10	0.08	—	—
20	0.05	0.05	0.04	0.03	0.10	0.10	0.08	0.06	0.06
35	0.07	0.05	0.04	0.03	0.15	0.10	0.08	0.06	0.06
50	0.10	0.07	0.05	0.04	0.20	0.15	0.10	0.06	0.06
70	0.10	0.07	0.05	0.05	0.20	0.15	0.10	0.10	0.08
100	—	0.07	0.05	0.05	—	0.15	0.10	0.10	0.08
150	—	0.10	0.07	0.05	—	0.20	0.15	0.10	0.10
200	—	0.10	0.07	0.07	—	0.20	0.15	0.15	0.10

注：当工件精度要求较高时，其间隙应适当缩小，通常取 $Z/2=t$。

5. U 形件弯曲凸、凹模横向尺寸及公差

决定 U 形件弯曲凸、凹模横向尺寸及公差的原则是：工件标注外形尺寸时，如图 3-59a)，b) 所示，应以凹模为基准件，间隙取在凸模上。工件标注内形尺寸时，如图 3-59c)，d)所示，应以凸模为基准件，间隙取在凹模上。凸、凹模的尺寸和公差则应根据工件的尺寸、公差、回弹情况以及模具磨损规律而定。图中 Δ 为弯曲件横向的尺寸偏差。

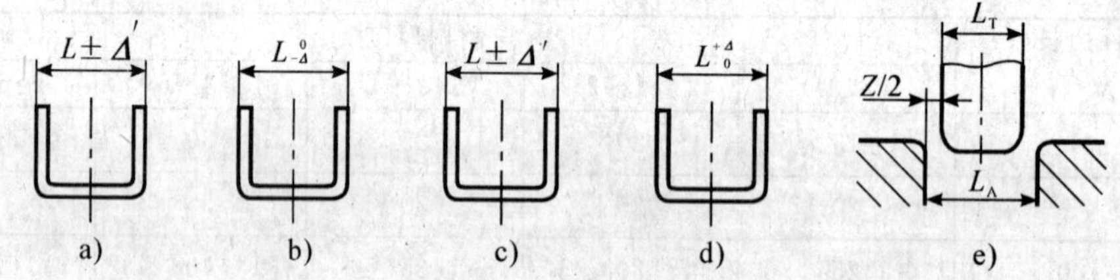

图 3-59　内形和外形的弯曲件及模具尺寸的标注

尺寸标注在外形上的弯曲件，其凸、凹模的尺寸为：

$$L_A=(L_{max}-0.75\Delta)^{+\delta_A}_{\ 0}$$

$$L_T=(L_A-Z)_{-\delta_T}^{\ 0}$$

尺寸标注在内形上的弯曲件，其凸、凹模的尺寸为：

$$L_T=(L_{min}+0.75\Delta)_{-\delta_T}^{\ 0}$$

$$L_A=(L_T+Z)^{+\delta_A}_{\ 0}$$

式中：

L_T，L_A——凸、凹模横向尺寸；

L_{max}——弯曲件横向的最大极限尺寸；

L_{min}——弯曲件横向的最小极限尺寸；

Δ——弯曲件横向的尺寸公差，对称偏差时 $\Delta=2\Delta'$；

δ_T，δ_A——凸、凹模的制造公差，可采用 IT7～IT9 级精度，一般取凸模的精度比凹模精度高一级。

[练习与思考题]

3-1　试画图说明 V 形件弯曲时板材的力矩变化情况。

3-2　什么是弯曲的中性层？为什么会发生中性层内移现象？

3-3　如图 3-60 所示，板料的纤维方向沿 X 轴方向。试问：为了获得较好的塑性性能，V 形弯曲方向应该沿哪个方向？为什么？

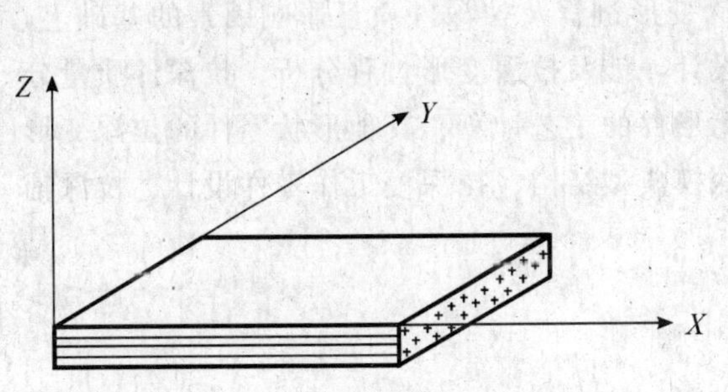

图 3-60　板料的纤维方向

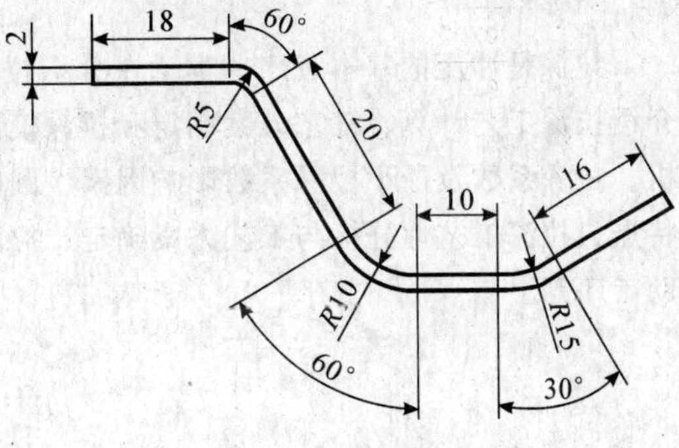

图 3-61　弯曲件图

3-4　弯曲回弹主要表现在哪几个方面？

3-5　计算图 3-61 所示弯曲件的坯料展开长度。

3-6　试简述弯曲件的结构工艺性。

3-7　试画图说明铰链件弯曲工序的安排。

3-8　已知 U 形件的边长为 30 mm，宽度为 10 mm，高度为 6 mm，板料厚度为 3 mm，试查表计算该弯曲件的弯曲模凸、凹模单边间隙。

第4章 拉深工艺与拉深模具设计

拉深是冲压的基本工序。本章在分析拉深变形过程及拉深件质量影响因素的基础上，介绍拉深工艺计算、工艺方案制定和拉深模设计，涉及拉深变形过程分析、拉深件质量分析、拉深系数及最小拉深系数影响因素、圆筒形件的工艺计算、其他形状零件的拉深变形特点、拉深工艺性分析与工艺方案确定、拉深模典型结构、拉深模工作零件设计、拉深辅助工序等。

第1节 概 述

拉深是利用拉深模在压力机的压力作用下，将平板坯料或空心工序件制成开口空心零件的加工方法。它是冲压基本工序之一，广泛应用于汽车、电子、日用品、仪表、航空和航天等各种工业中。拉深工艺不仅可以加工旋转体零件，还可加工盒形零件及其他形状复杂的薄壁零件，如图 4－1 所示。

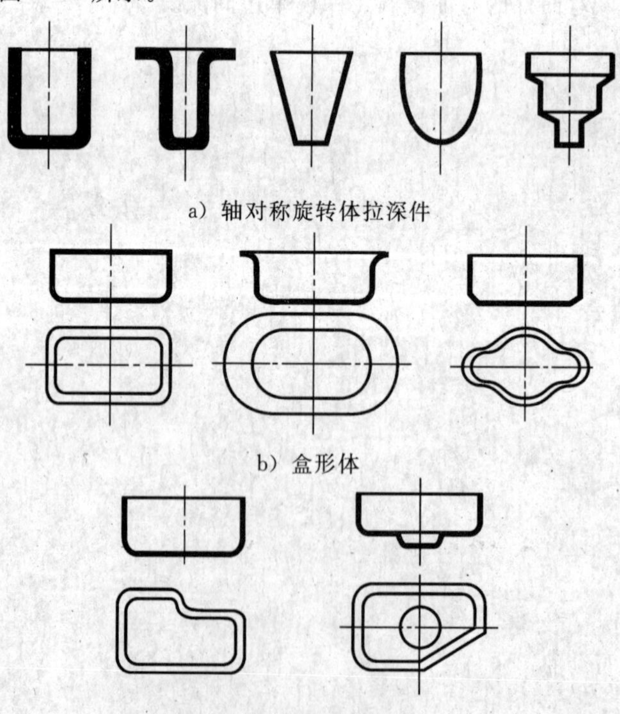

a）轴对称旋转体拉深件

b）盒形体

c）不对称拉深件

图 4－1 拉深件类型

拉深可分为不变薄拉深和变薄拉深两种。前者拉深成形后的零件，其各部分的壁厚与拉深前的坯料相比基本不变；后者拉深成形后的零件，其壁厚与拉深前的坯料相比有明显的变薄，这种变薄是产品要求的，零件呈现底厚、壁薄的特点。在实际生产中，应用较多的是不变薄拉深。

拉深所使用的模具叫拉深模。拉深模结构相对较简单，与冲裁模比较，工作部分有较大的圆角，表面质量要求高，凸、凹模间隙略大于板料厚度。图 4－2 为有压边圈的首次拉深模的结构图。平板坯料放入定位板 6 内，当上模下行时，首先由压边圈 5 和凹模 7 将平板坯料压住，随后凸模 10 将坯料逐渐拉入凹模孔内形成直壁圆筒。成形后，当上模回升时，弹簧 4 恢复，利用压边圈 5 将拉深件从凸模 10 上卸下。为了便于成形和卸料，在凸模 10 上开设有通气孔。压边圈在这副模具中既起压边作用，又起卸载作用。

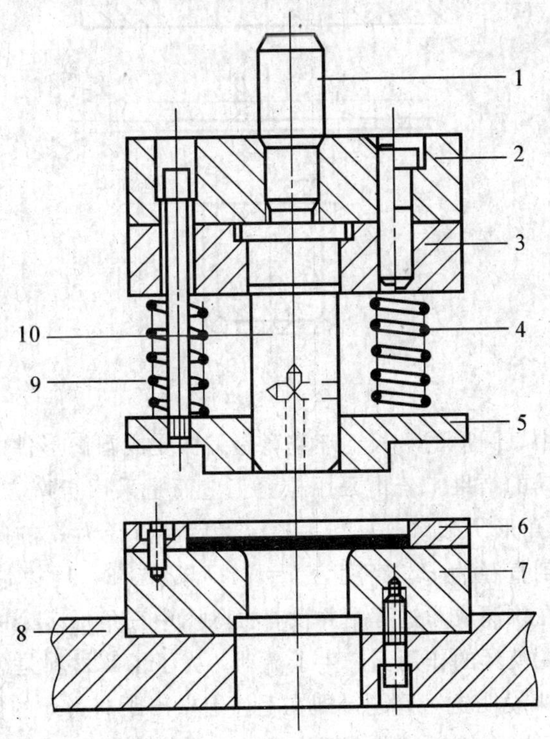

1-模柄；2-上模座，3 凸模固定板；4-弹簧；5-压边圈；
6-定位板；7-凹模；8-下模座；9-卸料螺钉；10-凸模

图 4－2　拉深模结构图

第 2 节　圆筒形件拉深变形分析

一、拉深变形过程

拉深变形过程如图 4－3 所示。拉深时，直径为 D、厚度为 t 的圆形平板坯料同时受到凸模和压边圈的作用，由于凸模的压力大于压边圈的压力，坯料便在凸模的压力作用下进入凹模，随着凸模的不断下行，留在凹模端面上的毛坯外径不断缩小，圆形毛坯逐渐被拉入凸、凹模间的间隙中形成直壁，而处于凸模下面的材料则成为拉深件的底部。当板料全部进入拉深件的间隙时拉深过程结束，圆形平板毛坯就变成直径为 d、高度为 h 的开口圆筒形零件。由此可见，圆形平板坯料在拉深过程中，变形主要是集中在凹模端面上的凸缘部分，即拉深过程的实质就是凸缘部分逐步缩小转变为筒壁的过程。

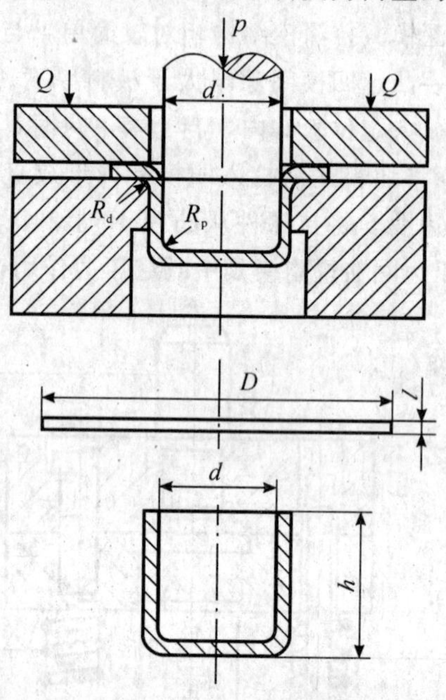

图 4-3　拉深变形过程

在拉深变形过程中，圆形的平板毛坯究竟是怎样变成圆筒形件的呢？这是金属材料在变形时发生的塑性流动的结果。若不采用拉深工艺而是采用折弯方法来成形一圆筒形件，可将图 4-4 毛坯的三角形阴影部分材料去掉，然后沿直径为 d 的圆周折弯，并在缝隙处加以焊接，就可以得到直径为 d、高度为 $h=(D-d)/2$，周边带有焊缝的开口圆筒形件。但圆形平板毛坯在拉深成形过程中并没有去除图中三角形多余的材料，因此只能认为三角形多余的材料是在模具的作用下产生了流动。为了了解材料是怎样流动的，可以从图 4-5 所示的网格试验来说明这一问题。即在毛坯上做出距离为 a 的等距离的同心圆与相同弧度 b 辐射结组成的网格，然后将带有网格的毛坯进行拉深。通过比较拉深前后网格的变化情况我们发现，拉深后筒底部的网格变化不明显；而侧壁上的网格变化很大，拉深前等距离的同心圆拉深后变成了与筒底平行的不等距离的水平圆周线，愈靠近口部圆周线的间距愈大，即 $a_1>a_2>a_3>\cdots>a$；原来分度相等的辐射线拉深后变成了相互平行且垂直于底部的平行线，其间距也完全相等，$b_1=b_2=b_3=\cdots=b$。

如果取网格中一个小单元体来看，如图 4-6 所示，拉深前为扇形的 A_1 经拉深后，由于毛坯整体内材料的相互制约、相互作用，使径向相邻单元之间产生了拉深应力 σ_1，切向相邻单元体之间产生了压缩应力 σ_3。扇形小单元体在 σ_1 和 σ_3 的共同作用下，直径方向被拉长，切向方向被压缩，因此拉深后扇形小单元体变成矩形小单元体 A_2。由于材料厚度变化很小，可认为拉深前后小单元体的面积不变，即 $A_1=A_2$，小单元体 A_2 形成零件的筒壁。从图中可以看出，单元体的高度也发生了变化，离筒底部越远的矩形单元体的高度越大。

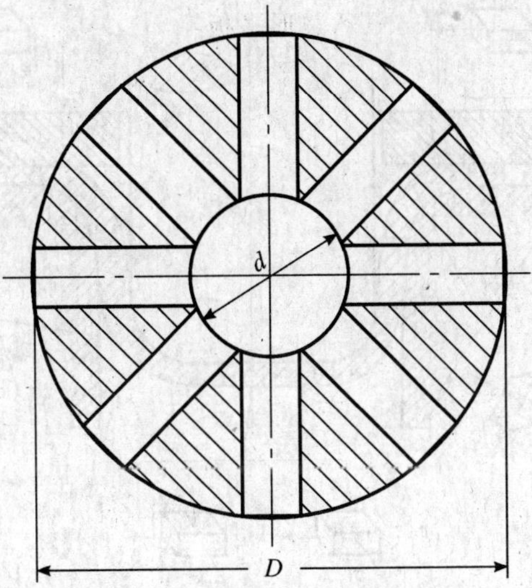

图 4－4　毛坯的三角形阴影部分材料

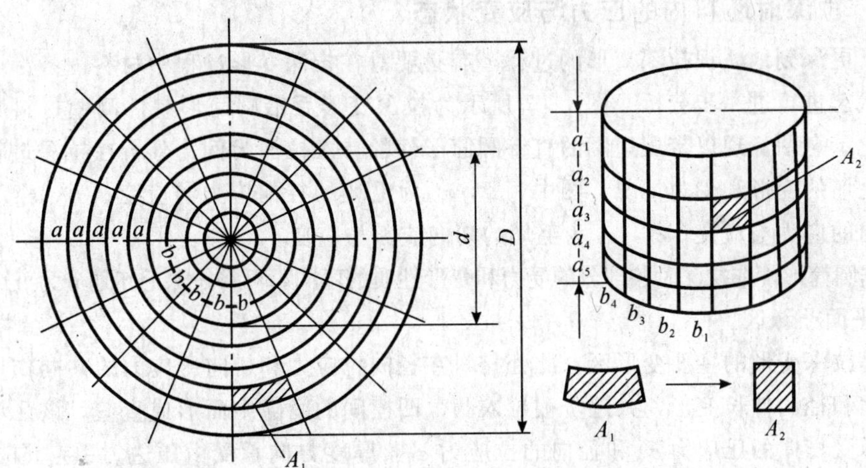

图 4－5　拉深网格的变化

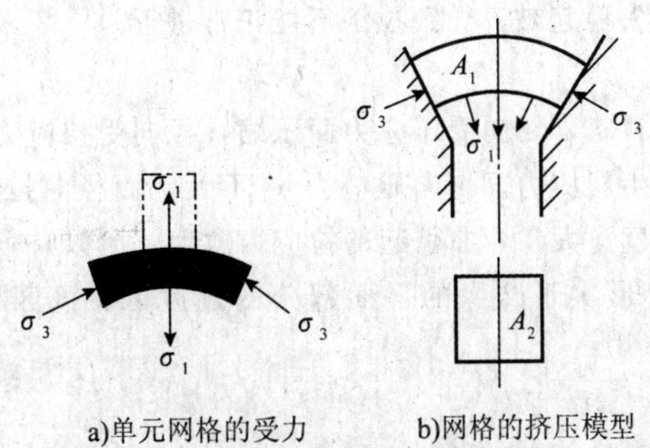

a)单元网格的受力　　b)网格的挤压模型

图 4－6　拉深网格的挤压变形

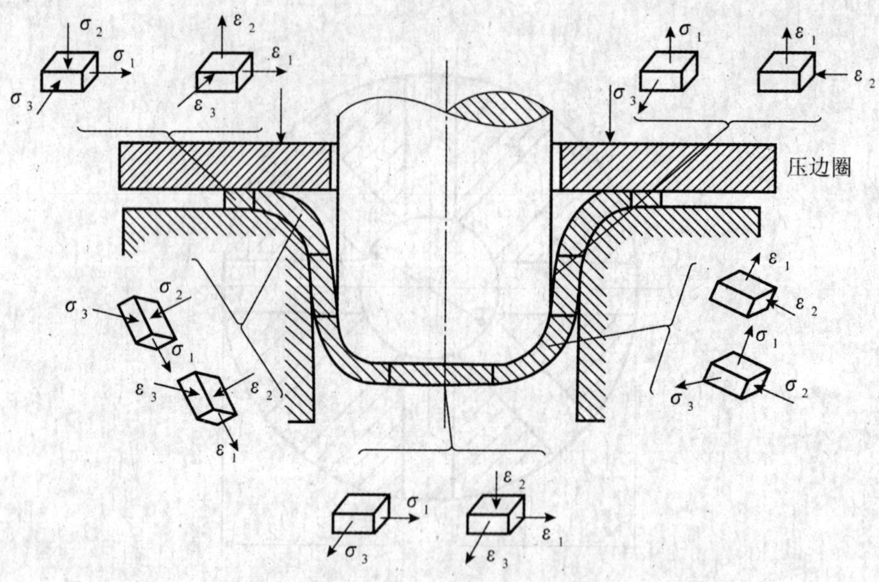

图 4－7　拉深中毛坯的应力应变情况

二、拉深时坯料内的应力与应变状态

为了更深刻地认识拉深变形的过程，有必要对在拉深变形过程中材料内各部分的应力和应变状态进行进一步分析。图 4－7 所示为拉深变形后沿圆筒形制件侧壁材料厚度和硬度的变化示意图。现以带压边圈的直壁圆筒形件的首次拉深为例，分析在拉深过程中的某一时刻毛坯的变形和受力情况。图中，σ_1，ε_1 为毛坯的径向应力与应变；σ_2，ε_2 为毛坯的厚度方向的应力与应变；σ_3，ε_3 为毛坯的切向应力与应变。

根据圆筒形件在拉深时各部分的受力和变形性质的不同，可将拉深毛坯划分为五个部分。

1. 平面凸缘区

这是拉深变形的主要变形区。此处材料在径向拉应力和切向压应力的共同作用下产生切向压缩和径向伸长变形，并逐步被拉入凸、凹模间的间隙中而形成直壁。该区域变形材料主要承受切向的压应力 σ_3 和径向的拉应力 σ_1，厚度方向承受由压边力引起的压应力 σ_2 的作用，因此该区域是二压一拉的三向应力状态。

由图 4－5 可知，σ_3 是绝对值最大的主应力，ε_2 是伸长变形。因此如果 σ_3 值过大，则此处材料因受压过大而失稳起皱，导致拉深不能正常进行。

2. 凹模圆角区

凹模圆角部分上的材料，切向受压应力而压缩，径向受拉应力而伸长，厚度方向受到凹模圆角的弯曲作用产生压应力。切向压应力 σ_3 不大，而径向拉应力 σ_1 最大，且凹模圆角愈小，则弯曲变形程度愈大，弯曲引起的拉应力愈大，所以有可能出现破裂现象。该部分也是变形区，但是变形次于凸缘的平面部分的过渡区。该区域的应力状态也为一拉二压。

3. 筒壁部分

这是由凸缘部分材料塑性变形后转化而成的，它将凸模的作用力传给凸缘变形区的材料，因此是传力区。该区域的应力状态为单向拉应力，变形是拉伸变形。

4. 凸模圆角区

这是筒壁和圆筒底部的过渡区。材料承受径向拉应力 σ_1 和切向压应力 σ_3 的作用，同时，在厚度方向由于凸模的压力和弯曲作用而受到压应力 σ_2 的作用。这部分材料的变薄最为严重，最容易出现拉裂现象，是拉深过程中的“危险断面”。

5. 圆筒底部

这部分材料处于凸模下面，直接接收凸模施加的力并由它将力传给圆筒壁部，因此该区域也是传力区。此处材料承受双向拉应力 σ_1 和 σ_3 的作用（平面应力状态），其应变为平面方向的拉应变 ε_1 和 ε_3 及厚度方向的压缩应变 。由于受到凸模端面和圆角摩擦的制约，圆筒底部材料的应力与应变均不大，拉深前后的厚度变化甚微，可视为不变形区。

第 3 节　旋转体拉深件坯料尺寸

一、坯料形状和尺寸的确定

拉深件坯料形状和尺寸是以冲件形状和尺寸为基础，按体积不变原则和相似原则确定的。

1. 体积不变原则

即对于不变薄拉深，假设变形前后料厚不变，拉深前坯料表面积与拉深后冲件表面积近似相等，得到坯料尺寸。

2. 相似原则

即利用拉深前坯料的形状与冲件断面形状相似，得到坯料形状。当冲件的断面是圆形、正方形、长方形或椭圆形时，其坯料形状应与冲件的断面形状相似，但坯料的周边必须是光滑的曲线连接。对于形状复杂的拉深件，利用相似原则仅能初步确定坯料形状，必须通过多次试压，反复修改，才能最终确定坯料形状。因此，拉深件的模具设计一般是先设计拉深模，坯料形状尺寸确定后再设计冲裁模。

由于金属板料受板平面方向性和模具几何形状等因素的影响，会造成拉深件口部不整齐，因此在多数情况下采取加大工序件高度或凸缘宽度，拉深后再经过切边工序来保证零件质量。切边余量可参考表 4-1 和表 4-2。

表 4-1　　无凸缘圆筒形拉深件的修边余量 Δh　　/mm

工件高度 h	工件的相对高度 h/d				附图
	>0.5～0.8	>0.8～1.6	>1.6～2.5	>2.5～4	
≤10	1.0	1.2	1.5	2.0	
>10～20	1.2	1.6	2.0	2.5	
>20～50	2.0	2.5	3.3	4.0	
>50～100	3.0	3.8	5.0	6.0	
>100～150	4.0	5.0	6.5	8.0	
>150～200	5.0	6.3	8.0	10.0	
>200～250	6.0	7.5	9.0	11.0	
>250	7.0	8.5	10.0	12.0	

表 4 - 2　　**有凸缘圆筒形拉深件的修边余量 ΔR**　　/mm

凸缘直径 d_t	凸缘的相对直径 d_t/d				附图
	<1.5	1.5～2	2～2.5	2.5～3	
≤25	1.6	1.4	1.2	1.0	
>25～50	2.5	2.0	1.8	1.6	
>50～100	3.5	3.0	2.5	2.2	
>100～150	4.3	3.6	3.0	2.5	
>150～200	5.0	4.2	3.5	2.7	
>200～250	5.5	4.6	3.8	2.8	
>250	6.0	5.0	4.0	3.0	

当零件的相对高度 H/d 很小，并且高度尺寸要求不高时，也可以不用切边工序。

二、简单旋转体拉深件坯料尺寸的确定

首先将拉深件划分为若干个简单的便于计算的几何体，并分别求出各简单几何体的表面积，再把各简单几何体面积相加即为零件总面积。然后根据表面积相等原则，求出坯料直径。

$$\frac{\pi}{4}D^2 = A_1 + A_2 + A_3 + \cdots + A_n = \sum A_i$$

$$D = \sqrt{\frac{4}{\pi}\sum A_i}$$

其中：

$$A_1 = \pi d(H - r)$$

$$A_2 = \frac{\pi}{4}[2\pi r(d - 2r) + 8r^2]$$

$$A_3 = \frac{\pi}{4}(d - 2r)^2$$

经整理后得坯料直径为：

$$D = \sqrt{(d - 2r)^2 + 4d(H - r) + 2\pi r(d - 2r) + 8r^2}$$

式中：d，H，r 分别是拉深件的直径、高度和圆角半径，如图 4 - 8 所示。

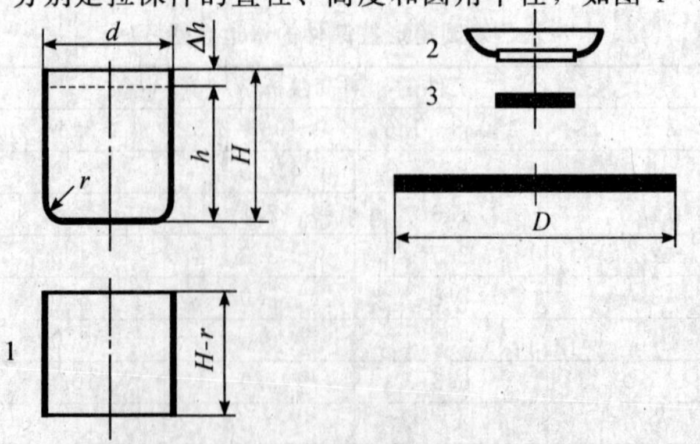

图 4 - 8　圆筒形拉深件坯料尺寸计算图

在计算中，零件尺寸均按厚度中线计算；但当板料厚度小于 1 mm 时，也可以按外形或内形尺寸计算。常用旋转体零件坯料直径计算公式见表 4－3。

表 4－3　常用旋转体拉深件坯料直径计算公式

序号	零件形状	坯料直径 D
1	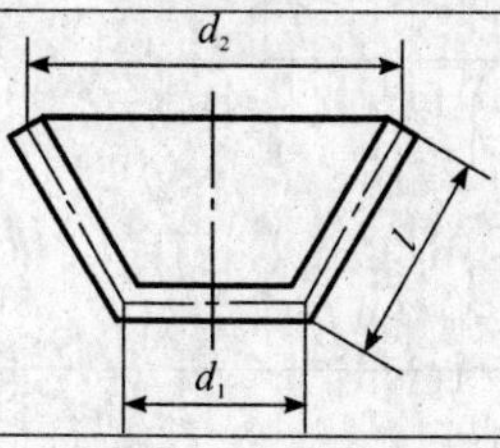 d_2, l, d_1	$\sqrt{d_1^2+2l(d_1+d_2)}$
2	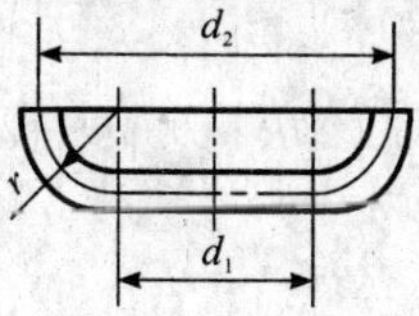 d_2, r, d_1	$\sqrt{d_1^2+2r(\pi d_1+4r)}$
3	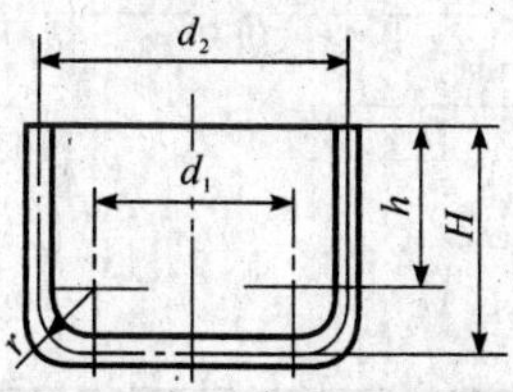 d_2, d_1, h, H, r	$\sqrt{d_1^2+4d_2h+6.28rd_1+8r^2}$ 或 $\sqrt{d_2^2+2d_2H-1.72rd_2-0.56r^2}$
4	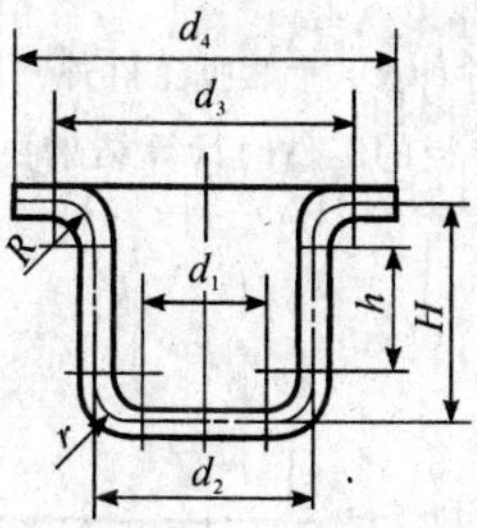 d_4, d_3, R, d_1, h, H, r, d_2	当 $r\neq R$ 时 $\sqrt{d_1^2+6.28rd_1+8r^2+4d_2h+6.28Rd_2+4.56R^2+d_4^2-d_3^2}$ 当 $r=R$ 时 $\sqrt{d_4^2+4d_2H-3.44rd_2}$
5	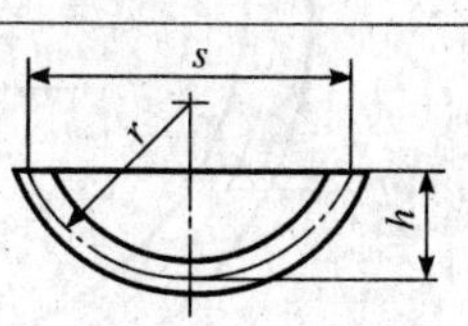 s, r, h	$\sqrt{8rh}$ 或 $\sqrt{s^2+4h^2}$
6	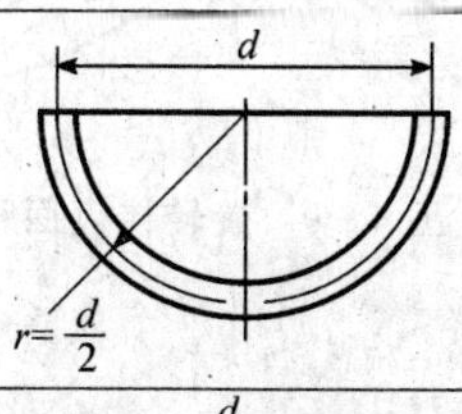 d, $r=\frac{d}{2}$	$\sqrt{2d^2}=1.414d$
7	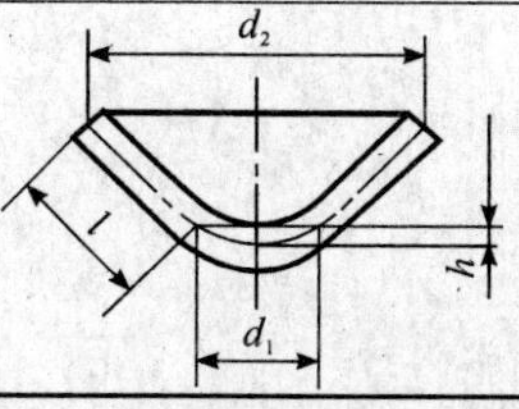 d_2, l, h, d_1	$\sqrt{d_1^2+4h^2+2l(d_1+d_2)}$

续表

序号	零件形状	坯料直径 D
8		$\sqrt{8r_1\left[x-b\left(\arcsin\dfrac{x}{r_1}\right)\right]+4dh_2+8rh_1}$
9		$D=\sqrt{8r^2+4dH-4dr-1.72dR+0.56R^2+d_4^2-d^2}$
10		$D=\sqrt{4dh_1(2r_1-d)+(d-2r)(0.0696r\alpha-4h_2)+4dH}$ $\sin\alpha=\dfrac{\sqrt{r_1^2-r(2r_1-d)-0.25d^2}}{r_1-r}$ $h_1=r_1(1-\sin\alpha)$ $h_2=r\sin\alpha$

注：(1) 尺寸按工件材料厚度中心层尺寸计算。

(2) 对厚度小于 1 mm 的拉深件，可以不按工件材料厚度中心层尺寸计算，而根据工件外壁尺寸计算。

(3) 对于部分未考虑工件圆角半径的计算公式，在计算有圆角半径的工件时计算结果要偏大，这时，可不考虑或少考虑修边余量。

三、复杂旋转体拉深件坯料尺寸的确定

该类拉深零件的坯料尺寸，可用久里金法则求出其表面积，即任何形状的母线绕轴旋转一周所得到的旋转体面积，等于该母线的长度与其重心绕该轴线旋转所得周长的乘积，如图 4－9 所示，旋转体表面积为 A。

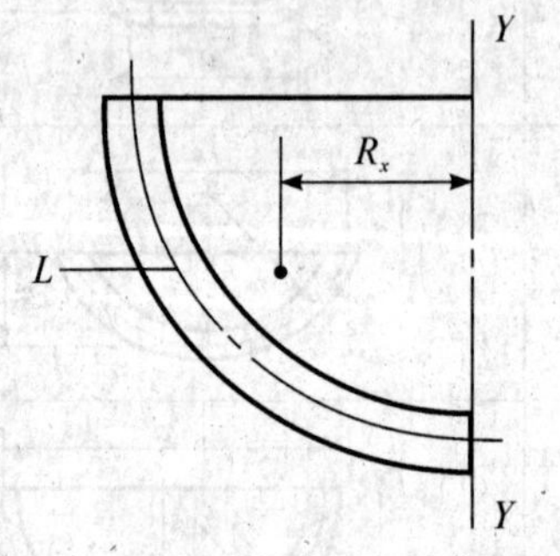

图 4－9　旋转体表面积计算图示

由于拉深前后面积相等，所以坯料直径可按下式求出：

$$A=2\pi R_xL$$

即

$$\frac{\pi D^2}{4}=2\pi R_xL$$

则

$$D=\sqrt{8R_xL}$$

式中：

A——旋转体面积；

R_x——旋转体母线重心到旋转轴线的距离（旋转半径）；

L——旋转体母线长度；

D——坯料直径。

由上式可以看出，只要知道旋转体母线长度及其重心的旋转半径，就可以求出坯料的直径。

第 4 节　圆筒形件的拉深工艺计算

一、拉深系数与极限拉深系数

1. 拉深系数

拉深系数以拉深前后的坯料直径之比来表示，如图 4-10 所示。

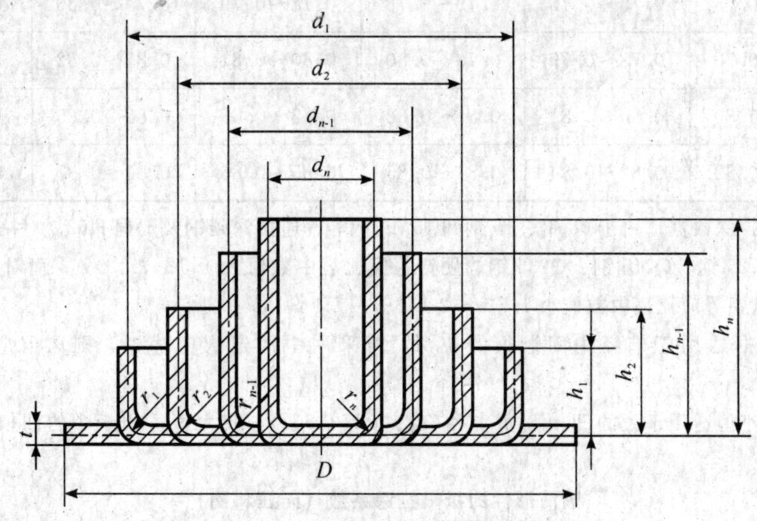

图 4-10　圆筒形件的多次拉深

第一次拉深系数　$$m_1=\frac{d_1}{D}$$

第二次拉深系数　$$m_2=\frac{d_2}{d_1}$$

第 n 次拉深系数　$$m_n=\frac{d_n}{d_{n-1}}$$

式中：

D——坯料直径；

d_1，d_2，…，d_n——拉深后的直径。

从上面各式可以看出，拉深系数表示拉深前后坯料直径的变化率。拉深系数越小，说明拉深变形程度越大；反之，变形程度越小。

拉深件的总拉深系数 m 等于各次拉深系数的乘积，即

$$m=\frac{d_n}{D}=\frac{d_1}{D}\frac{d_2}{d_1}\cdots\frac{d_n}{d_{n-1}}=m_1m_2\cdots m_n$$

在制定拉深工艺时，如拉深系数取得过小，就会使拉深件起皱、断裂或严重变薄。因

此拉深系数减小有一个客观的界限，这个界限就称为极限拉深系数。极限拉深系数与材料性能和拉深条件有关。从工艺的角度来看，极限拉深系数越小，越有利于减少工序数。

2. 极限拉深系数的确定

由于影响极限拉深系数的因素很多，目前仍难采用理论计算方法准确确定极限拉深系数。在实际生产中，极限拉深系数值一般是在一定的拉深条件下用实验方法得出的。表4-4和表4-5是圆筒形件在不同条件下各次拉深的极限拉深系数。

表 4-4　圆筒形件的极限拉深系数（带压料圈）

拉深系数	坯料的相对厚度（t/D）×100					
	2.0～1.5	1.5～1.0	1.0～0.6	0.6～0.3	0.3～0.15	0.15～0.08
m_1	0.48～0.50	0.50～0.53	0.53～0.55	0.55～0.58	0.58～0.60	0.60～0.63
m_2	0.73～0.75	0.75～0.76	0.76～0.78	0.78～0.79	0.79～0.80	0.80～0.82
m_3	0.76～0.78	0.78～0.79	0.79～0.80	0.80～0.81	0.81～0.82	0.82～0.84
m_4	0.78～0.80	0.80～0.81	0.81～0.82	0.82～0.83	0.83～0.85	0.85～0.86
m_5	0.80～0.82	0.82～0.84	0.84～0.85	0.85～0.86	0.86～0.87	0.87～0.88

注：(1) 表中拉深数据适用于08钢、10钢和15Mn钢等普通拉深碳钢及黄铜H62。对拉深性能较差的材料，如20钢、25钢、Q215钢、Q235钢、硬铝等应比表中数值大1.5%～2.0%；而对塑性较好的材料，如05钢及软铝等应比表中数值小1.5%～2.0%。

(2) 表中数据适用于未经中间退火的拉深，若采用中间退火工序时，则取值应比表中数值小2%～3%。

(3) 表中较小值适用于大的凹模圆角半径（$r_A=(8\sim15)t$），较大值适用于小的凹模圆角半径（$r_A=(4\sim8)t$）。

表 4-5　圆筒形件的极限拉深系数（无压料圈）

拉深系数	坯料的相对厚度（t/D）×100				
	1.5	2.0	2.5	3.0	>3.0
m_1	0.65	0.60	0.55	0.53	0.50
m_2	0.80	0.75	0.75	0.75	0.70
m_3	0.84	0.80	0.80	0.80	0.75
m_4	0.87	0.84	0.84	0.84	0.78
m_5	0.90	0.87	0.87	0.87	0.82
m_6	—	0.90	0.90	0.90	0.85

注：此表适用于08钢、10钢及15Mn钢等材料，其余各项同表4-4之注。

在实际生产中，并不是在所有情况下都采用极限拉深系数。为了提高工艺稳定性和零件质量，可以采用稍大于极限拉深系数的值。

二、拉深次数与工艺尺寸

1. 拉深次数的确定

当$m_{总}>m_{min}$时，拉深件可以一次拉成形，否则需要多次拉深。拉深次数的确定有以下几种方法：

(1) 查表法

根据工件的相对高度，即高度 H 与直径 d 之比值，从表 4－6 中查得该工件的拉深次数。

表 4－6　　拉深相对高度 H/d 与拉深次数的关系（无凸缘圆筒形件）

拉深系数	坯料的相对厚度 $(t/D)\times100$					
	2～1.5	1.5～1.0	1.0～0.6	0.6～0.3	0.3～0.15	0.15～0.08
1	0.94～0.77	0.84～0.65	0.71～0.57	0.62～0.50	0.52～0.45	0.46～0.38
2	1.88～1.54	1.60～1.32	1.36～1.10	1.13～0.94	0.96～0.83	0.9～0.7
3	3.5～2.7	2.8～2.2	2.3～1.8	1.9～1.5	1.6～1.3	1.3～1.1
4	5.6～4.3	4.3～3.5	3.6～2.9	2.9～2.4	2.4～2.0	2.0～1.5
5	8.9～6.6	6.6～5.1	5.2～4.1	4.1～3.3	3.3～2.7	2.7～2.0

注：(1) 大的 H/d 值适用于第一道工序的大凹模圆角（$r_A=(8\sim15)t$）。

(2) 小的 H/d 值适用于第一道工序的小凹模圆角（$r_A=(4\sim8)t$）。

(3) 表中数据适用材料为 08F 钢、10F 钢。

(2) 递推法

由已知条件，根据极限拉深系数，依次计算出各次拉深成的工序件的直径，即

$$d_1=m_1D$$
$$d_2=m_2d_1$$
$$\vdots$$
$$d_n=m_nd_{n-1}$$

即直到计算所得直径 d_n 小于或等于零件直径 d 时，计算的次数即为拉深次数。

(3) 计算法

拉深次数也可采用计算法进行确定，其计算公式如下：

$$n=1+\frac{\lg d-\lg m_1D}{\lg m_均}$$

式中：

d——冲件直径；

D——坯料直径；

m_1——第一次拉深系数；

$m_均$——各次平均拉深系数。

上述计算结果取整即得到拉深次数。

2. 各次拉深工序件尺寸的确定

确定拉深次数以后，由表查得各次拉深的极限拉深系数，适当放大，并加以调整。其原则是：

$$m_1m_2\cdots m_n=\frac{d}{D}$$

$$m_1<m_2<\cdots<m_n$$

式中：

d——零件直径；

D——坯料直径。

最后，按调整后的拉深系数计算各次工序件直径。

$$d_1 = m_1 D$$
$$d_2 = m_2 d_1$$
$$\vdots$$
$$d_n = m_n d_{n-1}$$

根据拉深后工序件表面积与坯料表面积相等的原则，可得到如下工序件高度计算公式。计算前应先定出各工序件的底部圆角半径。

$$h_1 = 0.25\left(\frac{D^2}{d_1} - d_1\right) + 0.43\frac{r_1}{d_1}(d_1 + 0.32r_1)$$
$$h_2 = 0.25\left(\frac{D^2}{d_2} - d_2\right) + 0.43\frac{r_2}{d_2}(d_2 + 0.32r_2)$$
$$\vdots$$
$$h_n = 0.25\left(\frac{D^2}{d_n} - d_n\right) + 0.43\frac{r_n}{d_n}(d_n + 0.32r_n)$$

式中：

h_i（$i=1, 2, \cdots, n$）——各次拉深工序件高度；

d_i（$i=1, 2, \cdots, n$）——各次拉深工序件直径；

r_i（$i=1, 2, \cdots, n$）——各次拉深工序件底部圆角半径；

D——坯料直径。

例 4-1　求图 4-11 所示圆筒形件的坯料尺寸及拉深各工序件尺寸。材料为 10 钢，板料厚度 $t=2$ mm。

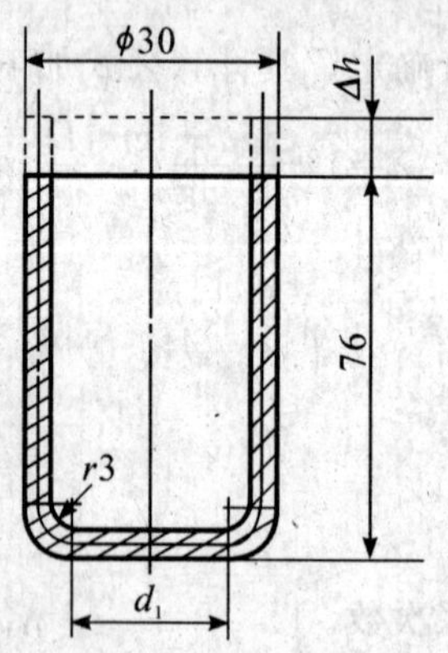

图 4-11　无凸缘圆筒形件

解： 因板料厚度 $t>1$ mm，故按板厚中径尺寸计算。

(1) 计算坯料直径

根据零件尺寸，其相对高度为

$$\frac{H}{d} = \frac{76-1}{30-2} \approx 2.7$$

查表 4-1 得切边量 $\Delta h=6$ mm

坯料直径为

$$D=\sqrt{d^2+4d(H+\Delta h)-1.72dr-0.56r^2}$$

$d=30-2=28$ mm，$r=4$ mm，$H=75$ mm，代入得

$$D=98.2\ (\text{mm})$$

(2) 确定拉深次数

坯料相对厚度为

$$\frac{t}{D}=\frac{2}{98.2}\times 100\%=2.03\%>2\%$$

查表可得无压料圈情况下的拉深系数分别为：$m_1=0.50$，$m_2=0.75$，$m_3=0.78$，$m_4=0.80$。则

$$d_1=m_1D=0.50\times 98.2=49.2\ (\text{mm})$$

$$d_2=m_2d_1=0.75\times 49.2=36.9\ (\text{mm})$$

$$d_3=m_3d_2=0.78\times 36.9=28.8\ (\text{mm})$$

$$d_4=m_4d_3=0.80\times 28.8=23\ (\text{mm})$$

因为 $d_4=23\text{mm}<28\text{mm}$，所以应该用四次拉深成形。

(3) 各次拉深工序件尺寸的确定

经调整后的各次拉深系数为：$m_1=0.52$，$m_2=0.78$，$m_3=0.83$，$m_4=0.846$，则各工序件直径为：

$$d_1=0.52\times 98.2=51.06\ (\text{mm})$$

$$d_2=0.78\times 51.06=39.9\ (\text{mm})$$

$$d_3=0.83\times 39.9=33.1\ (\text{mm})$$

$$d_4=0.846\times 33.1=28\ (\text{mm})$$

各次工序件底部圆角半径取以下数值：$r_1=8$ mm，$r_2=5$ mm，$r_3=4$ mm，则各次工序高度为

$$h_1=0.25\times\left(\frac{98.2^2}{51.06}-51.06\right)+0.43\times\frac{8}{51.06}\times(51.06+0.32\times 8)=37.4(\text{mm})$$

$$h_2=52.7(\text{mm})$$

$$h_3=66.3(\text{mm})$$

$$h_4=81(\text{mm})$$

以上计算所得工序件有关尺寸都是中径尺寸，换算成工序件的外径和总高度后，绘制的工序件草图如图 4-12 所示。

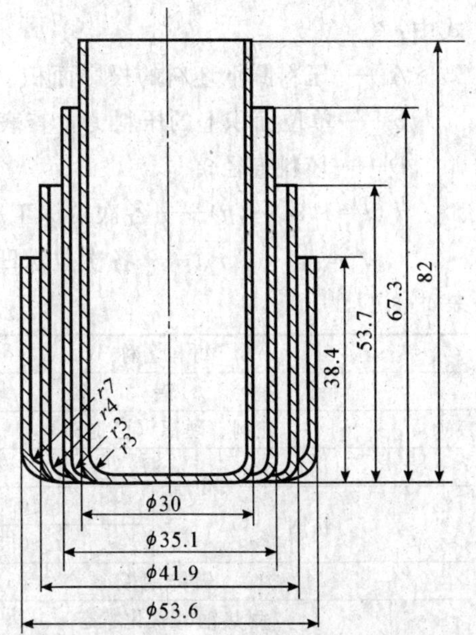

图 4-12　拉深工序件草图

三、拉深工艺力的计算

1. 压料装置与压料力

为了解决拉深过程中的起皱问题，生产实际中

的主要方法是在模具结构上采用压料装置。常用的压料装置有刚性压料装置和弹性压料装置两种。是否采用压料装置主要看拉深过程中是否可能发生起皱，在实际生产中可按表4－7来判断拉深过程中是否起皱和是否采用压料装置。

表 4－7 采用或不采用压料装置的条件

拉深方法	第一次拉深		以后各次拉深	
	$(t/D)\times 100$	m_1	$(t/d_{n-1})\times 100$	m_i
用压料装置	<1.5	<0.6	<1.0	<0.8
可用可不用	1.5～2.0	0.6	1.0～1.5	0.8
不用压料装置	>2.0	>0.6	>1.5	>0.8

压料装置产生的压料力 F_Y 大小应适当。F_Y 太小，防皱效果不好；F_Y 太大，则会增大传力区危险断面上的拉应力，从而引起材料严重变薄甚至拉裂。因此，实际应用中，在保证变形区不起皱的前提下，应尽量选用小的压料力。

随着拉深系数的减小，所需压料力增大；同时，在拉深过程中，所需压料力也是变化的，一般起皱可能性最大的时刻所需压料力最大。理想的压料力是随起皱可能性变化而变化，但压料装置很难达到这样的要求。

压料力是设计压料装置的重要依据。压料力一般按下式计算：

任意形状的拉深件

$$F_Y = Ap$$

圆筒形件首次拉深

$$F_Y = \frac{\pi}{4}[D^2 - (d_1 + 2r_{A1})^2]p$$

以后各次拉深

$$F_Y = \frac{\pi}{4}[d_{i-1}^2 - (d_i + 2r_{Ai})^2]p \quad (i = 2, 3, \cdots, n)$$

式中：

A——压料圈下坯料的投影面积；

p——单位面积上的压料力，查表 4－8 可得；

D——坯料直径；

$d_i(i=1,2,\cdots,n)$——各次拉深工序件直径；

r_{A1}，r_{A1}，…，r_{An}——各次拉深凹模的圆角半径。

表 4－8 单位面积压料力

材料名称		p/MPa
铝		0.8～1.2
纯铜、硬铝（已退火）		1.2～1.8
黄铜		1.5～2.0
软钢	t<0.5 mm	2.5～3.0
	t>0.5 mm	2.0～2.5
镀锌钢板		2.5～3.0
耐热钢（软化状态）		2.8～3.5
高合金钢、高锰钢、不锈钢		3.0～4.5

2. 拉深力与压力机公称压力

(1) 拉深力

在生产中常用以下经验公式计算拉深力：

采用压料圈时，首次拉深

$$F=\pi d_1 t\sigma_b K_1$$

以后各次拉深

$$F_i=\pi d_i t\sigma_b K_2 \quad (i=2,3,\cdots,n)$$

不采用压料圈时，首次拉深

$$F=1.25\pi(D-d_1)t\sigma_b$$

以后各次拉深

$$F=1.3\pi(d_{i-1}-d_i)t\sigma_b \quad (i=2,3,\cdots,n)$$

式中：

F——拉深力；

t——板料厚度；

D——坯料直径；

d_1，d_2，…，d_n——各次拉深后的工序件直径；

σ_b——拉深件材料的抗拉强度；

K_1，K_2——修正系数，其值参见表 4－9。

表 4－9　修正系数 K_1，K_2 值

m_1	0.55	0.57	0.60	0.62	0.65	0.67	0.70	0.72	0.75	0.77	0.80	—	—	—
K_1	1.00	0.93	0.86	0.79	0.72	0.66	0.60	0.55	0.50	0.45	0.40	—	—	—
m_2，…，m_n	—	—	—	—	—	—	0.70	0.72	0.75	0.77	0.80	0.85	0.90	0.95
K_2	—	—	—	—	—	—	1.00	0.95	0.90	0.85	0.80	0.70	0.60	0.50

(2) 压力机公称压力

单动压力机的公称压力应大于工艺总压力。

工艺总压力为　$F_z=F+F_Y$

式中：

F——拉深力；

F_Y——压料力。

选择压力机公称压力时必须注意，当拉深工件行程较大，尤其落料拉深复合时，应使工艺力曲线位于压力机滑块的许用压力曲线之下，否则可能会发生压力机超载损坏。

在实际生产中可以按下式来确定压力机的公称压力 F_g：

浅拉深时

$$F_g\geqslant(1.6\sim1.8)\ F_z$$

深拉深时

$$F_g\geqslant(1.8\sim2.0)\ F_z$$

四、有凸缘圆筒形件的拉深

该类零件的拉深过程，其变形区的应力状态和变形特点与无凸缘圆筒形件是相同的。

但有凸缘圆筒形件拉深时，坯料凸缘部分不是全部进入凹模口部，当拉深进行到凸缘外径等于零件凸缘直径（包括切边量）时，拉深工作就停止。因此，拉深成形过程和工艺计算与无凸缘圆筒形件的差别主要在首次拉深。

图 4-13 为有凸缘圆筒形件及其坯料图。其中，$d_t/d=1.1\sim1.4$ 之间时称之为窄凸缘圆筒形件；$d_t/d>1.4$ 时称为宽凸缘圆筒形件。

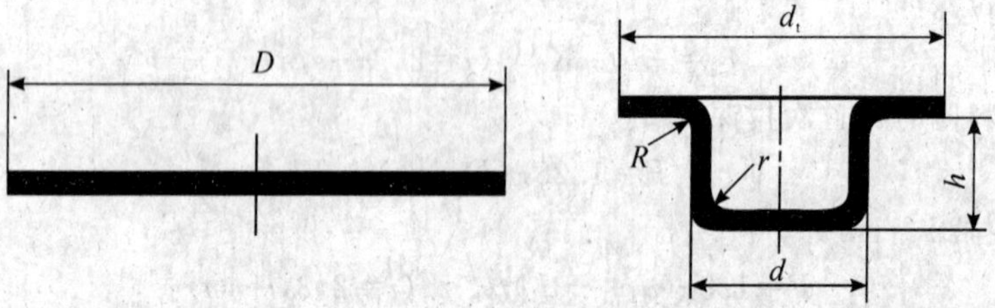

图 4-13　有凸缘圆筒形件及其坯料图

1. 有凸缘圆筒形件的拉深变形程度

有凸缘圆筒形件的拉深系数为

$$m_t=\frac{d}{D}$$

式中：

m_t——有凸缘圆筒形件的拉深系数；

d——零件筒形部分直径；

D——坯料直径。

当零件底部圆角半径 r 与凸缘转角半径 R 相等，即 $r=R$ 时，坯料直径为：

$$D=\sqrt{d_t^2+4dh-3.44dr}$$

因此

$$m_t=\frac{d}{D}=\frac{1}{\sqrt{(\frac{d_t}{d})^2+4\frac{h}{d}-3.44\frac{r}{d}}}$$

由此可以看出，有凸缘圆筒形件的拉深系数取决于$\frac{d_t}{d}$（凸缘的相对直径）、$\frac{h}{d}$（零件的相对高度）和$\frac{r}{d}$（相对圆角半径）。其中，$\frac{d_t}{d}$影响最大，$\frac{r}{d}$影响最小。$\frac{d_t}{d}$和$\frac{h}{d}$越大，表示拉深时毛坯变形区的宽度越大，拉深成形的难度也越大；当$\frac{d_t}{d}$和$\frac{h}{d}$超过一定值时，便不能一次拉深。表 4-10 是一次拉深可能达到的极限相对高度。

表 4-11 为有凸缘圆筒形件首次拉深的极限拉深系数。由表可以看出，当 $d_t/d<1.1$ 时，极限拉深系数与无凸缘圆筒形件基本相同。随着 d_t/d 增大，其极限拉深系数减小；到 $d_t/d=3$ 时，拉深系数 m 为 0.33，可以得出 $D=d/m\approx3d$；而当 $d_t/d=3$ 时，d_t 也为 $3d$，因此有$D=d_t$。这说明毛坯的直径等于凸缘直径时，毛坯外径不收缩，零件的变形性质不再是拉深，而是局部成形。

表 4－10　　有凸缘的圆筒形件首次拉深的极限相对高度 h_1/d_1

凸缘相对直径	坯料的相对厚度（t/D）×100				
d_t/d	≤2.0～1.5	<1.5～1.0	<1.0～0.6	<0.6～0.3	<0.3～0.15
≤1.1	0.90～0.75	0.82～0.65	0.70～0.57	0.61～0.50	0.52～0.45
>1.1～1.3	0.80～0.65	0.72～0.56	0.60～0.50	0.53～0.45	0.47～0.40
>1.3～1.5	0.70～0.58	0.63～0.50	0.53～0.45	0.48～0.40	0.42～0.35
>1.5～1.8	0.58～0.48	0.53～0.42	0.44～0.37	0.39～0.34	0.35～0.29
>1.8～2.0	0.51～0.42	0.46～0.36	0.38～0.32	0.34～0.29	0.30～0.25
>2.0～2.2	0.45～0.35	0.40～0.31	0.33～0.27	0.29～0.25	0.26～0.22
>2.2～2.5	0.35～0.28	0.32～0.25	0.27～0.22	0.23～0.20	0.21～0.17
>2.5～2.8	0.27～0.22	0.24～0.19	0.21～0.17	0.18～0.15	0.16～0.13
>2.8～3.0	0.22～0.18	0.20～0.16	0.17～0.14	0.15～0.12	0.13～0.10

注：(1)表中大值适于大的圆角半径[由 $t/D=2\%\sim1.5\%$ 时的 $R=(10\sim12)t$ 到 $t/D=0.3\%\sim0.15\%$ 时的 $R=(20\sim25)t$]，小值适用于底部及凸缘小的圆角半径。随着凸缘直径的增加及相对拉深深度的减小，其值也随着减小。

(2) 表中数值适用于 10 钢。对于比 10 钢塑性好的材料取表中的大值；塑性差的材料，取表中小值。

表 4－11　　有凸缘的圆筒形件第一次拉深的极限拉深系数

凸缘相对直径	坯料的相对厚度（t/D）×100				
d_t/d	≤2～1.5	<1.5～1.0	<1.0～0.6	<0.6～0.3	<0.3～0.15
≤1.1	0.51	0.53	0.55	0.57	0.59
>1.1～1.3	0.49	0.51	0.53	0.54	0.55
>1.3～1.5	0.47	0.49	0.50	0.51	0.52
>1.5～1.8	0.45	0.46	0.47	0.48	0.48
>1.8～2.0	0.42	0.43	0.44	0.45	0.45
>2.0～2.2	0.40	0.42	0.42	0.42	0.42
>2.2～2.5	0.37	0.38	0.38	0.38	0.38
>2.5～2.8	0.34	0.35	0.35	0.35	0.35
>2.8～3.0	0.32	0.33	0.33	0.33	0.33

2. 有凸缘圆筒形件的拉深方法

(1) 窄凸缘圆筒形件的拉深

可以将窄凸缘圆筒形件当做无凸缘圆筒形件进行拉深，在最后两道工序中将工序件拉成具有锥形的凸缘，最后通过整形压成平面凸缘。图 4－14 为窄凸缘圆筒形件及其拉深工艺过程，材料为 10 钢，板厚为 1 mm。

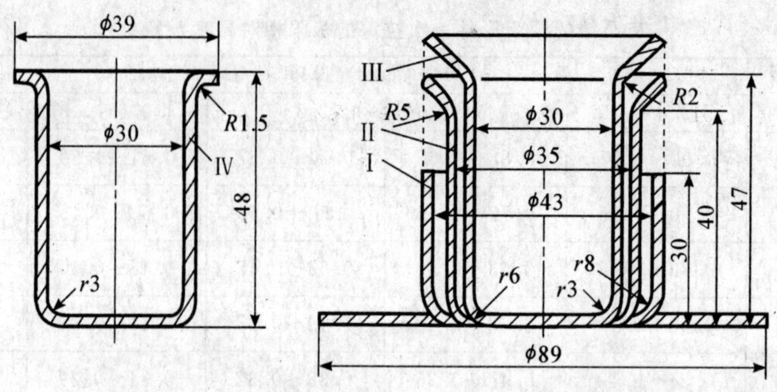

a) 窄凸缘拉深件　　b) 窄凸缘件拉深过程

Ⅰ-第一次拉深；Ⅱ-第二次拉深；Ⅲ-第三次拉深；Ⅳ-成品

图 4-14　窄凸缘圆筒形件的拉深

(2) 宽凸缘圆筒形件的拉深方法

如果根据极限拉深系数或相对高度判断，拉深件不能一次拉深成形时，则需进行多次拉深。

第一次拉深时，凸缘的外径应等于成品零件的尺寸（加修边量），在以后的拉深工序中仅仅使已拉深成的工序件的直筒部分参加变形，逐步地达到零件尺寸要求，第一次拉深时已经形成的凸缘外径必须保持在以后拉深工序中不再收缩。因为在以后的拉深工序中，即使凸缘部分产生很小的变形，筒壁传力区也会产生很大的拉应力，使危险断面拉裂。为此在调节工作行程时，应严格控制凸模进入凹模的深度。

对于多数普通压力机来说，要严格做到这一点是有一定困难的，而且尺寸计算还有一定误差，再加上拉深时板料厚度有所变化，所以在工艺计算时，除了应精确计算工序件高度外，通常有意把第一次拉入凹模的坯料面积加大 3%～5%（有时可增大至 10%）。在以后各次拉深时，逐步减小这个额外多拉入凹模的面积，最后使它们转移到零件口部附近的凸缘上。用这种办法来补偿上述各种误差，避免了在以后各次拉深时凸缘受力变形。

宽凸缘圆筒形件多次拉深的工艺方法通常有两种：

一种是中小型、料薄的零件，采用逐步缩小筒形部分直径以增加其高度的方法，如图 4-15a)所示。用这种方法制成的零件，表面质量较差，直壁和凸缘上保留着圆角弯曲和局部变薄的痕迹，需要在最后增加整形工序。

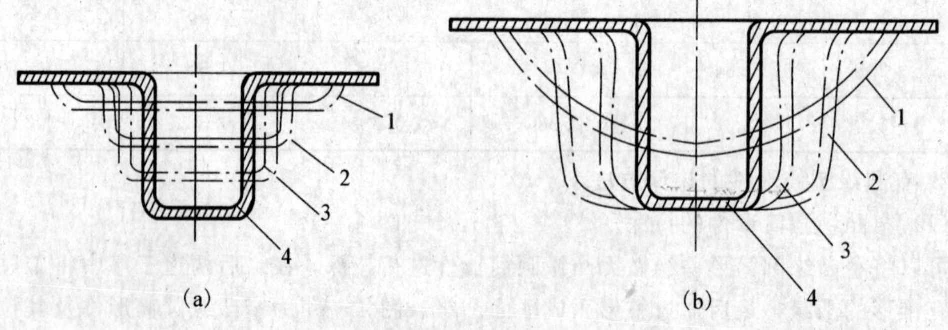

图 4-15　宽凸缘筒形件的拉深方法

另一种方法常用在较大零件（$D>200\ \text{mm}$）上。零件的高度在第一次拉深就基本形成，在以后各次拉深中，高度保持不变，逐步减小圆角半径和筒形部分直径而达到最终尺寸要求，如图 4-15b）所示。用这种方法拉深的零件，表面质量较高，厚度均匀，不存在上述的圆角弯曲和局部变薄的痕迹，适用于坯料的相对厚度较大，采用大圆角过渡不易起皱的情况。

3. 有凸缘圆筒形拉深工序件的高度

有凸缘圆筒形拉深工序件高度的计算公式为：

$$h_1=\frac{0.25}{d_1}(D^2-d_t^2)+0.43(r_1+R_1)+\frac{0.14}{d_1}(r_1^2-R_1^2)$$

$$h_n=\frac{0.25}{d_n}(D_n^2-d_t^2)+0.43(r_n+R_n)+\frac{0.14}{d_n}(r_n^2-R_n^2)$$

式中：

D_n——考虑每次多拉入筒部的材料量后求得的假想毛坯直径；

d_t——凸缘直径；

r_n——第 n 次拉深后圆筒侧壁与底部间的圆角半径；

R_n——第 n 次拉深后凸缘与圆筒侧壁间的圆角半径。

第 5 节　阶梯形及曲面形状零件的拉深

一、阶梯形件的拉深

如图 4-16 所示，阶梯形件的拉深与圆筒形件的拉深基本相同，每一阶梯相当于相应圆筒形件的拉深。而其主要问题是要决定该阶梯形件是一次拉成，还是需要多次才能拉成。

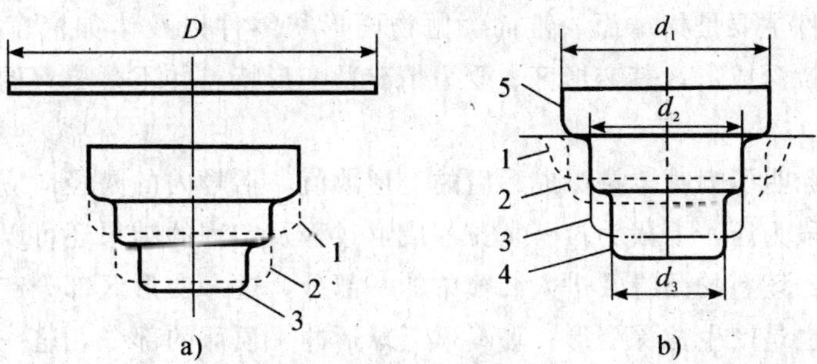

图 4-16　阶梯形件

1. 判断能否一次拉深成形

判断所给阶梯形件能否一次拉深成形的方法是，先求出零件的高度 h 与最小直径 d_n 之比，然后查表 4-6。如果拉深次数为 1，则可一次拉深成形，否则就要多次拉深成形。

2. 阶梯形件多次拉深的方法

当任意两相邻阶梯直径之比（d_n/d_{n-1}）都不小于相应的圆筒形件的极限拉深系数时，

拉深方法为：由大阶梯到小阶梯依次拉出，如图 4－16a）所示，此时拉深次数等于阶梯数目。

如果相邻两阶梯直径之比小于相应圆筒形件的极限拉深系数，按凸缘件的拉深方法进行拉深，先拉小直径 d_n，再拉大直径 d_{n-1}，如图 4－16b）所示。图中 d_2/d_1 小于相应的圆筒形件极限拉深系数，故用 1，2，3 次拉深拉出 d_2；如 d_3/d_2 不小于相应圆筒形件的极限拉深系数，可直接从 d_2 拉深出 d_3，最后拉深出 d_1。

当阶梯件的坯料相对厚度较大（$t/D \geqslant 1.0\%$）时，且每个阶梯的高度不大，相邻阶梯直径差又不大时，也可以采用如图 4－17 所示的拉深方法。即首先拉成带大圆角半径的圆筒形件，然后用校形方法得到零件的形状和尺寸。

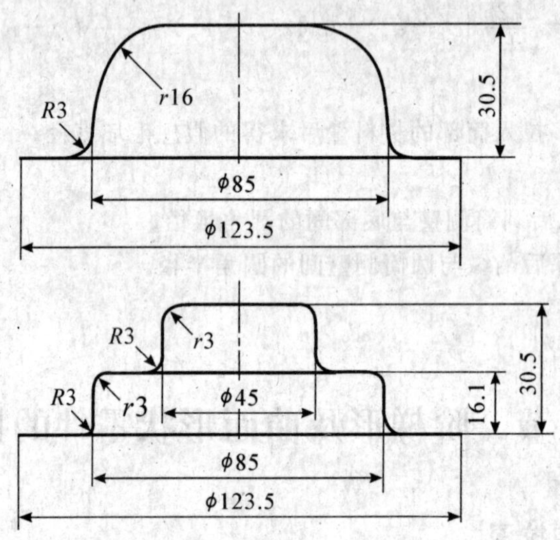

图 4－17 底座的拉深

二、曲面形状零件的拉深

1. 拉深变形特点

曲面形状零件主要是指球面、锥面、抛物面形状零件以及诸如汽车覆盖件一类的零件。这类零件的拉深成形，其变形区、受力情况及变形特点并不是单一的，而是属于复合类冲压成形工序。

图 4－18 中标明了喇叭罩拉深成形后的变形数值，括号内的是径向应变值，括号外是切向应变值，上段为压，下段为拉。从拉深成形过程及实测的结果还可以看出：零件的曲面由三部分组成：坯料的凸缘及进入凹模中的一部分，这一变形区部分产生拉深变形；坯料的中间部分，也是产生拉深变形；坯料靠近球形冲头顶部的部分，这一部分变形区产生的是胀形变形。后两部分的分界点在第 4 点。

这一典型零件拉深成形的变形数值表明，曲面零件拉深成形的共同特点是由拉深和胀形两种变形方式复合而成。显然，不同曲面形状零件拉深成形的成形极限和成形方法的判断是不同的。

曲面形状零件在开始拉深成形时，中间部分坯料几乎不与模具表面接触，处于“悬空”状态。随着拉深过程的进行，悬空材料逐渐减少，但仍比圆筒形件拉深时多得多。坯料处于这种悬空状态，抗失稳能力较差，在切向压应力作用下很容易起皱。所以起皱是曲面零件拉深要解决的主要问题。为此，常常采用压边装置、加大凸缘尺寸、带压料筋的拉深模（图 4－19a））、反拉深模（图 4－19b））等措施防止起皱。但需要注意的是，这些措施虽然减小了起皱的可能性，却增大了凸模顶部接触的中心部位坯料的径向拉应力，使之容易变薄而破裂。在实际生产中必须处理好两者关系，做到既不起皱又不破裂。

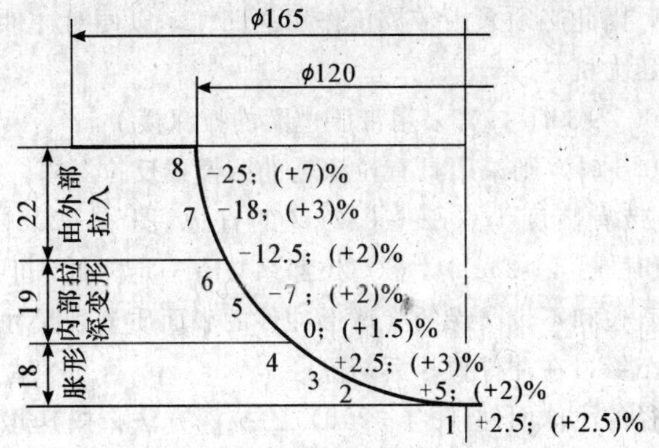

材料：08 钢　厚度 0.8 mm

图 4－18　喇叭罩拉深成形应变数值

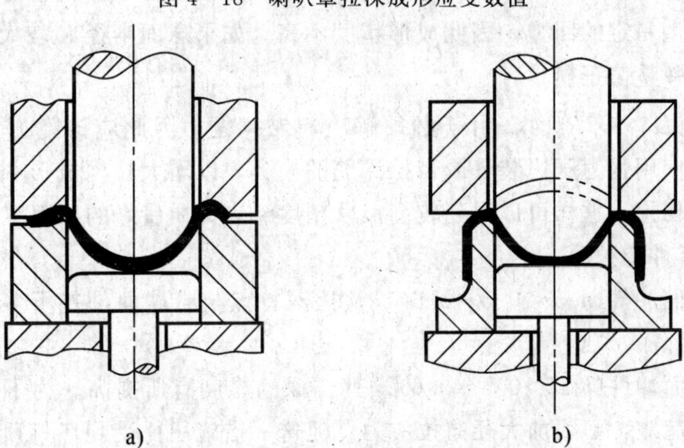

图 4－19　带压料筋的拉深模和反拉深模

2. 球面零件的拉深

球面拉深零件可分为半球面（图 4－20a））、非半球面（图 4－20b），c），d））两大类。半球面零件的拉深系数是个与零件直径大小无关的常数，即

$$m=\frac{d}{D}=\frac{d}{\sqrt{2}d}=0.71$$

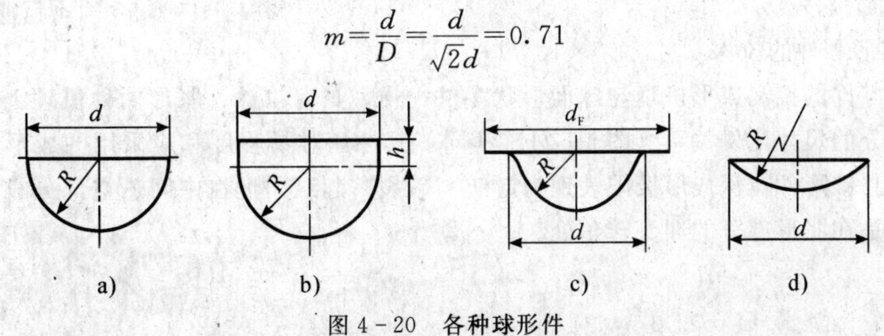

图 4－20　各种球形件

所以在这种情况下，拉深系数不能作为工艺设计的根据。由于球面形状零件拉深时的主要成形障碍是坯料起皱，所以坯料的相对厚度($t/D\times100$)成为决定拉深难易和选定拉深方法的主要依据。

在实际生产中，半球面件的拉深方法主要有以下三种：

(1) $t/D\times100>3$ 时，不用压边即可拉成。不过应注意的是：尽管坯料的相对厚度大，但仍然易起小皱，因此必须采用带校正作用的凹模，以便对冲件起校正作用。拉深这种冲件最好采用摩擦压力机。

(2) $t/D\times100=0.5\sim3$ 时，需采用带压边圈的拉深模。

(3) $t/D\times100<0.5$ 时，则采用具有拉深筋的凹模或反拉深模。

当球面形状零件带有高度为$(0.1\sim0.2)d$ 的直边(图 4-20b))或带有每边宽度为$(0.1\sim0.15)d$ 的凸缘时(图 4-20c))，虽然拉深系数有一定降低，但对冲件的拉深却有相当的好处。当对不带直边和不带凸缘的半球形冲件的表面质量和尺寸精度要求较高时，都要留加工余料以形成凸缘，在冲件拉深后切除。

高度小于球面半径的浅球面件(图 4-20d))的拉深方法，按其几何尺寸关系可分为以下两种情况。

当坯料直径 $D\leqslant9\sqrt{Rt}$时，可用带底模具压成，此时毛坯不易起皱，但成形时容易窜动，且有可能产生一定的回弹，因此成形精度不高。如果球面半径 R 较大，而件的深度较小时，必须按回弹量修正模具。

当坯料直径 $D>9\sqrt{Rt}$时，由于必须解决起皱问题，因此应该附加一定宽度的凸缘(加工余料)，并使用强力压边装置或带拉深筋的模具，以增大拉深成形中的胀形成分，加工余料在成形后切掉，这样可以得到较高尺寸精度、表面质量好的球面零件。

3. 抛物面零件的拉深

(1) 浅抛物面冲件($h/d<0.5\sim0.6$)。其拉深特点与半球面件差不多，因此，拉深方法与半球面件相似。

(2) 深抛物面冲件($h/d>0.5\sim0.6$)。其拉深的难度有所提高。为了使坯料中间部分紧密贴模而又不起皱，必须加大径向拉应力。但这一措施往往受到坯料顶部承载能力的限制，所以在这种情况下应该采用多工序逐渐成形的办法，特别是当零件深度大而顶部的圆角半径又小时，更应如此。多工序逐渐成形的要点是采用正拉深或反拉深的方法，在逐渐地增加深度的同时减小顶部的圆角半径。为了保证冲件的尺寸精度和表面质量，在最后一道工序里应保证一定的胀形成分，应使最后一道工序所用的中间毛坯的表面积稍小于成品冲件的表面积。

4. 锥形零件的拉深

锥形零件的拉深成形机理与球面形状零件一样，具有拉深、胀形两种机理。由于锥形冲件各部分的尺寸比例关系（图 4-21）不同，其冲压难易程度和应采用的成形方法也有很大差别。锥形件拉深成形极限表现为起皱与破裂。起皱出现在中间悬空部分靠凹模圆角处，破裂是在胀形部分的冲头转角处。

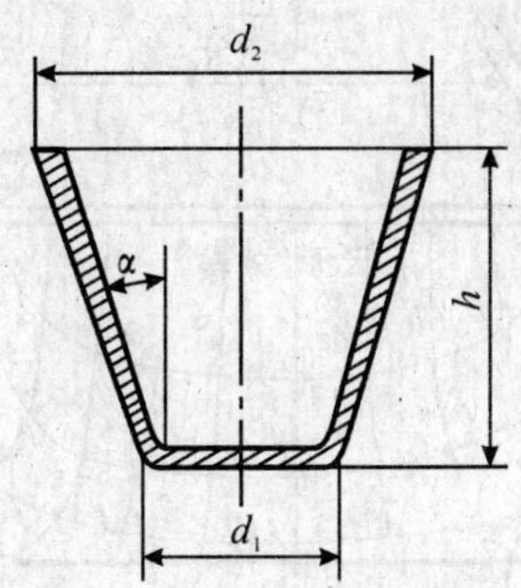

图 4-21　锥形件拉深

锥形零件拉深成形方法主要依据下列参数进行判断：

(1) 锥形零件的相对高度$\frac{h}{d_2}$

相对高度$\frac{h}{d_2}$越大，中间悬空部分材料越多，越容易失稳起皱；并且相对高度大，表明坯料直径大，增加了压边圈下面变形区宽度，拉深成形力也需要更大，中间部分材料的承载能力可能不允许。因此，成形难度大，需要进行多次拉深。

(2) 相对锥顶直径$\frac{d_1}{d_2}$

相对锥顶直径$\frac{d_1}{d_2}$较小时，基本上与$\frac{h}{d_2}$较大时的影响相同，需要多次拉深成形。

(3) 相对厚度$\frac{t}{d_2}$

相对厚度$\frac{t}{d_2}$较小时，与筒形件拉深一样，容易起皱。不仅凸缘部分容易起皱，而且中间悬空部分也容易起皱。因此，也需要增加拉深成形次数。

第 6 节　盒形件的拉深

一、盒形件拉深变形特点

盒形件是非旋转体零件，与旋转体零件的拉深相比，其拉深变形要复杂些。盒形件的几何形状是由四个圆角部分和四条直边组成，拉深变形时，圆角部分相当于圆筒形件拉深，而直边部分相当于弯曲变形。但是，由于直边部分和圆角部分是连在一块的整体，因而在变形过程中相互牵制。圆角部分的变形与圆筒形件拉深不完全一样，直边变形也有别于简单弯曲。

若在盒形件毛坯上画上方格网，纵向间距为 a，横向间距为 b，且 $a=b$，则拉深后方格网的形状和尺寸会发生变化（图 4-22）：横向间距缩小，而且愈靠近角部缩小愈多，即 $b>b_1>b_2>b_3$；纵向间距增大，而且愈向上，间距增大愈多，即 $a_1>a_2>a_3>a$。这说明，直边部分不是单纯的弯曲，因为圆角部分的材料要向直边部分流动，故使直边部分还受挤压。同样，圆角部分也不完全与圆筒形零件的拉深相同，由于直边部分的存在，圆角部分的材料可以向直边部分流动，这就减轻了圆角部分材料的变形程度（与相同圆角半径的圆筒形零件比）。

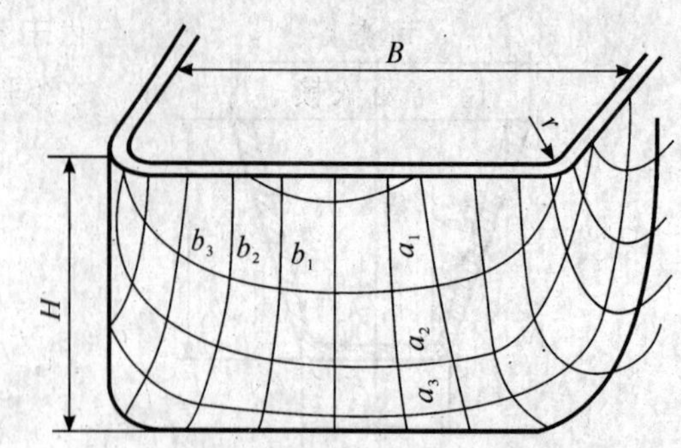

图 4-22　盒形件拉深时的金属流动

从拉深力角度看，由于直边部分和圆角部分的内在联系，直边部分除承受弯曲应力外，还承受挤压应力；圆角部分则由于变形程度减小（与相应圆筒形件比），需要克服的变形抗力也就减小。可以认为，由于直边部分分担了圆角部分的拉深变形抗力，而使圆角部分所承担的拉深力较相应圆筒形件小。其应力分布如图 4-23 所示。

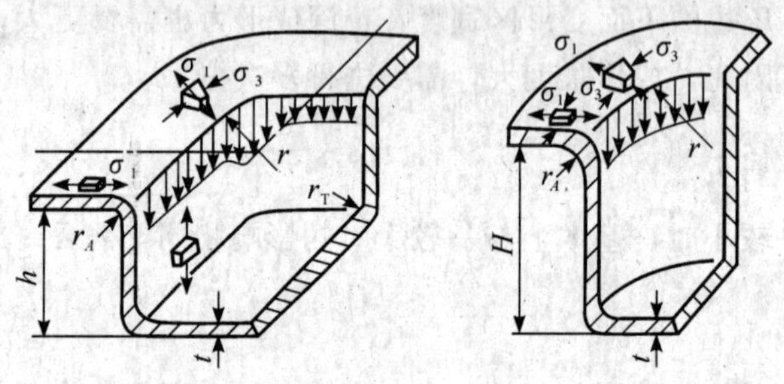

图 4-23　盒形件拉深时的应力分布

由以上分析可知，盒形件拉深的特点如下：

(1) 径向拉应力 σ_1 沿盒形件周边的分布是不均匀的，圆角部分最大，直边部分最小，而切向压应力 σ_3 的分布也是一样。其次，圆角部分由于应力分布不均匀，其平均拉应力与相应的圆筒形零件相比要小很多。因此，盒形件危险断面载荷要小得多。对于相同材料，盒形件的拉深系数可取更小值。

(2) 由于压应力 σ_3 在角部最大，向直边部分逐步减小，因此，与角部相应的圆筒形件相比，材料稳定性加强了，起皱的趋势减小，直边部分很少起皱。

(3) 直边与圆角变形相互影响程度取决于相对圆角半径 r/B 和相对高度 H/B（B 为盒宽）。r/B 愈小，直边部分对圆角部分的变形影响愈显著。如果 $r/B=0.5$，则盒形件成为圆筒形件，也就不存在直边与圆角变形的相互影响了。H/B 愈大，直边与圆角变形相互影响也愈显著。因此，r/B 和 H/B 两个尺寸参数不同的盒形件，在坯料尺寸和工序计算上都不同。

二、盒形件工序计算

正确地确定盒形件拉深时坯料和工序件的形状和尺寸十分重要，它关系到节约原材料和拉深时材料的变形和零件的质量。若形状及尺寸不适当，将难以保证拉深变形的顺利进行，影响零件质量。

由于盒形件变形因相对圆角半径 r/B 和相对高度 H/B 的不同有较大差异，所以盒形件的工序计算有不同的方法和计算公式，可查阅相关手册。但由于盒形件变形复杂，工序计算及查表结果仅供参考，其准确性还需要依赖于设计人员的经验，并通过试模来最终确定。

第 7 节　拉深件的工艺设计及拉深模的典型结构

一、拉深件的公差等级

一般情况下，拉深件的尺寸精度应在 IT13 级以下，不宜高于 IT11 级。

拉深件壁厚公差要求一般不应超出拉深工艺壁厚变化范围。据统计，不变薄拉深，壁的最大增厚量为 0.2～0.3 t，最大变薄量为 0.10～0.18 t，t 为板料厚度。

二、拉深件的结构工艺性

(1) 拉深件形状应尽量简单、对称，尽可能一次拉深成形。

(2) 需多次拉深的零件，在保证必要的表面质量前提下，应允许内、外表面存在拉深过程中可能产生的痕迹。

(3) 在保证装配要求的前提下，应允许拉深件侧壁有一定的斜度。

(4) 拉深件的底或凸缘上的孔边到侧壁的距离应满足 $a \geqslant R+0.5t$，各参数如图 4-24 所示。

(5) 拉深件的底与壁、凸缘与壁、盒形件四角的圆角半径（图 4-24）应满足：$r' \geqslant t$，$R \geqslant 2t$，$r \geqslant 3t$。否则，应增加整形工序。

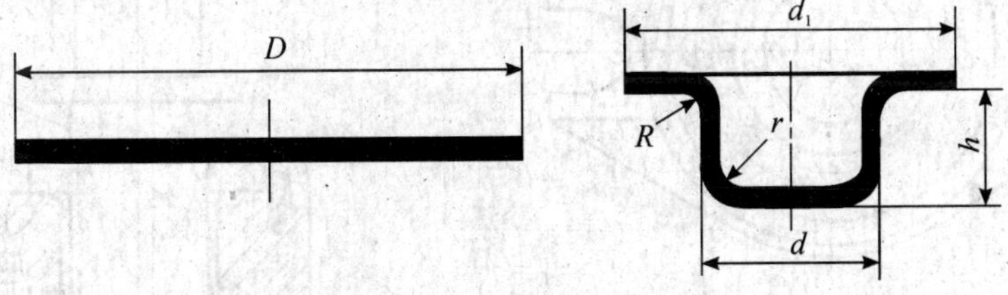

图 4-24　拉深件结构工艺性

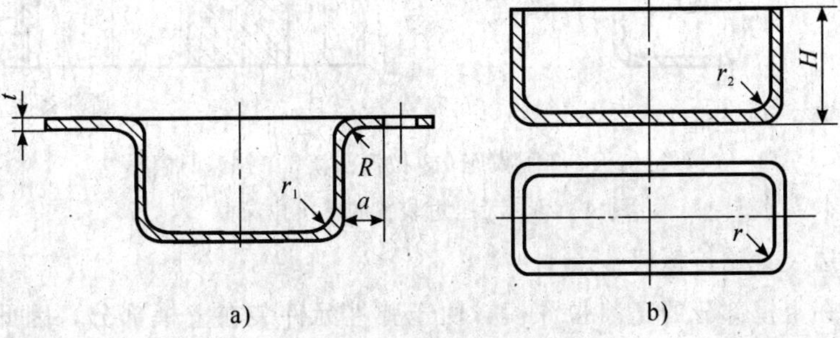

图 4-25　带台阶拉深件的尺寸标注

(6) 拉深件的尺寸标注，应注明保证外形尺寸还是内形尺寸，不能同时标注内、外形尺寸。带台阶的拉深件，其高度方向的尺寸标注一般应以底部为基准，若以上部为基准，高度尺寸不易保证，如图 4-25a)，b) 所示。

三、拉深件的材料

用于拉深的材料一般要求具有较好的塑性、低的屈强比、大的板厚方向性系数和小的板平面方向性。

四、拉深模的典型结构

拉深模结构相对较简单。根据拉深模使用的压力机类型不同，拉深模可分为单动压力机用拉深模和双动压力机用拉深模；根据拉深顺序可分为首次拉深模和以后各次拉深模；根据工序组合可分为单工序拉深模、复合工序拉深模和连续工序拉深模；根据压料情况可分为有压边装置拉深模和无压边装置拉深模。

1. 首次拉深模

(1) 无压边装置的简单拉深模

这种模具结构简单，上模往往是整体的，如图 4-26 所示。当凸模 3 直径过小时，还应加上模座，以增加上模部分与压力机滑块的接触面积。下模部分有定位板 1、下模座 2 与凹模 4。为使工件在拉深后不至于紧贴在凸模上难以取下，在拉深凸模 3 上应有直径大于 3 mm 以上的小通气孔。拉深后，冲压件靠凹模下部的脱料颈刮下。这种模具适用于拉深材料厚度较大（$t>2$ mm）及深度较小的零件。

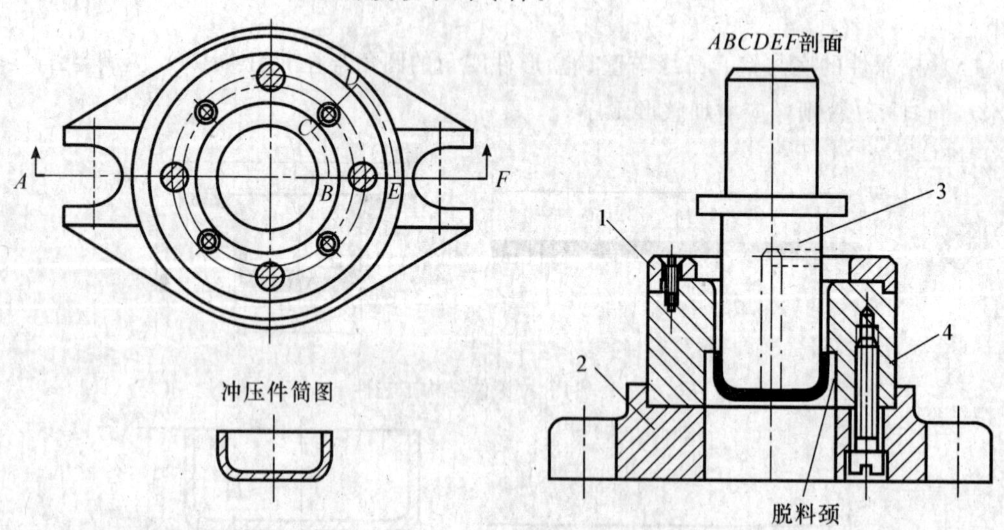

1-定位板；2-下模座；3-拉深凸模；4-拉深凹模

图 4-26 无压边装置的首次拉深模

(2) 有压边装置的拉深模

压边圈装在上模部分的正装拉深模，由于弹性元件装在上模部分，因此凸模比较长，适合于拉深深度不大的工件。

图 4-27 所示为压边圈装在下模部分的倒装拉深模。由于弹性元件装在下模座下压力

机工作台面的孔中，因此空间较大，允许弹性元件有较大的压缩行程，可以拉深深度较大一些的拉深件。这副模具采用了锥形压边圈，在拉深时，锥形压边圈先将毛坯压成锥形，使毛坯的外径产生一定量的收缩，然后再将其拉成筒形件。采用这种结构，有利于拉深变形，可以降低极限拉深系数。

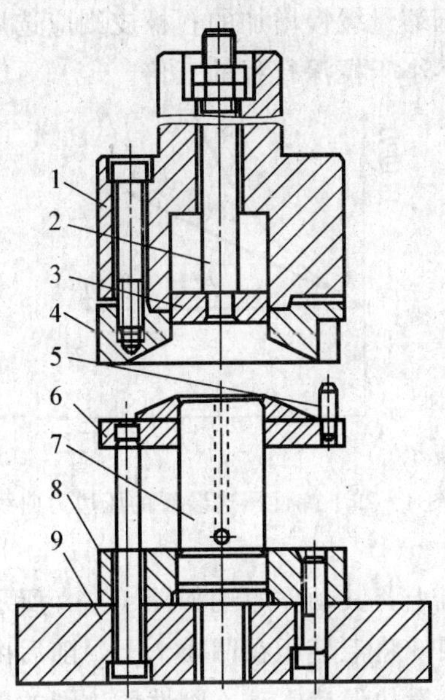

1-上模座；2-推杆；3-推件板；4-锥形凹模；5-限位柱；
6-锥形压边圈；7-拉深凸模；8-固定板；9-下模座

图 4-27　带锥形压边圈的倒装拉深模

目前在生产实际中常用的压边装置有两大类：

① 弹性压边装置

这种装置多用于普通的单动压力机，通常有如下三种：橡皮压边装置（图 4-28a)）、弹簧压边装置（图 4-28b)）、气垫式压边装置（图 4-28c)）。这三种压边装置压边力的变化曲线如图 4-29 所示。

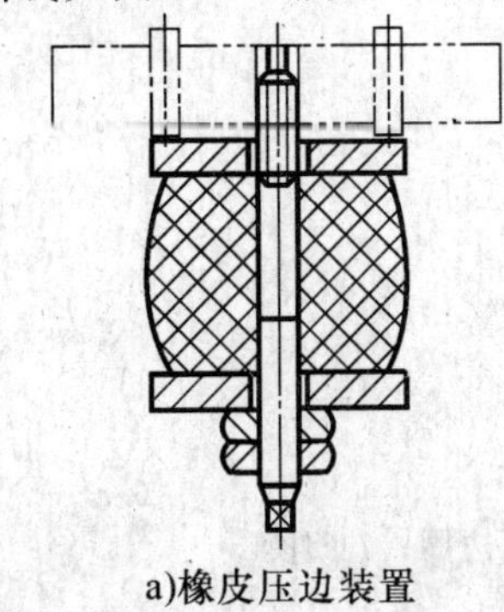

a)橡皮压边装置

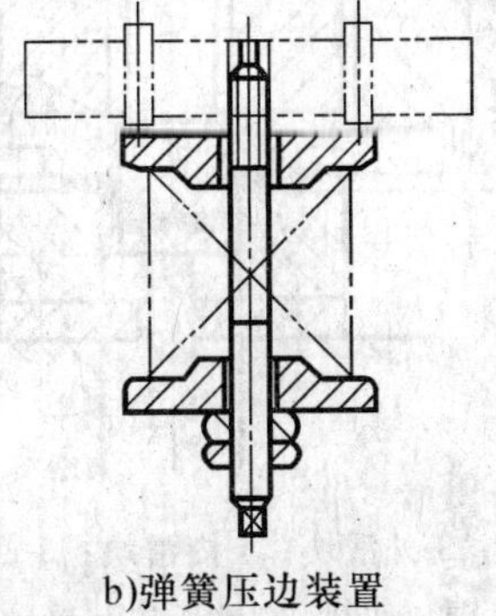

b)弹簧压边装置

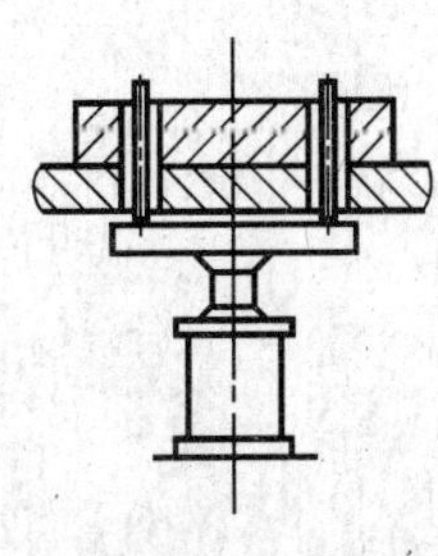

c)气垫式压边装置

图 4-28　弹性压边装置

随着拉深深度的增加，凸缘变形区的材料不断减少，需要的压边力也逐渐减小。而橡皮与弹簧压边装置所产生的压边力恰与此相反，随拉深深度增加而始终增加，尤以橡皮压边装置更为严重。这种工作情况使拉深力增加，从而导致零件拉裂，因此橡皮及弹簧结构通常只适用于浅拉深。气垫式压边装置的压边效果比较好，但其结构、制造、使用与维修都比较复杂一些。

在普通单动的中小型压力机上，由于橡皮、弹簧使用十分方便，还是被广泛应用。这就要求正确选择弹簧规格及橡皮的牌号与尺寸，尽量减少其不利方面的影响。如弹簧，应选用总压缩量大、压边力随压缩量缓慢增加的；橡皮则应选用较软的，为使其相对压缩量不致过大，橡皮的总厚度应不小于拉深行程的五倍。

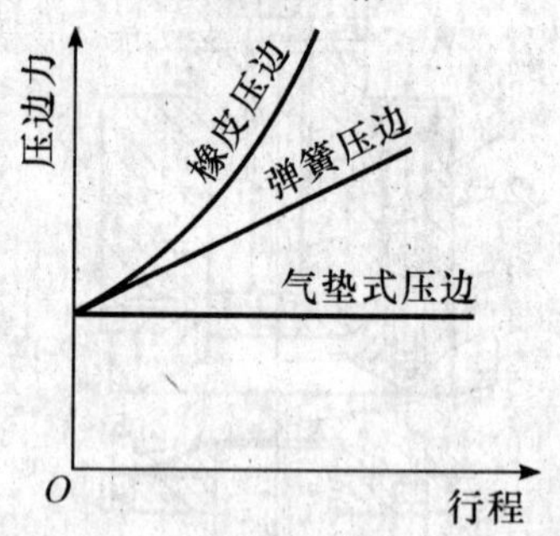

图 4-29　弹性压边装置的压边力曲线

② 刚性压边装置

这种装置用于双动压力机上，其动作原理如图 4-30 所示。曲轴 1 旋转时，首先通过凸轮 2 带动外滑块 3 使压边圈 6 将毛坯压在凹模 7 上，随后由内滑块 4 带动凸模 5 对毛坯进行拉深。在拉深过程中，外滑块保持不动。刚性压边圈的压边作用，并不是靠直接调整压边力来保证的。考虑到毛坯凸缘变形区在拉深过程中板厚有增大现象，所以调整模具时，压边圈与凹模间的间隙 c 应略大于板厚 t。用刚性压边，压边力不随行程变化，拉深效果较好，且模具结构简单。

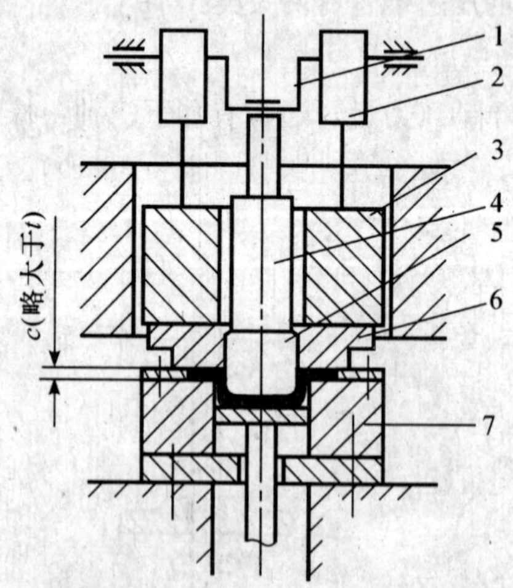

1-曲轴；2-凸轮；3-外滑块；4-内滑块；5-凸模；6-压边圈；7-凹模

图 4-30　刚性压边装置动作原理

2. 后续拉深模

在以后各次拉深中，因毛坯已不是平板形状，而是已经成形的半成品，所以应充分考虑毛坯在模具上的定位。

图 4 - 31 所示为无压边装置的以后各次拉深模，仅用于直径变化量不大的拉深。

图 4 - 32 所示为有压边装置的以后各次拉深模，这是一般最常见的结构形式。拉深前，毛坯套在压边圈 4 上，压边圈的形状必须与上一次拉出的半成品相适应。拉深后，压边圈将冲压件从凸模 3 上托出，推件板 1 将冲压件从凹模中推出。

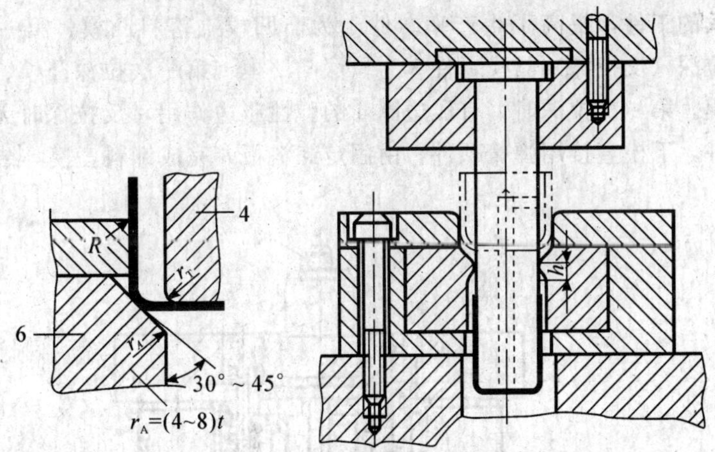

图 4 - 31　无压边装置的以后各次拉深模

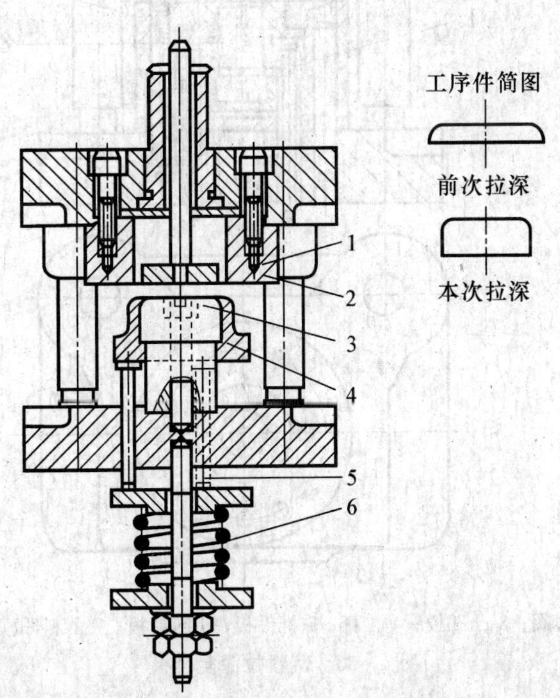

1-推件板；2-拉深凹模；3-拉深凸模；4-压边圈；5-顶杆；6-弹簧

图 4 - 32　有压边装置的以后各次拉深模

3. 落料拉深复合模

图 4－33 所示为一副典型的正装落料拉深复合模。上模部分装有凸凹模 3（落料凸模、拉深凹模），下模部分装有落料凹模 7 与拉深凸模 8。为保证冲压时先落料再拉深，拉深凸模 8 应低于落料凹模 7 一个料厚以上。件 2 为弹性压边圈，弹顶器安装在下模座下。

图 4－34 所示为落料、正、反拉深模。由于在一副模具中进行正、反拉深，因此一次能拉出高度较大的工件，提高了生产率。件 1 为凸凹模（落料凸模、第一次拉深凹模），件 2 为第二次拉深（反拉深）凸模，件 3 为拉深凸凹模（第一次拉深凸模、反拉深凹模），件 7 为落料凹模。第一次拉深时，有压边圈 6 的弹性压边作用，反拉深时无压边作用。上模采用刚性推件，下模直接用弹簧顶件，由固定卸料板 4 完成卸料，模具结构十分紧凑。

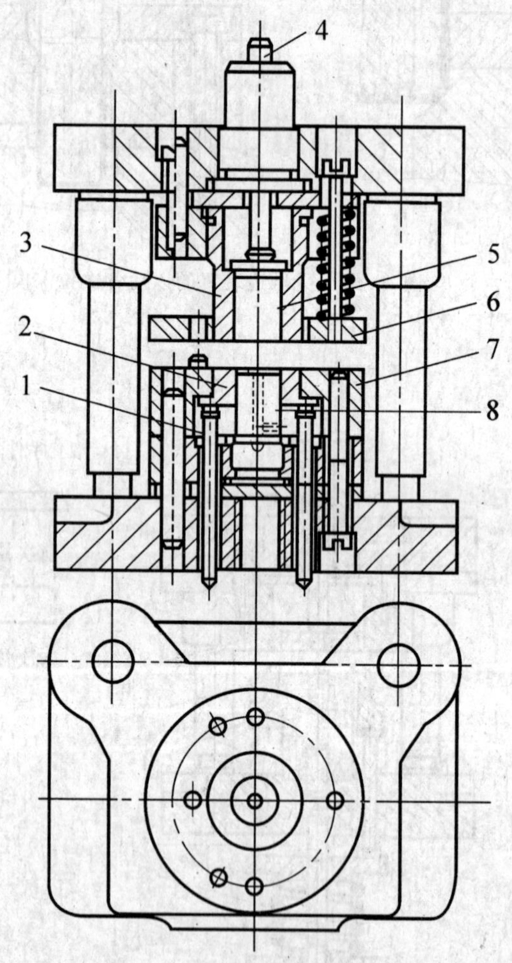

1-顶杆；2-压边圈；3-凸凹模；4-推杆；5-推件板；6-卸料板；7-落料凹模；8-拉深凸模

图 4－33　落料拉深复合模

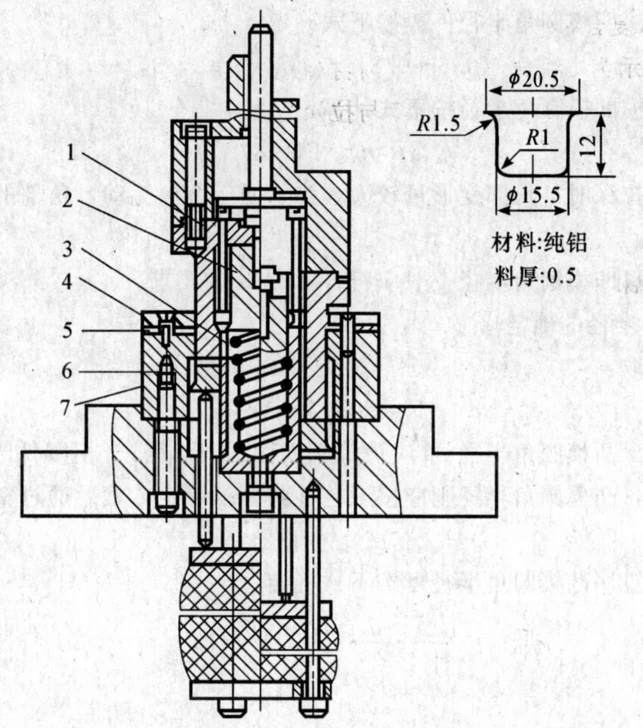

1-凸凹模；2-反拉深凸模；3-拉深凸凹模；4-卸料板；5-导料板；6-压边圈；7-落料凹模

图 4－34　落料、正、反拉深模

第 8 节　拉深模凸、凹模设计

一、凸、凹模的圆角半径

1. 凹模圆角半径的确定

首次（包括只有一次）拉深凹模圆角半径可按下式计算：

$$r_{A1}=0.8\sqrt{(D-d)t}$$

式中：

r_{A1}——凹模圆角半径；

D——坯料直径；

d——凹模内径；

t——板料厚度。

第一次拉深的凹模圆角半径也可以按表 4－12 选取。

表 4－12　　**首次拉深凹模圆角半径**

拉深零件	板料厚度 t/mm				
	≥2.0～1.5	<1.5～1.0	<1.0～0.6	<0.6～0.3	<0.3～0.1
无凸缘	(4～7) t	(5～8) t	(6～9) t	(7～10) t	(8～13) t
有凸缘	(6～10) t	(8～13) t	(10～16) t	(12～18) t	(15～22) t

以后各次拉深凹模圆角半径一般按下式确定：

$$r_{Ai}=(0.6\sim0.8)\ r_{A(i-1)}\quad (i=2, 3, \cdots, n)$$

盒形件拉深模凹模圆角半径按下式计算：

$$r_A=(4\sim8)t$$

由于盒形件拉深时，角部变形量较大，为了便于金属流动，角部的凹模圆角要比直边部分大一些。

以上计算所得凹模圆角半径一般应符合 $r_A\geqslant 2t$ 的要求。

2. 凸模圆角半径的确定

首次拉深可取：

$$r_{T1}=(0.7\sim1.0)r_{A1}$$

最后一次拉深凸模圆角半径 r_{Tn} 应该等于零件圆角半径 r。但零件圆角半径如果小于拉深工艺性要求时，凸模圆角半径则应按工艺性的要求确定，然后通过整形工序得到零件要求的圆角半径。

中间各拉深工序凸模圆角半径可按下式确定

$$r_{T(i-1)}=\frac{d_{i-1}-d_i-2t}{2}\quad (i=3, 4, \cdots, n)$$

式中：

d_{i-1}——本工序的拉深直径；

d_i——下道工序的拉深直径。

二、拉深模间隙

拉深模的凸、凹模之间间隙对拉深力、零件质量、模具寿命等都有影响。间隙小，拉深力大，模具磨损大，过小的间隙会使零件严重变薄甚至拉裂，但冲件回弹小，精度高；间隙过大，坯料容易起皱，冲件锥度大，精度差。因此，生产中应根据板料厚度及公差、拉深过程中板料的增厚情况、拉深次数、零件的形状及精度要求等，正确确定拉深模间隙。

1. 无压料圈的拉深模

无压料圈的拉深模单边间隙为

$$\frac{Z}{2}=(1\sim1.1)\ t_{max}$$

式中：

Z——拉深模双面间隙；

t_{max}——板料厚度的最大极限尺寸。

对于系数 1～1.1，小值用于末次拉深或精密零件的拉深，大值用于首次和中间各次拉深或精度要求不高零件的拉深。

2. 有压料圈的拉深模

对于精度要求高的零件，为减小拉深后回弹，常采用负间隙拉深模，其单边间隙值为：

$$\frac{Z}{2}=(0.9\sim0.95)t$$

表 4－13　　**有压料圈拉深时单边间隙值**

总拉深次数	拉深工序	单边间隙 $Z/2$	总拉深次数	拉深工序	单边间隙 $Z/2$
1	1 次拉深	$(1\sim1.1)t$	4	第 1，2 次拉深	
2	第 1 次拉深	$1.1t$		第 3 次拉深	
	第 2 次拉深	$(1\sim1.05)t$		第 4 次拉深	
3	第 1 次拉深	$1.2t$	5	第 1，2，3 次拉深	$1.2t$
	第 2 次拉深	$1.1t$		第 4 次拉深	$1.1t$
	第 3 次拉深	$(1\sim1.05)t$		第 5 次拉深	$(1\sim1.05)t$

注：(1) t 取材料偏差的中间值(mm)。

(2) 当拉深精密工件时，对最末一次拉深间隙取 $\frac{Z}{2}=t$。

3. 盒形件拉深模的间隙

根据零件精度确定，当尺寸精度要求高时，$\frac{Z}{2}=(0.9\sim1.05)t$；当精度要求不高时，$\frac{Z}{2}=(1.1\sim1.3)t$。末道拉深取较小值。

最后一道拉深模间隙，直边和圆角部分是不同的，圆角部分的间隙比直边部分大 $0.1t$。圆角部分的间隙确定方法见图 4－35。

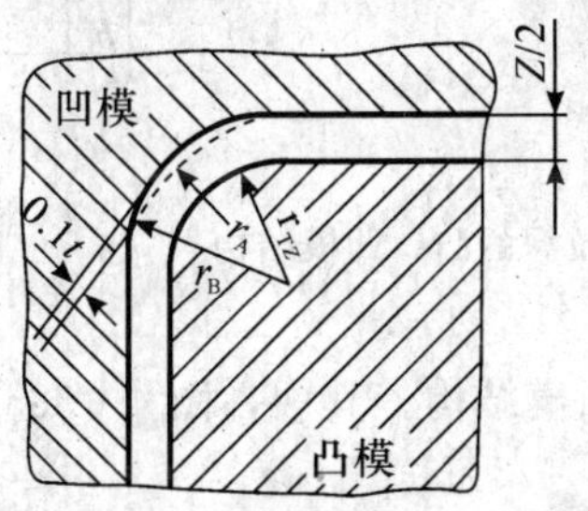

a) 尺寸标注在内形

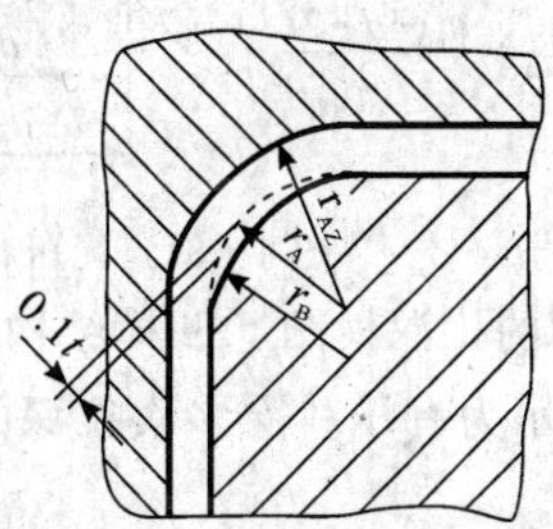

b) 尺寸标注在外形

图 4－35　盒形件拉深模圆角部分间隙确定方法

三、凸、凹模的结构

1. 不用压料圈的拉深模凸、凹模结构

图 4－36 所示为不用压料圈的一次拉深成形时所用的凹模结构形式。锥形凹模和等切面曲线形状凹模对抗失稳起皱有利。

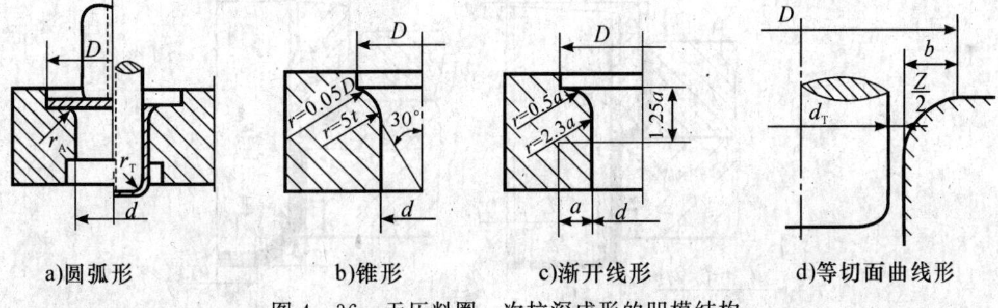

a)圆弧形　b)锥形　c)渐开线形　d)等切面曲线形

图 4－36　无压料圈一次拉深成形的凹模结构

图 4－37 所示为无压料圈多次拉深的凸、凹模结构，其中尺寸 $a=5\sim10$ mm，$b=2\sim5$ mm。

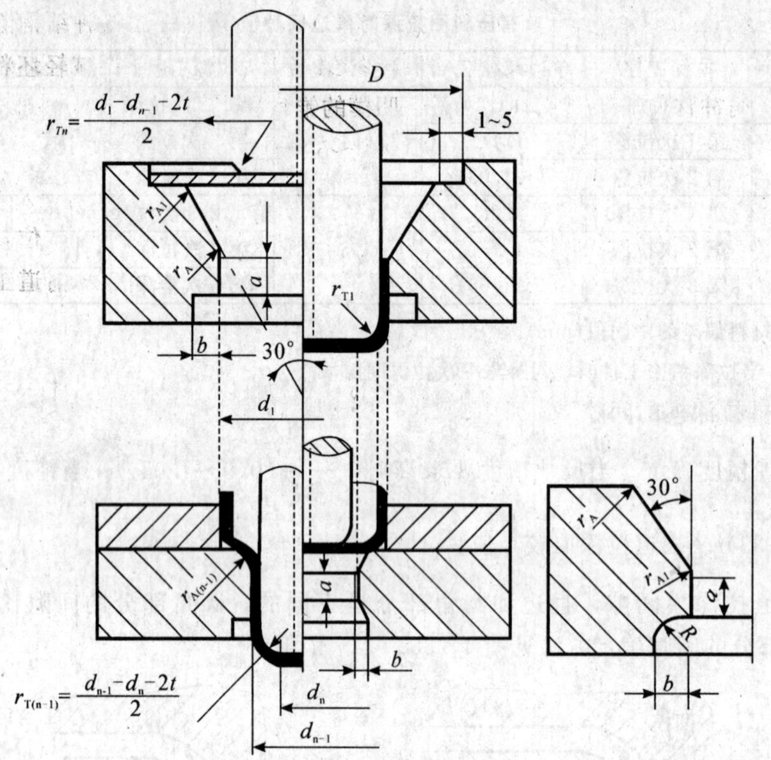

图 4－37　无压料圈多次拉深的凸、凹模结构

2. 有压料圈的拉深模凸、凹模结构

图 4－38 所示为有压料圈多次拉深的凸、凹模结构。其中，图 4－38a）用于直径小于

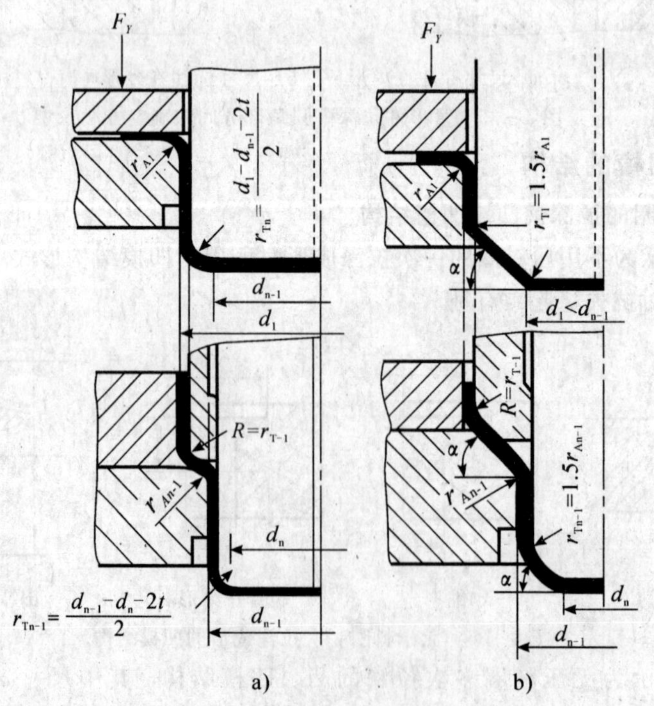

图 4－38　有压料多次拉深的凸、凹模结构

100 mm 的拉深件，图 4-38b）用于直径大于 100 mm 的拉深件。这种结构除了具有锥形凹模的改善金属流动、减少变形抗力、材料不易变薄等特点外，还能减轻坯料的反复弯曲变形程度，提高冲件侧壁质量。但如果凸、凹模的锥角 α 大，容易起皱。板厚为 0.5～1 mm 时，α 取 30°～40°；板厚为 1～2 mm 时，α 取 40°～50°。

设计拉深凸、凹模结构时，必须十分注意前后两道工序的凸、凹模形状和尺寸的正确关系，做到前道工序所得工序件形状和尺寸有利于后一道工序的成形和定位，而后一道工序的压料圈的形状与前道工序所得工序件相吻合，拉深凹模的锥角要与前道工序凸模的斜角一致，尽量避免坯料转角部分在成形过程中不必要的反复弯曲。

对于最后一道拉深工序，为了保证成品零件底部平整，应按图 4-39 所示确定凸模圆角半径。对于盒形件，$n-1$ 次拉深所得工序件形状对最后一次拉深成形影响很大。因此，$n-1$ 次拉深凸模的形状应该设计成底部具有与拉深件底部相似的矩形（或方形），然后用 45° 斜角向壁部过渡（图 4-39c)），这样有利于最后拉深时金属的变形。图中斜度开始的尺寸为

$$b=B-1.11r_{Tn}$$

式中：

B——盒形件长或宽；

r_{Tn}——最后一次拉深凸模圆角半径。

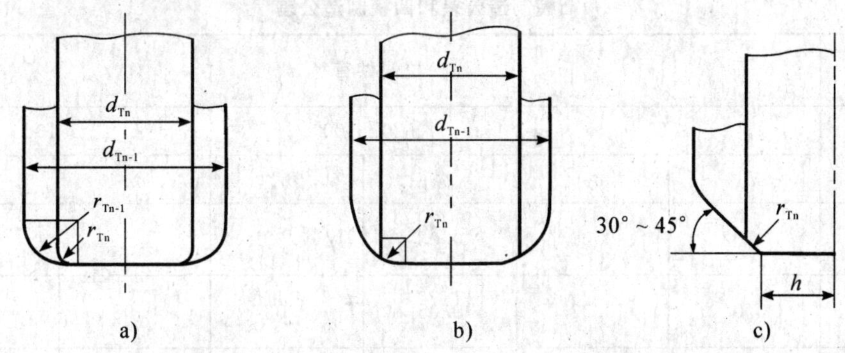

图 4-39　最后拉深工序凸模底部的设计

四、凸、凹模工作部分尺寸及公差

对于最后一道工序的拉深模，其凸、凹模工作部分尺寸及公差应按零件的要求来确定。

当零件尺寸标注在外形时，如图 4-38 所示，以凹模为基准，工件部分尺寸为：

$$D_A=(D_{max}-0.75\Delta)^{+\delta_A}_{0}$$

$$D_T=(D_{max}-0.75\Delta-Z)^{0}_{-\delta_T}$$

当零件尺寸标注在内形时，如图 4-40 所示，以凸模为基准，工件部分尺寸为：

$$d_T=(d_{min}+0.4\Delta)^{0}_{-\delta_T}$$

$$d_A=(d_{min}+0.4\Delta+Z)^{+\delta_A}_{0}$$

式中：

D_A，d_A，D_T，d_T——凹、凸模的尺寸；

D_{max}，d_{min}——拉深件外径的最大极限尺寸和内径的最小极限尺寸；

Δ——零件公差，如表 4－14 所示；

δ_A，δ_T——凹、凸模制造公差；

Z——拉深模双面间隙。

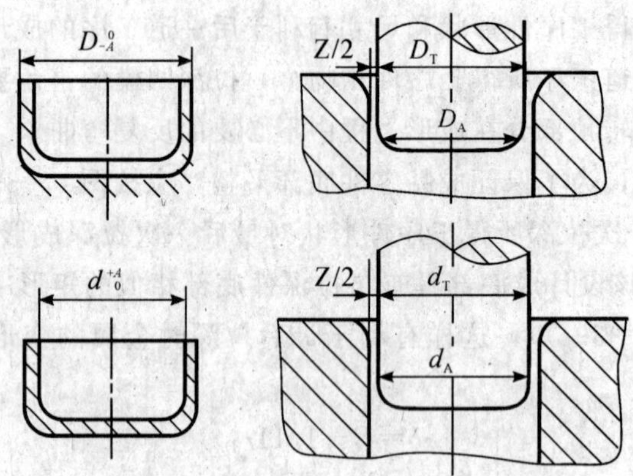

图 4－40　拉深凸、凹模尺寸的确定

表 4－14　凸模制造公差和凹模制造公差　/mm

材料厚度 t	拉深件直径 d					
	≤20		20～100		>100	
	δ_A	δ_T	δ_A	δ_T	δ_A	δ_T
≤0.5	0.02	0.01	0.03	0.02	—	—
>0.5～1.5	0.04	0.02	0.05	0.03	0.08	0.05
>1.5	0.06	0.04	0.08	0.05	0.10	0.06

注：凸模的制造公差在必要时可提高至 IT6～IT8 级(GB 1800—79)；若零件公差在 IT13 级以下，则制造公差可以采用 IT10 级。

对于多次拉深，工序件尺寸无须严格要求，所以中间工序的凸、凹模尺寸可按下式计算：

$$D_A = D^{+\delta_A}_{0}$$

$$D_T = (D - Z)^{0}_{-\delta_T}$$

式中：

D——工序件的基本尺寸。

D_A——凹模直径；

D_T——凸模直径；

Z——间隙。

第 9 节　拉深工艺的辅助工序

拉深坯料或工序件的热处理、酸洗和润滑等辅助工序，是为了保证拉深工艺过程的顺利进行，提高拉深零件的尺寸精度和表面质量，提高模具的使用寿命。拉深过程中必要的辅助工序是拉深乃至其他冲压工艺过程不可缺少的工序。

一、润滑

材料与模具接触面总是有摩擦力存在，冲压过程中产生的摩擦对于板料成形不总是有害的，也有有益的一面。例如圆筒形零件在拉深时（图 4 - 41），压料圈和凹模与板料间的摩擦力 F_1、凹模圆角与板料间的摩擦力 F_2、凹模侧壁与板料间的摩擦力 F_3 等将增大筒壁传力区的拉应力，并且会刮伤模具和零件的表面，因而对拉深成形不利，应尽量减小；而凸模侧壁和圆角与板料之间的摩擦力 F_4 和 F_5 会阻止板料在危险断面处的变薄，因而对拉深成形是有益的，不应减小。

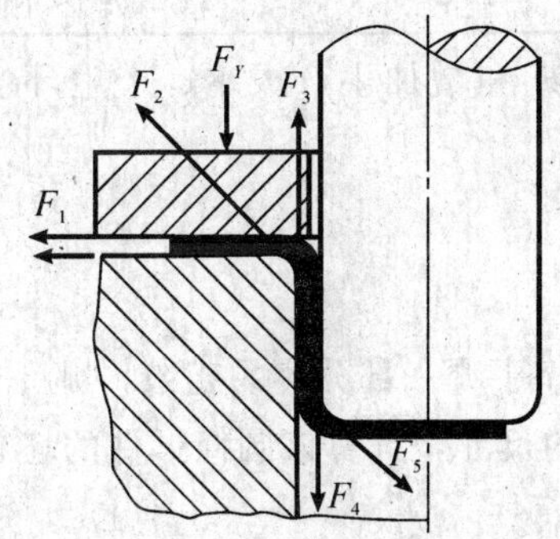

图 4 - 41　拉深中的摩擦力

在拉深成形中，需要摩擦力小的部位，除模具表面粗糙度应该小外，还必须润滑，以降低摩擦系数，减小拉应力，提高极限变形程度；而摩擦力对拉深成形有益的部位，可不润滑，模具表面粗糙度不宜很小。

常用润滑剂主要成分有锭子油、鱼肝油、石墨、油酸、硫磺、水等。

二、热处理

为消除加工硬化所带来的可加工性能的降低，可以采用热处理方法来消除内应力，保证后续成形工序的正常进行。对于一般金属材料，可采用退火热处理；对于奥氏体不锈钢、耐热钢，则可采用淬火热处理。若需要中间热处理或最后消除应力的热处理，应尽量及时进行，以免长期存放造成冲件变形或开裂，尤其是不锈钢、耐热钢、黄铜更要注意这一点。

三、酸洗

酸洗是为了去除热处理工序件的表面氧化皮及其他污物而采取的工艺措施。

酸洗的方法一般是将冲件置于加热的稀酸液中浸蚀，接着在冷水中漂洗，然后在弱碱溶液中将残留于冲件上的酸中和，最后在热水中洗涤并经烘干即可。常用金属材料进行酸洗时的酸洗槽溶液的成分如表 4 - 15 所示。

表 4-15　　酸洗槽溶液成分

拉深材料	溶液成分	含　量	附　注
低碳钢	硫酸或盐酸	15%～20%	
	水	余量	
不锈钢	硝酸（40°波美浓度）	10%	用于光亮表面
	盐酸（19°波美浓度）	1%～2%	
	硫化胶	0.1%	
	水	余量	
铜及其合金	硝酸（16°波美浓度）	200 份（按质量）	用于预洗
	盐酸	1～2 份	
	炭黑	1～2 份	
	硝酸（40°波美浓度）	75 份（按质量）	光亮酸洗
	硫酸	100 份	
	盐酸	1 份	
铝及锌	苛性钠或者苛性钾	100～200 g/L	闪光酸洗
	食盐	13 g/L	
	盐酸	50～100 g/L	

退火、酸洗是延长生产周期和增加生产成本、产生环境污染的工序，应尽可能加以避免。

[练习与思考题]

4-1　试画图说明拉深工序中哪一部分容易起皱，哪一部分容易拉裂。

4-2　根据图 4-42 所示的尺寸，计算该圆筒形件的坯料直径。已知材料为 10 钢，壁厚为 2 mm。

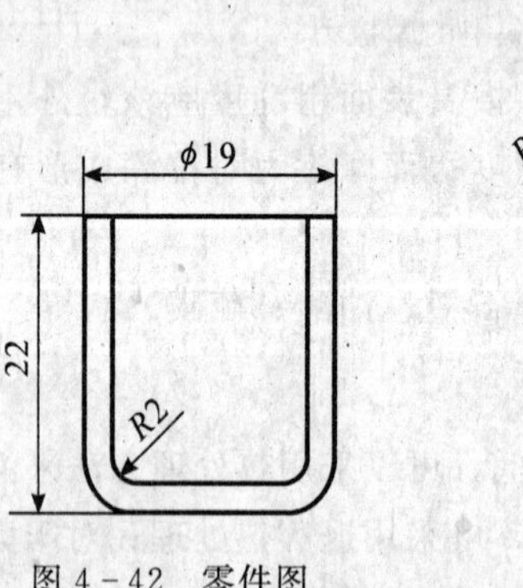

图 4-42　零件图

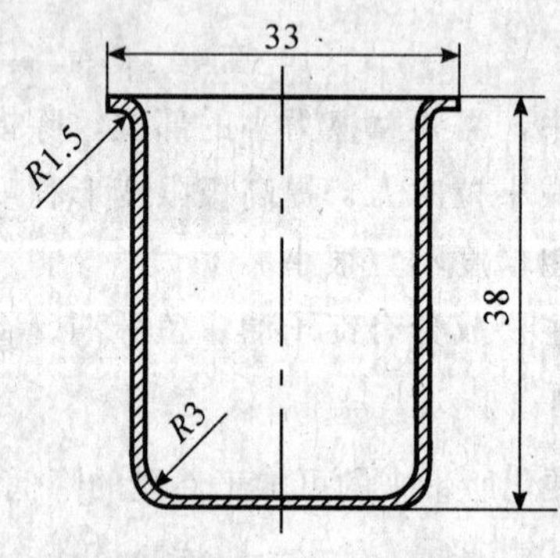

图 4-43　零件图

4-3　为图 4-42 所示的零件计算拉深系数，确定拉深次数，并计算各工序的尺寸。

4-4　试讨论分析图 4-42 所示的拉深件的公差等级和结构工艺性。

4-5　已知零件图如图 4-43 所示，材料为 10 钢，板厚为 1 mm，试计算该零件的拉深系数，确定拉深次数，并计算各工序件的工艺尺寸。

4-6　试为图 4-43 的零件设计凸、凹模，确定凸、凹模的圆角半径、有压料圈时的拉深间隙和工作部分的尺寸及公差。

第5章　多工位级进模

第1节　多工位级进模的特点和分类

多工位级进模又称连续模、跳步模，是指在压力机的一次冲程中，在几个不同的工位上同时完成多道工序的冲裁的冲模。

一、多工位级进模的特点

多工位级进模作为先进的冲压类模具，与普通冲模相比具有以下显著特点：

(1) 冲压生产效率高。多工位级进模可在不同工位连续完成复杂零件的冲裁、弯曲、拉深、翻孔、翻边及其他成形和装配等工序，大大减少了中间运转和复杂定位等环节，显著提高了生产效率，尤其是高速压力机的应用更是成倍提高了复杂零件的生产率。

(2) 冲件质量高。多工位级进模通常具有高精度的导向和定距系统，能够保证冲压零件的加工精度。

(3) 操作安全，自动化程度高。多工位级进模一般都带有自动送料、自动出件装置，模具中设有安全检测装置，冲压加工发生误送或其他意外时，压力机能自动停机；一个操作工就能操作、管理多台压力机，操作工人的手不需要进入危险区。

(4) 模具寿命长。多工位级进模在冲压时，可将复杂零件的内形或外形加以分解，并在不同的工位逐段冲切、成形，简化了凸、凹模的刃口或型面形状。在工序集中的区域可增设空位，保证了凹模的强度。

(5) 设计制造复杂，但冲压生产的总成本较低。多工位级进模设计和制造难度大、周期长，制造成本高，材料的利用率一般也比较低，但由于生产效率高，压力机占有数少，需要的操作工人数和车间面积少，省略了储存和运输环节，因而产品的综合生产成本并不高，仍有较好的经济效益。这也是多工位级进模得到广泛应用的根本原因。

二、多工位级进模的类型

多工位级进模的类型很多，通常可按其包含的冲压工序性质和模具设计方法进行分类。

多工位级进模按所包含的冲压工序性质不同，可分为冲裁多工位级进模、冲裁拉深多工位级进模、冲裁弯曲多工位级进模、冲裁成形多工位级进模、冲裁拉深弯曲多工位级进模及冲裁拉深弯曲成形多工位级进模等。

按冲件成形方法可分为以下两种：

(1) 封闭型孔级进模

这种级进模的各工作型孔（除侧刃外）与被冲零件的各个型孔及外形（对于弯曲件即

展开外形）的形状完全一致，并分别设置在一定的工位上，材料沿各工位经过连续冲压，最后获得所需要的冲件，如图 5-1 所示。

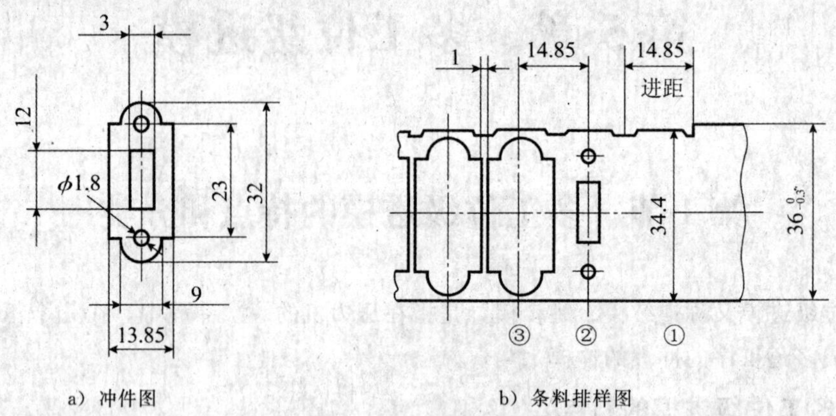

a）冲件图　　b）条料排样图

图 5-1　封闭型孔级进模

（2）切除余料级进模

这种级进模是对冲件较为复杂的外形和型孔采取逐步切除余料的办法，经过逐个工位的连续冲压，最后获得所需要的冲件，如图 5-2 所示。显然，这种级进模工位数一般比封闭型孔级进模多。

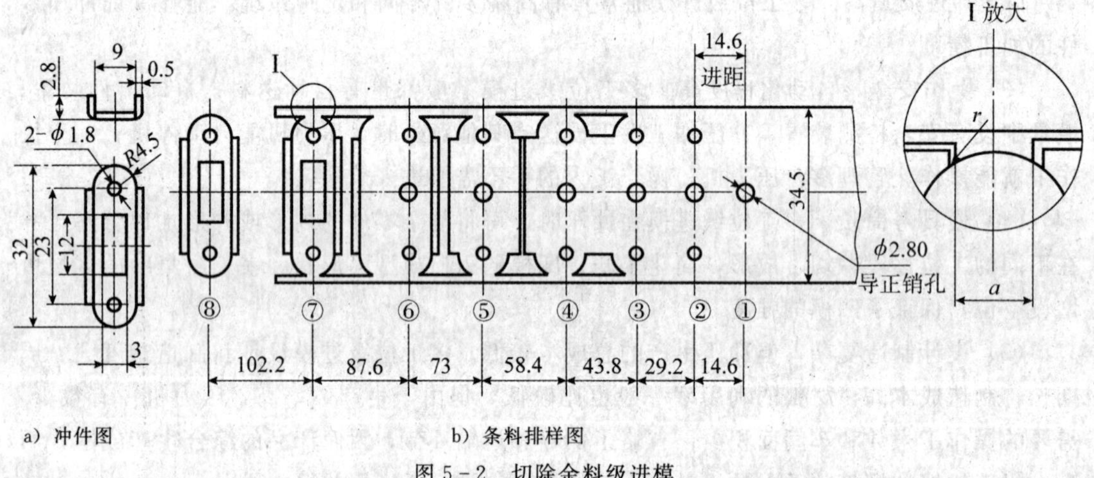

a）冲件图　　b）条料排样图

图 5-2　切除余料级进模

第 2 节　多工位级进模设计

一、工艺分析

冲压件在考虑采用多工位级进模进行冲压生产时，首先要对零件进行全面的工艺分析。冲压件的生产批量应该足够大，零件的尺寸精度、形状用级进模应能保证。

二、排样设计

在进行多工位级进模设计时，要确定从毛坯板料到冲压产品之间的转化过程，也就是级进模各工位所要进行的加工工序内容，这样的设计过程就是条料排样。条料排样的主要内容是在冲切刃口外形设计的基础上，将各工序内容进行优化组合形成一系列工序组，对工序组排序，确定工位数和各工位的加工工序，确定载体形式与毛坯定位方式，设计导正孔尺寸、导正销数量，绘制工序排样图。

多工位级进模的排样设计得合理与否，直接影响到模具设计的成败。多工位级进模工位数很多，要充分考虑分段切除和工序安排的合理性，并使条料在连续冲压过程中畅通无阻，级进模便于制造、使用、维修和刃磨。因此，设计排样图时应考虑多个方案，并进行分析、比较、综合后确定出最佳方案。

排样设计的原则及考虑的因素如下：

1. 排样设计的原则

多工位级进模的排样设计是与工件冲压方向、变形次数及相应的变形程度密切相关的，还要考虑模具制造的可能性与工艺性。因此，排样图设计时应遵循下列原则：

(1) 要保证冲压件的精度和使用要求及后续工序的冲制要求。

(2) 工位数要合理确定。在不影响凹模强度的原则下，工位数越少越好，这样可以减少累积误差，使冲出的零件精度高。但有时为了提高凹模的强度或便于安装凸模，需在排样图上设置空工位。冲压形状复杂的零件时，工序应尽量分散，可用分段切除的方法，将复杂内孔或外形分步冲出，以使凸、凹模形状简单规则，简化模具结构，提高模具寿命。

(3) 尽可能提高材料的利用率。尽量按少、无废料排样，以便降低冲件成本，提高经济效益。双排或多排排样比单排排样要节省材料，但模具结构复杂，制造困难，给操作也带来不便，应综合考虑后加以确定。

(4) 合理安排工序顺序。原则上宜先安排冲孔、切口、切槽等冲裁工序，再安排弯曲、拉深、成形等工序，最后切断或落料分离。但如果孔位于成形工序的变形区，则在成形后冲出。对于精度要求高的，应在成形工序之后增加校平或整形工序。

(5) 保证条料送进进距的精度。一般应设置导正销精定位，侧刃则起粗定位作用。当使用送料精度较高的送料装置时，可不设侧刃，只设导正销即可。

导正销孔应在第一工位冲出，第二工位开始导正，以后根据冲件精度要求，每隔适当工位设置导正销。导正销孔可以是冲件上的孔，也可以在条料上冲工艺孔。

(6) 保证冲件形状及尺寸的准确性。冲件上的型孔位置精度要求较高时，在不影响凹模强度的前提下，应尽量安排在同一工位或相邻两工位上冲出。

2. 排样设计时应考虑的因素

多工位级进模的排样设计除应遵循上述原则以外，还应综合考虑下列因素：

(1) 排样方案要考虑模具加工的设备和条件，考虑模具和压力机工作台的匹配性。当冲件的生产批量大，而企业的生产能力（压力机数量及吨位、自动化程度、工人技术水平等）不足时，可采用双排或多排排样，在模具上提高效率。否则宜采用单排排样，因为单排排样的模具结构简单，便于制造，并可延长使用寿命。

(2) 要注意冲压件的毛刺方向。当冲压件有毛刺方向要求时，无论采用双排或多排，必须保证冲出的毛刺方向一致。对于弯曲件，应使毛刺朝向弯曲内区，这样既美观又不易弯裂。

(3) 要注意冲压力的平衡。排样图设计应力求使压力中心与模具中心重合，其最大偏移量不能超过模具长度的1/6。需要侧向冲压时应尽可能将凸模的侧向运动方向垂直于送料方向，以便侧向机构设在送料方向的两侧。

(4) 级进模最适宜成卷的带料供料，来保证连续、自动、高速的冲压。冲压件和废料应保证能顺利排出，废料如连续，要增加切断工序。

三、导料结构设计

导料系统可使条料在级进模中通畅、准确地送进。导料系统包括导料板、承料板、条料侧压机构、浮顶机构和障碍检出机构等。

设计导料系统应考虑到冲压件的特点、排样图上各工位的安排、条料送进形式、模具结构特点等。

1. 导料板

导料板安装在凹模型孔的两侧，沿条料送进方向，对条料进行导向。导料板有三边与凹模或凹模与承料板的边缘平齐，其长度取决于凹模或凹模与承料板的相应尺寸，宽度取决于它内侧的位置，厚度在3～14 mm之间。

2. 承料板

承料板的作用是扩大冲压材料受承托的部分，便于材料送进。承料板厚度为2～4 mm，宽度为20～60 mm。

3. 条料侧压机构

侧压机构是为了避免送料时条料在导料板中摆动的装置。常用的有弹簧片侧压和侧压板侧压。弹簧片侧压力小，压力不可调整，适用于窄条、薄料的侧压。侧压板侧压力大，压力可调，适用于宽条、厚料的侧压。

4. 浮顶器

含有弯曲、拉深等成形工序的级进模，在冲压后，卸料时制件会落在凹模之下的模腔内，因此在导料中还需有浮顶器。浮顶器的作用就是将条料提升到一定高度，以保证连续冲压时，条料送进顺畅。浮顶器的提升高度取决于制件的最大成形高度。

四、卸料结构设计

卸料装置除了起卸料作用外，对于不同冲压工序还有不同的作用，如在冲裁工序中起压料作用，在弯曲工序中起到局部成形的作用，在拉深工序中起到压边圈的作用。有时卸料装置对凸模还能起到导向和保护作用。

在多工位级进模中，较多采用弹性卸料装置。在工位数较少或料厚大于1.5 mm时，可用固定卸料装置。采用弹性卸料装置时，要在卸料板与固定板之间安装小导柱、导套进行导向。

在设计多工位级进模卸料装置时，要注意以下几点：

(1) 卸料板最好采用镶拼结构。镶拼结构有利于保证型孔精度、孔距精度、配合间隙、热处理等要求。卸料板的镶拼原则与凹模基本相同。

(2) 卸料板上各工作型孔与凹模型孔要同心。卸料板上各工作型孔与对应凸模的配合间隙为凸凹模冲裁间隙的1/3～1/4，冲裁速度越高，间隙越小。卸料板上各工作型孔光洁度要高，其表面粗糙度 Ra 值一般为 0.4～0.1 mm。

(3) 多工位级进模卸料板应具有良好的耐磨性和足够的强度、刚度。

五、定距结构设计

级进模的定距方式有挡料销定距、侧刃定距、导正销定距及自动送料机构定距等。有时为了提高定位精度，可以将两种或两种以上的定距方式联合使用，如采用自动送料机构或侧刃作粗定距，用导正销作精定距的组合定位方式。

[练习与思考题]

5-1　多工位级进模有哪些特点？

5-2　多工位级进模可分为哪几类？各有何特点？

5-3　多工位级进模设计要考虑哪些因素？

第 6 章　其他冲压加工方法

在掌握冲裁、弯曲、拉深成形工艺与模具设计的基础之上，本章介绍其他成形工艺特点和模具结构特点。本章涉及胀形、翻边、缩口、校形等成形工序的变形特点、工艺与模具设计特点。

第 1 节　概　述

在冲压生产中，除冲裁、弯曲和拉深工序以外，还有一些是通过板料的局部变形来改变毛坯的形状和尺寸的冲压成形工序，如胀形、翻边、缩口、旋压和校形等，这类冲压工序统称为其他冲压成形工序。应用这些工序可以加工许多复杂零件，如图 6－1 所示的自行车多通接头，就是通过切管、胀形、制孔、圆孔翻边等工序加工的。

这些成形工序的共同特点是通过材料的局部变形来改变坯料或工序件的形状；但变形特点差异较大。胀形和圆内孔翻孔属于伸长类成形，成形极限主要受变形区过大拉应力而破裂的限制；缩口和外缘翻凸边属于压缩类成形，成形极限主要受变形区过大压应力而失稳起皱的限制；校形时，由于变形量一般不大，不易产生开裂或起皱，但需解决弹性恢复影响校形精确度等问题；至于旋压这种特殊的成形方法，可能起皱，也可能破裂。所以在制定成形工艺和设计模具时，一定要根据不同的成形特点，合理设计。

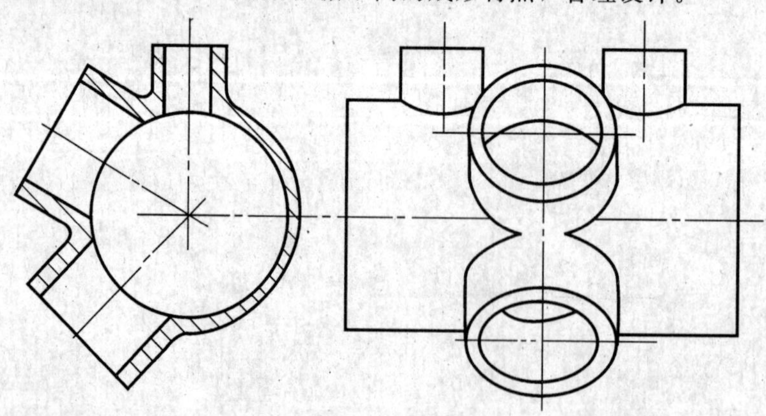

图 6－1　多通接头

第 2 节　胀　形

胀形是利用模具强迫板料厚度减薄和表面积增大，得到所需几何形状和尺寸制件的一种冲压加工方法。冲压生产中的起伏成形、圆柱空心毛坯胀形、平板毛坯的拉张成形等均属于胀形。

三、胀形的特点

胀形时坯料的变形情况如图 6－2 所示，图中涂黑部分表示坯料的变形区。当坯料外径与成形直径的比值 $D/d>3$ 时，d 与 D 之间环形部分金属发生切向收缩所必需的径向拉应力很大，属于变形的强区，以至于环形部分金属根本不可能向凹模内流动，其成形完全依赖于直径为 d 的圆周内金属厚度的变薄实现表面积的增大。胀形变形区内金属处于切向和径向两向受拉的应力状态，其成形极限将受到拉裂的限制。材料的塑性愈好，硬化指数愈大，可能达到的极限变形程度就愈大。

由于胀形时坯料处于双向受拉的应力状态，变形区的材料不会产生失稳起皱现象，因此成形后零件的表面光滑，质量好。同时，由于变形区材料截面上拉应力沿厚度方向的分布比较均匀，所以卸载时的回弹很小，容易得到尺寸精度较高的零件。

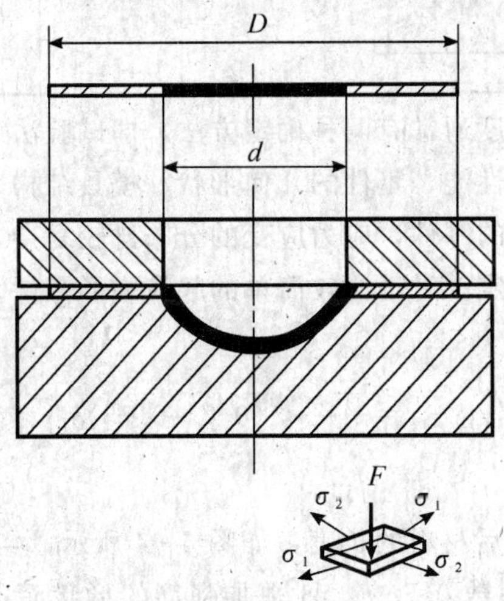

图 6－2　胀形变形区

二、起伏成形

起伏成形俗称局部胀形，可以压制加强筋、凸包、凹坑、花纹图案及标记等。图 6－3 所示是起伏成形的一些例子。经过起伏成形后的冲压件，由于零件惯性矩的改变和材料加工硬化，能够有效地提高零件的刚度和强度。

加强筋的形状和尺寸如表 6－1 所示。当在坯料边缘局部胀形时，由于边缘材料要收缩，因此应预先留出切边余量，成形后再切除。

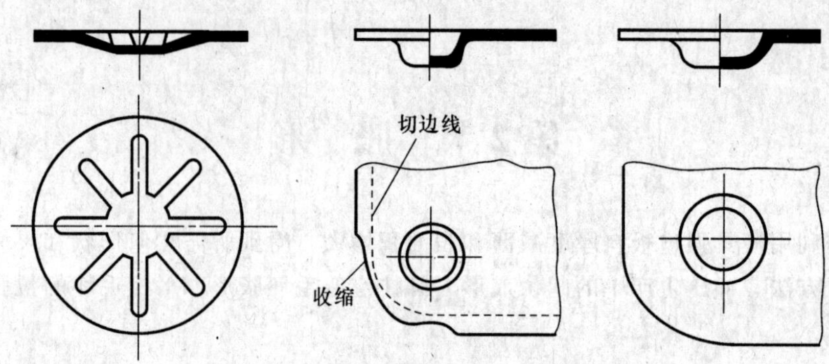

图 6-3　起伏成形

表 6-1　**加强筋的形式和尺寸**

名称	简图	R	h	D 或 B	r	α
压筋		$(3\sim4)t$	$(2\sim3)t$	$(7\sim8)t$	$(1\sim2)t$	—
压凸		—	$(1.5\sim2)t$	$\geqslant3h$	$(0.5\sim1.5)t$	15°～30°

起伏成形的极限变形程度通常有两种确定方法，即试验法和计算法。起伏成形的极限变形程度，主要受到材料的性能、零件的几何形状、模具结构、胀形的方法以及润滑等因素的影响。特别是复杂形状的零件，应力应变的分布比较复杂，其危险部位和极限变形程度，一般通过试验的方法确定。对于比较简单的起伏成形零件，则可以按下式近似地确定其极限变形程度：

$$\varepsilon_{极}=\frac{l-l_0}{l_0}<(0.7\sim0.75)\delta$$

式中：

l_0，l——起伏成形前、后材料的长度，如图 6-4 所示；

δ——材料的延伸率。系数 0.7～0.75 视加强筋的形状而定，球形筋取较大值，梯形筋取较小值。

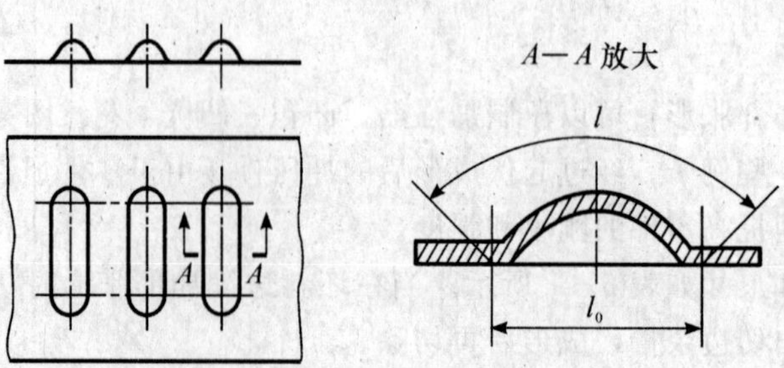

图 6-4　起伏成形前后材料的长度

如果零件要求的加强筋超过极限变形程度，可以采用图 6-5 所示的方法确定。第一道工序用大直径的球形凸模胀形，达到在较大范围内聚料和均匀变形的目的，用第二道工序成形得到零件所要求的尺寸。

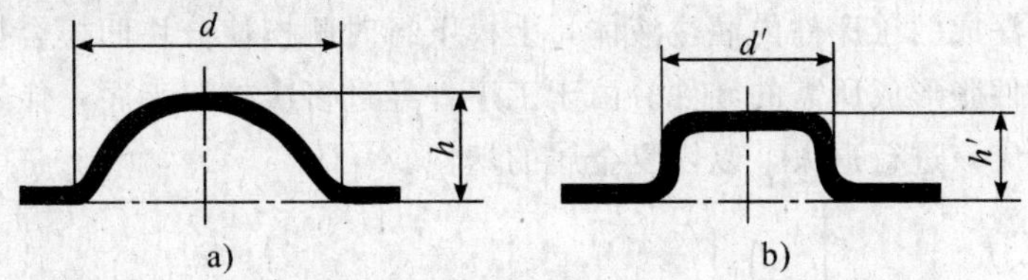

图 6-5　深度较大的局部胀形法

压制加强筋所需的冲压力可用下式近似计算：

$$F=KLt\sigma_b$$

式中：

K——系数，一般取 0.7～1，筋窄而深时取较大值，筋宽而浅时取较小值；

L——加强筋截面长度；

t——材料厚度；

σ_b——材料抗拉强度。

三、空心坯料的胀形

空心坯料的胀形俗称凸肚，它是使材料沿径向拉伸，将空心工序件或管状坯料向外扩张，胀出所需的凸起曲面，如壶嘴、皮带轮、波纹管等。

1. 胀形方法

胀形方法一般分为刚性模具胀形和软模胀形两种。

图 6-6 所示为刚性模具胀形，利用锥形芯块将分瓣凸模顶开，使工序件胀出所需的形状。分瓣凸模的数目越多，工件的精度越好。这种胀形方法的缺点是很难得到精度较高的正确旋转体，变形的均匀程度差，模具结构复杂。

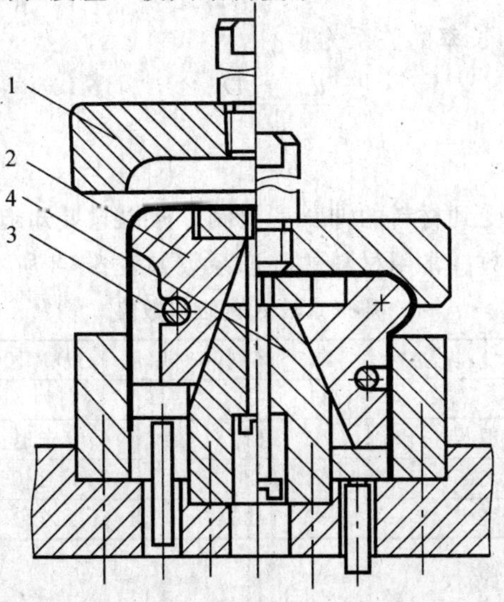

1-凹模；2-分瓣凸模；3-拉簧；4-锥形芯块

图 6-6　刚性模具胀形

图 6－7 所示为软模胀形，其原理是利用橡胶（或聚氨酯）、液体、气体或钢丸等代替刚性凸模。软模胀形时材料的变形比较均匀，容易保证零件的精度，便于成形复杂的空心零件，所以在生产中广泛采用。图 6－7a）是橡皮胀形，图 6－7b）是液压胀形。液压胀形前要先在预先拉深成的工序件内灌注液体，上模下行时侧楔使分块凹模合拢，然后在凸模的压力下将工序件胀形成所需的零件。由于工序件经过多次拉深工序，伴随有冷作硬化现象，故在胀形前应该进行退火，以恢复金属的塑性。

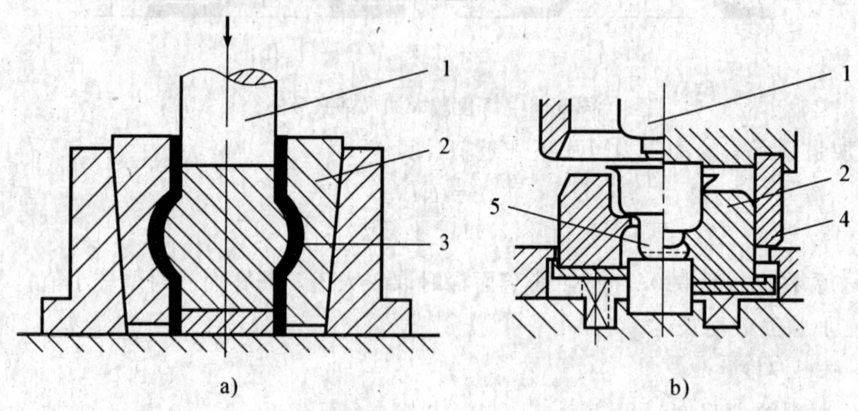

1-凸模；2-分块凹模；3-橡胶；4-侧楔；5-液体

图 6－7　软模胀形

2. 胀形的变形程度

空心坯料胀形的变形基于材料的切向拉伸原理，因此胀形的变形程度常用胀形系数 K 表示：

$$K=\frac{d_{\max}}{D}$$

式中：

$d_{\max}$——胀形后零件的最大直径；

D——坯料原始直径。

胀形系数 K 和坯料伸长率的关系为：

$$\delta=\frac{d_{\max}-D}{D}=K-1$$

$$K=1+\delta$$

由于坯料的变形程度受到材料的伸长率限制，所以只要知道材料的伸长率便可以按上式求出相应的极限胀形系数。常用材料的胀形系数如表 6－2 所示。

表 6－2　胀形系数 K 的近似数值

材料	坯料相对厚度（t/D）×100			
	0.45～0.35		0.32～0.28	
	未退火	退火	未退火	退火
10 钢	1.10	1.20	1.05	1.15
铝	1.20	1.25	1.15	1.20

3. 胀形的坯料尺寸计算

胀形前后的尺寸变化如图 6－8 所示。

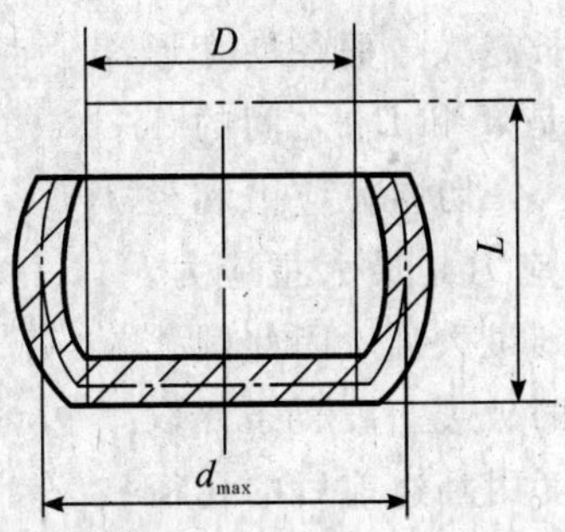

图 6－8　胀形前后尺寸的变化

坯料直径

$$D=\frac{d_{max}}{K}$$

坯料长度 L

$$L=l[1+(0.3\sim0.4)\delta]+b$$

式中：

l——变形区母线长度；

δ——坯料切向拉伸的伸长率；

b——切边余量，通常取 $b=10\sim20$ mm；

0.3～0.4——切向伸长而引起高度减小所需的系数。

胀形时，所需的胀形力 F 可按下式计算：

$$F=pA$$

$$p=1.15\sigma_{zx}\frac{2t}{d_{max}}$$

式中：

p——胀形单位面积压力；

A——胀形面积；

σ_{zx}——胀形变形区实际应力，近似取值为材料的抗拉强度；

d_{max}——胀形最大直径；

t——材料原始厚度。

第 3 节　翻　边

翻边是在模具的作用下，将坯料的孔边缘或外边缘冲制成竖立边的成形方法。根据坯料的边缘状态和应力、应变状态的不同，翻边可以分为内孔翻边和外缘翻边，也可分为伸长类翻边和压缩类翻边。

一、内孔翻边

1. 圆孔翻边

圆孔翻边的变形特点与变形程度如图 6－9 所示。坯料放入翻边模内进行翻边后，金属沿切向伸长，越靠近孔口伸长越大，而径向变形很小。翻孔时坯料的变形区域是 d 和 D_1 之间的环形部分。变形区受两向拉应力——切向拉应力和径向拉应力的作用，其中切向拉应力是最大主应力。在坯料孔口处，切向拉应力达到最大值，因此圆孔翻边的成形障碍在于孔口边缘的破裂。破裂条件取决于变形程度的大小。变形程度用翻边前后的孔径比值来表示，即：

$$K=\frac{d}{D}$$

K 称为翻边系数，K 值愈小，则变形程度愈大。翻边时孔边不破裂所能达到的最小 K 值，称为极限翻边系数。表 6-3 所列的是低碳钢圆孔翻边的极限翻边系数。对于其他材料，按其塑性情况，可参考表列数值适当增减。从表中的数值可以看出，影响极限翻边系数的因素很多，除材料塑性外，还有翻边凸模的形式、孔的加工方法及预制的孔径与板料厚度的比值（体现工序件相对厚度的影响）。

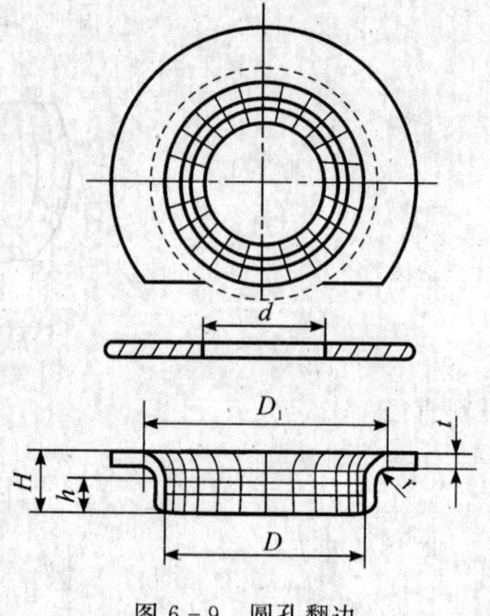

图 6-9　圆孔翻边

表 6-3　**低碳钢圆孔的极限翻边系数 K_{min}**

凸模形式	孔的加工方法	比值 d/t										
		100	50	35	20	15	10	8	6.5	5	3	1
球形	钻孔	0.70	0.60	0.52	0.45	0.40	0.36	0.33	0.31	0.30	0.25	0.20
	冲孔	0.75	0.65	0.57	0.52	0.48	0.45	0.44	0.43	0.42	0.42	—
圆柱形平底	钻孔	0.80	0.70	0.60	0.50	0.45	0.42	0.40	0.37	0.35	0.30	0.25
	冲孔	0.85	0.75	0.65	0.60	0.55	0.52	0.50	0.50	0.48	0.47	—

2. 非圆孔翻边

图 6-10 所示为非圆孔翻边。从变形情况看，材料沿孔边分成Ⅰ，Ⅱ，Ⅲ三种性质不同的变形区，Ⅰ区属于圆孔翻边变形，Ⅱ区属于弯曲变形，而Ⅲ区和拉深变形情况类似。由于Ⅱ和Ⅲ区两部分的变形性质可以减轻Ⅰ部分的变形程度，因此非圆孔翻边系数 K_f 可小于圆孔翻边系数 K。两者的关系式如下：

$$K_f=(0.85\sim0.95)K$$

非圆孔的极限翻边系数，可根据各圆弧段的圆心角 α 大小，查表 6-4 获得。

非圆孔翻边坯料的预孔形状和尺寸，可以按圆孔翻边、弯曲和拉深各区分别展开，然后用作图法把各展开线交接处光滑连接起来。

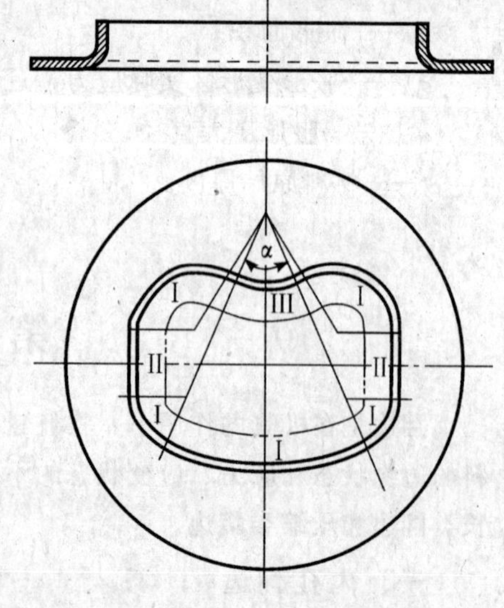

图 6-10　非圆孔翻边

表 6 - 4　　低碳钢非圆孔的极限翻边系数 K_{fmin}

α/°	比值 d/t						
	50	33	20	12.5～8.3	6.6	5	3.3
180～360	0.80	0.60	0.52	0.50	0.48	0.46	0.45
165	0.73	0.55	0.48	0.46	0.44	0.42	0.41
150	0.67	0.50	0.43	0.42	0.40	0.38	0.375
135	0.60	0.45	0.39	0.38	0.36	0.35	0.34
120	0.53	0.40	0.35	0.33	0.32	0.31	0.30
105	0.47	0.35	0.30	0.29	0.28	0.27	0.26
90	0.40	0.30	0.26	0.25	0.24	0.23	0.225
75	0.33	0.25	0.22	0.21	0.20	0.19	0.185
60	0.27	0.20	0.17	0.17	0.16	0.15	0.145
45	0.20	0.15	0.13	0.13	0.12	0.12	0.11
30	0.14	0.10	0.09	0.08	0.08	0.08	0.08
15	0.07	0.05	0.04	0.04	0.04	0.04	0.04
0	弯曲变形						

二、外缘翻边

按变形的性质，外缘翻边可分为伸长类翻边和压缩类翻边。

1. 伸长类翻边

伸长类翻边如图 6 - 11 所示。图 6 - 11a）为沿不封闭曲线进行平面翻边，图 6 - 11b）为在曲面坯料上进行的伸长类翻边。它们的共同特点是坯料变形区主要在切向拉应力的作用下产生切向伸长变形，边缘容易拉裂。其变形程度 $\varepsilon_{伸}$ 用下式表示：

$$\varepsilon_{伸}=\frac{b}{R-b}$$

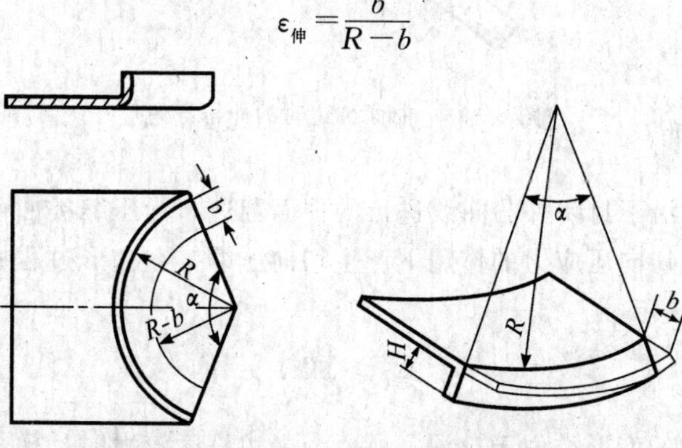

a）伸长类平面翻边　　b）伸长类曲面翻边

图 6 - 11　伸长类翻边

伸长类外缘翻边，其变形类似于内孔翻边，但由于是沿不封闭曲线翻边，坯料变形区内切向的拉应力和切向的伸长变形沿翻边线的分布是不均匀的，在中部最大，而两端为零。假如采用宽度 b 一致的坯料，则翻边后零件的高度不是平齐的，而是两端高度大，中间高度小。另外，竖边的端线也不垂直，而是向内倾斜成一定的角度。为了得到平齐的翻边高度，应在坯料的两端对坯料的轮廓线作必要的修正，采用如图 6-11a）所示的形状，其修正值根据变形程度和曲率半径的大小而不同。如果翻边的高度不大，而且翻边沿线的曲率半径很大时，则可以不作修正。

伸长类曲面翻边时，为防止坯料底部在中间部位出现起皱现象，应采用较强的压料装置；为创造有利于翻边变形的条件，防止在坯料的中间部位过早地进行翻边，而引起径向和切向过大的伸长变形甚至开裂，应使凹模和顶料板的曲面形状与工件的曲面形状相同，而凸模的曲面形状应修正成为图 6-12 所示的形状。另外，冲压方向的选取，也就是坯料在翻边模的位置，应对翻边变形提供尽可能有利的条件，保证翻边作用力在水平方向上的平衡。通常取冲压方向与坯料两端切线构成的角度相同，如图 6-13 所示。

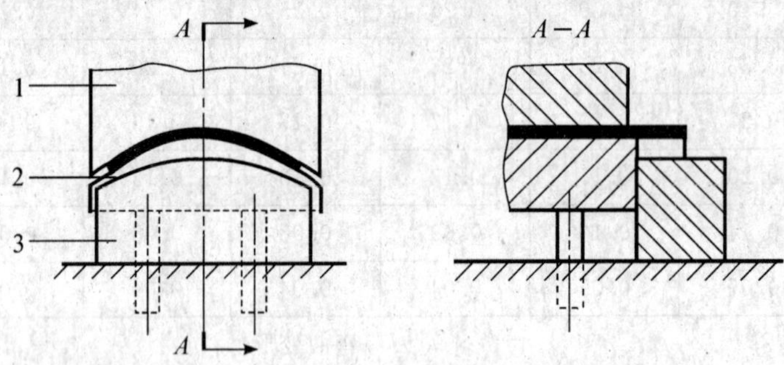

1-凹模；2-顶料板；3-凸模

图 6-12　伸长类曲面翻边凸模的修正

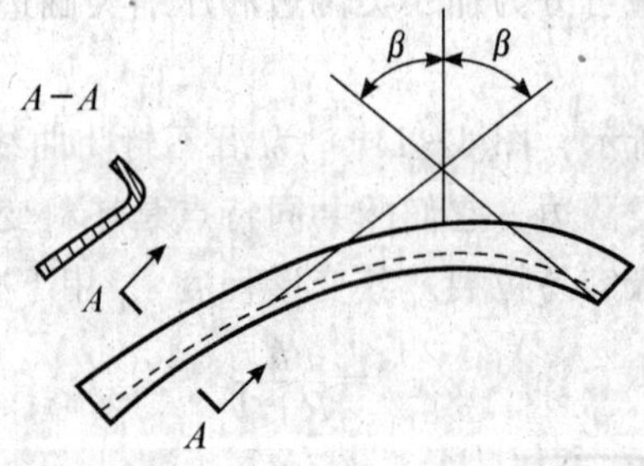

图 6-13　曲面翻边时的冲压方向

2. 压缩类翻边

图 6-14 所示为沿不封闭外凸曲线进行的平面翻边，为压缩类曲面翻边。它们的共同特点是变形区主要在切向压应力的作用下产生切向压缩，在变形过程中材料容易起皱。其变形程度 $\varepsilon_{压}$ 用下式表示：

$$\varepsilon_{压}=\frac{b}{R+b}$$

压缩类平面翻边的变形类似于拉深，所以当翻边高度较大时，模具上也要带有防止起皱的压料装置。由于是沿不封闭曲线翻边，翻边线上切向压应力和径向拉应力的分布是不均匀的——中部最大，两端最小。为了得到翻边后竖边的高度平齐而两端线垂直的零件，必须修正坯料的展开形状。修正的方向恰好和伸长类平面翻边相反，如图 6-14a）虚线所示。

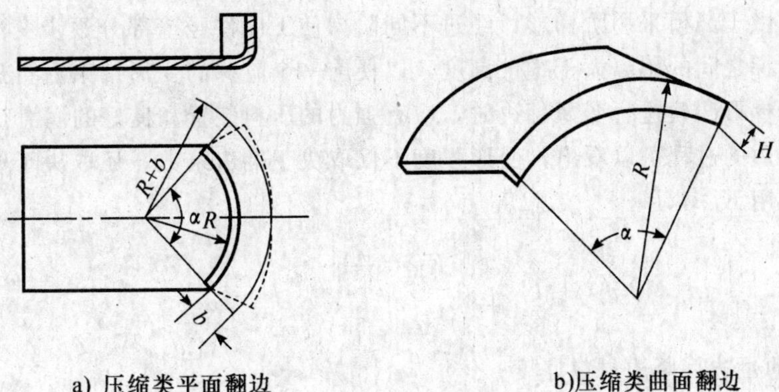

a) 压缩类平面翻边　　　b)压缩类曲面翻边

图 6－14　压缩类翻边

压缩类曲面翻边时，坯料变形区在切向压应力作用下产生的失稳起皱是限制变形程度的主要因素。如果把凹模做成图 6－15 所示的形状，可以使中间部分的切向压缩变形向两侧扩展，使局部的集中变形趋向均匀，减少起皱的可能性，同时对坯料两侧在偏斜方向上进行冲压的情况也有一定的改善。冲压方向的选择原则与伸长类曲面翻边时相同。

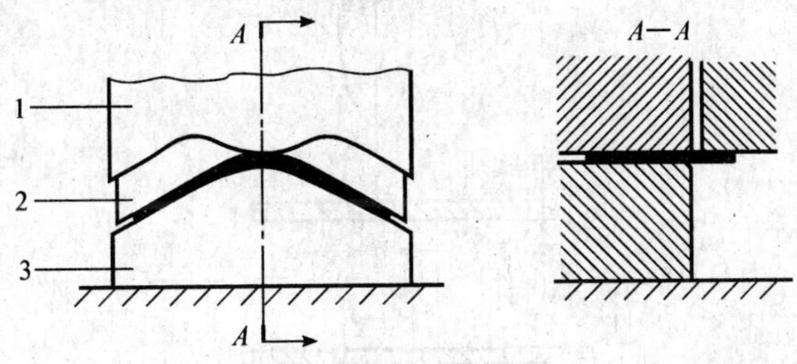

1-凹模；2-压料板；3-凸模

图 6－15　压缩类曲面翻边凹模形状的修正

三、变薄翻边

在不变薄翻边时，对于竖边较高的零件，需要先拉深再进行翻边。如果零件壁部允许变薄，可应用变薄翻边，既可提高生产率，又能节约材料。图 6－16 是用阶梯形凸模变薄

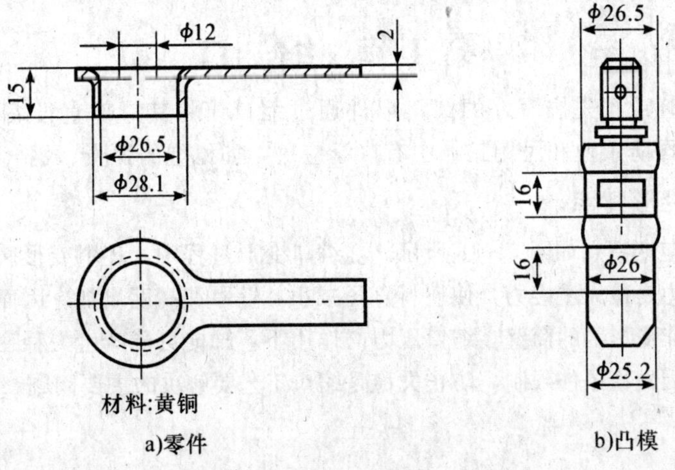

a)零件　　　b)凸模

图 6－16　用阶梯形凸模变薄翻边

翻边的例子。由于凸模采用阶梯形，经过不同阶梯使工序件竖壁部分逐步变薄，而高度增加。凸模各阶梯之间的距离大于零件高度，以便前一个阶梯的变形结束后再进行后一阶梯的变形。用阶梯形凸模进行变薄翻边时，应有强力的压料装置和良好的润滑。

从变薄翻边的过程可以看出，变形程度不仅取决于翻边系数，还取决于壁部的变薄系数。变薄系数用 K_b 表示

$$K_b = \frac{t_i}{t_{i-1}}$$

式中：

t_i——变薄翻边后竖边材料厚度；

t_{i-1}——变薄翻边前竖边材料厚度。

一次翻边中的变薄系数可达 0.4～0.5，甚至更小。竖边的高度应按体积不变定律进行计算。

变薄翻边经常用于平板坯料或工序工件上冲制 M5 以下的小螺孔。翻边参数见图 6－17。

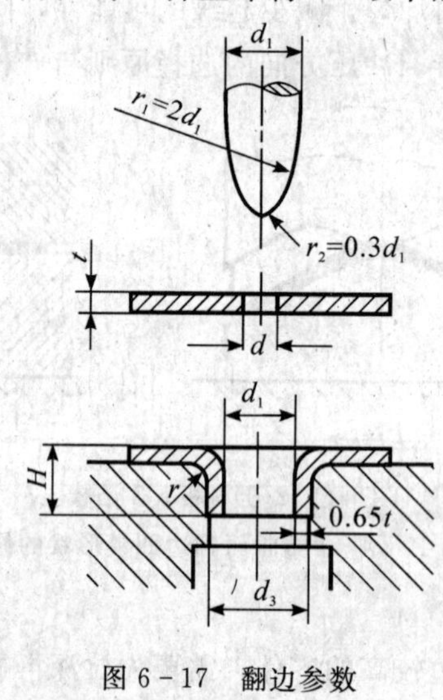

图 6－17　翻边参数

第 4 节　缩　口

缩口是将管坯或预先拉深好的圆筒形件通过缩口模将其口部直径缩小的一种成形方法。缩口工艺在国防工业和民用工业中有广泛应用，如枪炮的弹壳、钢气瓶等。

一、缩口变形特点

缩口的应力应变特点如图 6－18 所示。在缩口变形过程中，坯料变形区受两向压应力的作用。切向压应力是最大主应力，使坯料直径减小，壁厚和高度增加，因而切向可能产生失稳起皱。同时，非变形区的筒壁在缩口压力的作用下，轴向可能产生失稳变形。故缩口的极限变形程度主要受失稳条件限制，防止失稳是缩口工艺要解决的主要问题。

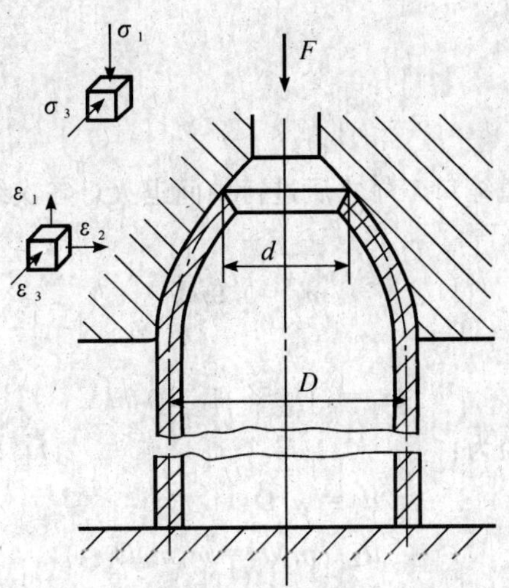

图 6-18　缩口应力应变

缩口的变形程度用缩口系数 m 表示：

$$m=\frac{d}{D}$$

缩口系数 m 愈小，变形程度愈大。表 6-5 所示是不同材料、不同厚度的平均缩口系数，表 6-6 是不同材料、不同支承方式下缩口的允许极限缩口系数参考数值。材料塑性愈好，厚度愈大，缩口系数愈小。此外，模具对筒壁有支承作用时，极限缩口系数可更小。

表 6-5　　**平均缩口系数 m_0**

材料	材料厚度 t/mm		
	～0.5	>0.5～1.0	>1.0
黄铜	0.85	0.80～0.70	0.70～0.65
钢	0.80	0.75	0.70～0.65

表 6-6　　**极限缩口系数 m_{min}**

材料	支承方式		
	无支承	外支承	内外支承
软钢	0.70～0.75	0.55～0.60	0.30～0.35
黄铜 H62，H68	0.65～0.70	0.50～0.55	0.27～0.32
铝	0.68～0.72	0.53～0.57	0.27～0.32
硬铝（退火）	0.73～0.80	0.60～0.63	0.35～0.40
硬铝（淬火）	0.75～0.80	0.68～0.72	0.40～0.43

二、缩口工艺计算

1. 缩口次数

若工件的缩口系数 m 小于允许的缩口系数时，需进行多次缩口。缩口次数 n 为：

$$n=\frac{\lg m}{\lg m_0}=\frac{\lg d-\lg D}{\lg m_0}$$

式中：

m_0——平均缩口系数。

2. 颈口直径

多次缩口时，最好每道缩口工序之后进行中间退火，各次缩口系数可参考下列公式。

首次缩口系数：

$$m_1 = 0.9m_0$$

后面各次缩口系数：

$$m_n = (1.05 \sim 1.10)\ m_0$$

各次缩口后的颈口直径为：

$$d_1 = m_1 D$$
$$d_2 = m_n d_1 = m_1 m_n D$$
$$d_3 = m_n d_2 = m_1 m_n^2 D$$
$$\vdots$$
$$d_n = m_n d_{n-1} = m_1 m_n^{n-1} D$$

缩口后，由于回弹，工件直径要比模具尺寸增大 0.5%～0.8%。

3. 坯料高度

对于图 6-19 所示的缩口工件，缩口前坯料高度 H 可按下面公式计算：

图 6-19a）所示工件：

$$H = (1 \sim 1.05)\left[h_1 + \frac{D^2 - d^2}{8D\sin\alpha}\left(1 + \sqrt{\frac{D}{d}}\right)\right]$$

图 6-19b)所示工件：

$$H = (1 \sim 1.05)\left[h_1 + h_2\sqrt{\frac{d}{D}} + \frac{D^2 - d^2}{8D\sin\alpha}\left(1 + \sqrt{\frac{D}{d}}\right)\right]$$

图 6-19c)所示工件：

$$H = h_1 + \frac{1}{4}\left(1 + \sqrt{\frac{D}{d}}\right)\sqrt{D^2 - d^2}$$

凹模的半锥角对缩口成形过程有重要影响，半锥角取值合理，允许的缩口系数可以比平均缩口系数小 10%～15%，一般取 α<45°～30°。

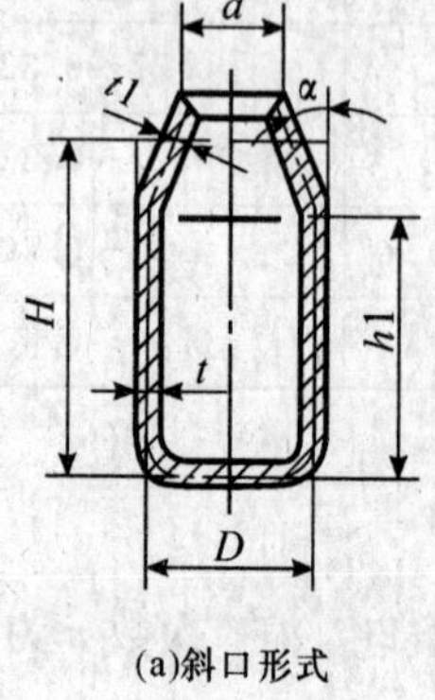

(a)斜口形式

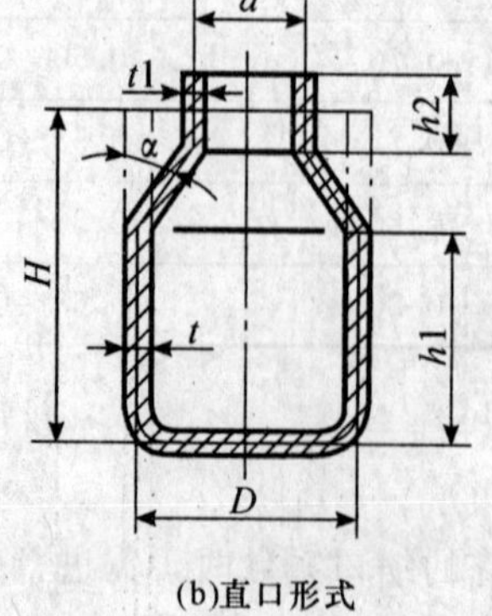

(b)直口形式

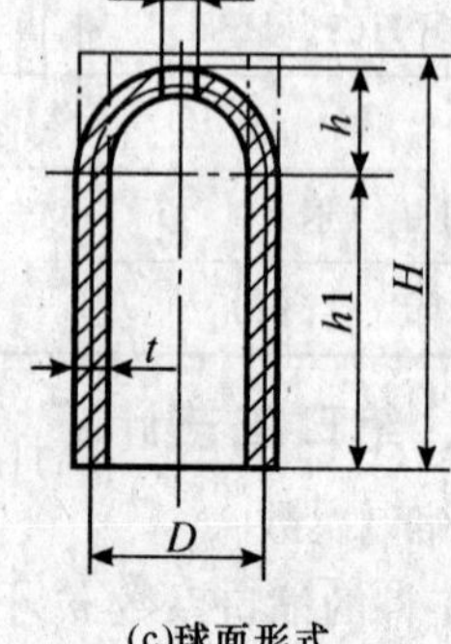

(c)球面形式

图 6-19　缩口工件

4. 缩口力

将图 6－19a）所示锥形缩口件在图 6－19a）所示无支承缩口模上进行缩口时，其缩口力 F 可用下式计算：

$$F=K\left[1.1\pi Dt\sigma_b\left(1-\frac{d}{D}\right)(1+\mu\cot\alpha)\frac{1}{\cos\alpha}\right]$$

式中：

μ——冲件与凹模接触面摩擦系数；

σ_b——材料抗拉强度；

K——速度系数。

三、缩口模结构

图 6－20 所示为不同支承方法的缩口模。图 6－20a）是无支承形式，其模具结构简单，但缩口过程中坯料稳定性差；图 6－20b）是外支承形式，缩口时坯料的稳定性较前者好；图 6－20c）是内外支承形式，其模具结构较前两种复杂，但缩口时坯料的稳定性最好。

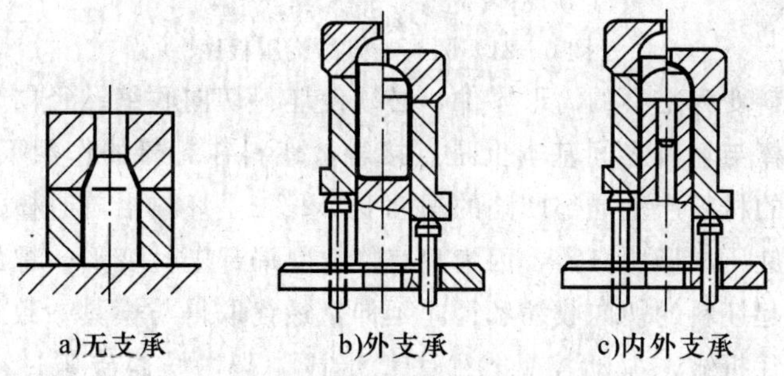

图 6－20　不同支承方法的缩口模

第 5 节　旋　压

旋压是将平板或空心坯料固定在旋压机的模具上，在坯料随机床主轴转动的同时，用旋轮或赶棒加压于坯料，使之产生局部的塑性变形，在旋轮的进给运动和坯料的旋转运动共同作用下，使局部的塑性变形逐步地扩展到坯料的全部表面，并紧贴于模具，完成零件的旋压加工。

旋压加工的优点是设备和模具都比较简单（没有专用的旋压机时可用车床代替），除可成形如圆筒形、锥形、抛物面形或其他各种曲线构成的旋转体外，还可加工相当复杂形状的旋转体零件。其缺点是生产率较低，劳动强度较大，比较适用于试制和小批量生产。随着飞机、火箭和导弹的生产需要，在普通旋压的基础上，又发展了变薄旋压（也称强力旋压）。

一、普通旋压工艺

1. 普通旋压变形特点

平板坯料的旋压过程如图 6－21 所示。顶块把坯料压紧在模具上，机床主轴带动模具和坯料一同旋转，赶棒加压于坯料反复赶碾，于是由点到线，由线及面，使坯料逐渐紧贴于模具表面而成形。

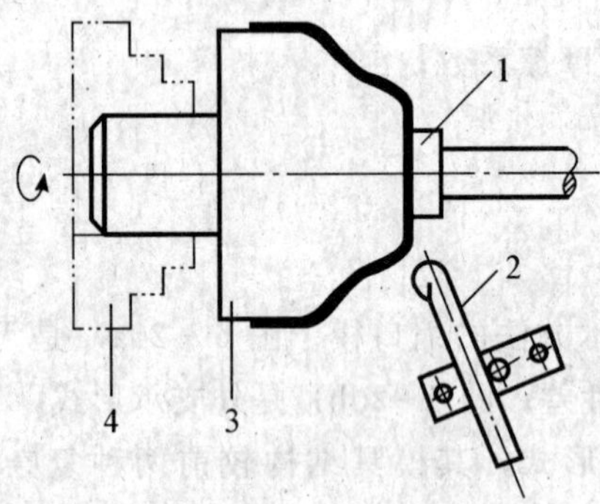

1-顶块；2-赶棒；3-模具；4-卡盘

图 6－21　圆头赶棒的旋压程序

为了使平板坯料变为空心的筒形零件，必须使坯料切向收缩、径向延伸。但与普通拉深不同，旋压时赶棒与坯料之间基本上是点接触，坯料在赶棒的作用下，产生两种变形：一是赶棒直接接触的材料产生局部凹陷的塑性变形；二是坯料沿着赶棒加压的方向大片倒伏。前一种现象为旋压成形所必需，因为只有使材料局部塑性变形，螺旋式地由筒底向外发展，才有可能引起坯料的切向收缩和径向延伸，最终取得与模具一致的外形。后一种现象则使坯料产生大片折皱，振动摇晃，失去稳定或撕裂，妨碍旋压过程的进行，必须防止。因此，旋压的基本要点如下。

（1）合理的转速

如果转速太低，坯料将在赶棒作用下翻腾起伏极不稳定，使旋压工作难以进行。转速太高，则材料与赶棒接触次数太多，容易使材料过度碾薄。合理转速一般是：软钢为400～600 r/min，铝为 800～1200 r/min。当坯料直径较大，厚度较薄时取小值，反之则取较大值。

（2）合理的过渡形状

旋压操作首先应从坯料靠近模具底部圆角处开始，得出过渡形状；再轻赶坯料的外缘，使之变为浅锥形，得出过渡形状。这样做是因为锥形的抗压稳定性比平板高，材料不易起皱。后续的操作和前述相同，即先赶碾锥形件的内缘，使这部分材料贴模（过渡形状），然后再轻赶外缘（过渡形状 ）。这样多次反复赶碾，直到零件完全贴模为止。

（3）合理加力

赶棒的加力一般凭经验，加力不能太大，否则容易起皱。同时，赶棒着力点必须不断转移，使坯料均匀延伸。

2. 旋压成形极限

旋压成形的变形程度以旋压系数 m 表示：

$$m=\frac{d}{D}$$

式中：

d——工件直径；

D——坯料直径。

坯料直径 D 可按拉深件计算坯料直径的方法（等面积法）求出，但旋压时材料的变薄较大些，因此应将理论计算值减小 5%～7%。

一次旋压的变形程度过大时，旋压中容易起皱，工件壁厚变薄严重甚至破裂，故应限制极限旋压系数。

当工件需要的变形程度比较大（即 m 小）时，需要多次旋压。多次旋压是由连续几道工序在不同尺寸的旋压模具上进行，并且都以底部直径相同的锥形过渡。

二、变薄旋压工艺

锥形件的变薄旋压如图 6－22 所示。旋压机的尾架顶块把坯料压紧在模具上，使其随同模具一起旋转；旋轮通过机械或液压传动强力加压于坯料，其单位面积压力可达 2500～3000 Mpa。旋轮沿给定轨迹移动并与之保持一定间隙，使坯料厚度产生预定的变薄，加工成所需的零件。

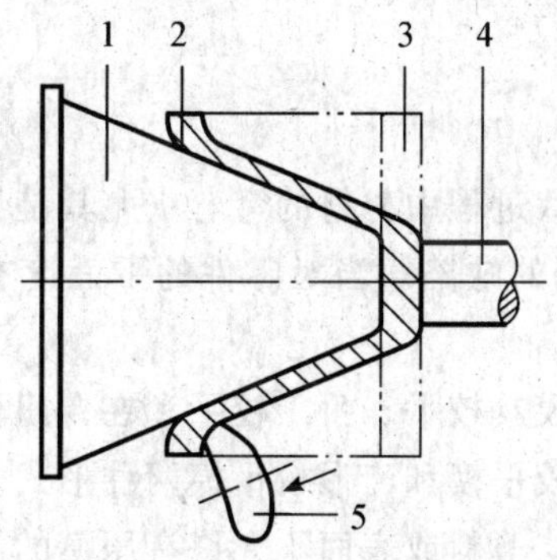

1-模具；2-工件；3-坯料；4-顶块；5-旋轮

图 6－22　锥形件变薄旋压

变薄旋压的主要特点：

（1）与普通旋压相比，变薄旋压在加工过程中坯料凸缘不产生收缩变形，因此没有凸缘起皱问题，也不受坯料相对厚度的限制，可以一次旋压出相对深度较大的零件。变薄旋压一般要求使用功率大、刚度大并有精确靠模机构的专用强力旋压机。

（2）与冷挤压相比，变薄旋压是局部变形，因此变形力比冷挤压小得多。某些用冷挤压加工困难的材料，用变薄旋压则可加工。

（3）经强力旋压后，材料晶粒紧密细化，提高了强度，表面质量也比较好。

第6节　校　形

校形通常指平板工序件的校平和空间形状工序件的整形。校形工序大都是在冲裁、弯曲、拉深等工序之后进行，以便使冲压件获得高精度的平面度、圆角半径和形状尺寸，所以它在冲压生产中具有相当重要的意义，而且应用也比较广泛。

一、校形的特点及应用

（1）只在工序件局部位置使其产生不大的塑性变形，以达到提高零件的形状和尺寸精度的目的。

（2）由于校形后工件的精度比较高，因而模具的精度相应地也要求比较高。

（3）校形时需要在压力机下止点对工序件施加校正力，因此所用设备最好为精压机。若用机械压力机时，机床应有较好的刚度，并需要装有过载保护装置，以防材料厚度波动等原因损坏设备。

二、平板零件的校平

由于条料不平或者由于冲裁过程中材料的穹弯（尤其是无压料的级进模冲裁和斜刃冲裁），都会使冲裁件产生不平整的缺陷。当对零件的平面度有要求时，必须在冲裁后加校平工序。

校平的方式通常有三种：模具校平、手工校平和在专门校平设备上校平。

平板零件的校平模有光面校平模和齿形校平模两种形式。

光面校平模适用于软材料、薄料或表面不允许有压痕的制件。光面模改变材料的内应力状态的作用不大，仍有较大回弹，特别是对于高强度材料的零件校平效果比较差。在生产实际中，有时将工序件背靠背地（弯曲方向相反）叠起来校平，能收到一定的效果。为了使校平不受压力机滑块导向精度的影响，校平模最好采用浮动式结构，如图6-23所示。

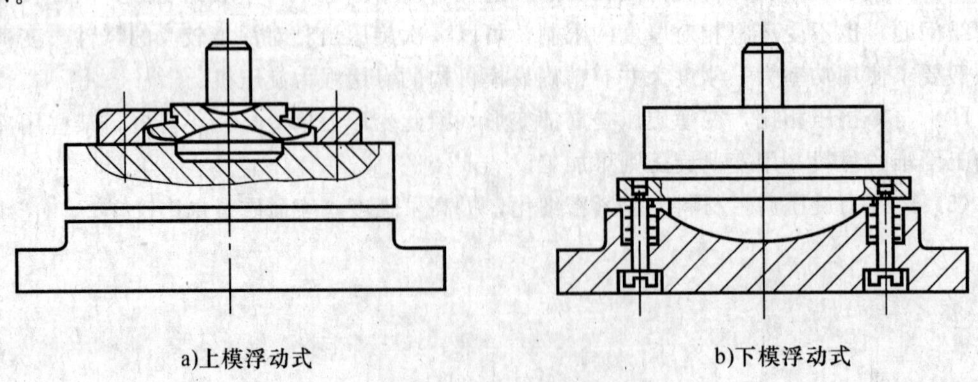

a)上模浮动式　　b)下模浮动式

图6-23　光面校平模

齿形校平模适用于平直度要求较高或抗拉强度高的较硬材料的零件。齿形模有尖齿和平齿两种，图6-24a）为尖齿齿形，图6-24b）为平齿齿形，齿互相交错。采用尖齿校平模时，模具的尖齿挤压进入材料表面层内一定的深度，形成塑性变形的小网点，改变了材料原有应力状态，故能减少回弹，校平效果较好。但在校平零件的表面上留有较深的压痕，而且工件也容易粘在模具上不易脱模，所以在生产中多用平齿校平模。

如果零件的表面不允许有压痕，或零件的尺寸较大，而又要求具有较高的平直度时，还可以采用加热校平法。将需要校平的零件叠成一定的高度，由夹具压紧成平直状态，然后放进加热炉内加热到一定温度。由于温度升高以后材料的屈服强度降低，材料的内应力数值也相应降低，所以回弹变形减小，达到校平的目的。

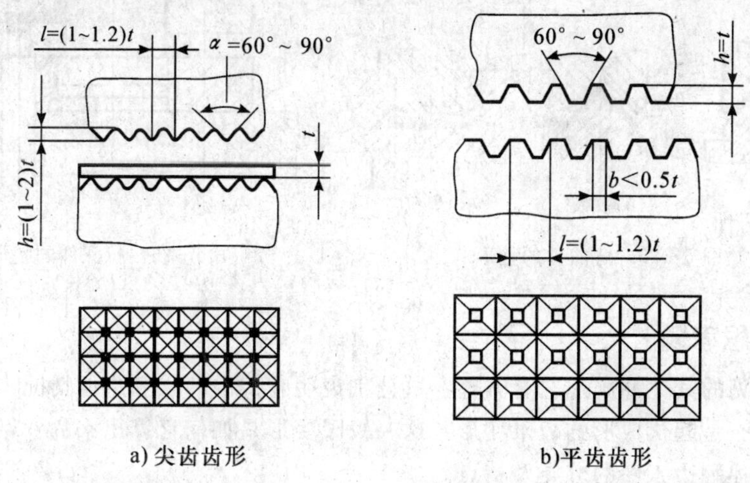

图 6-24　齿形校平模

三、空间形状零件的整形

空间形状零件的整形是指在弯曲、拉深或其他成形工序之后对工序件的整形。在整形前工件已基本成形，但可能圆角半径还太大，或是某些形状和尺寸还未达到产品的要求，这就可以借助于整形模使工序件产生局部的塑性变形，以达到提高精度的目的。整形模和前工序的成形模相似，但对模具工作部分的精度、粗糙度要求更高，圆角半径和间隙较小。

弯曲件的整形方法有图 6-25a）所示的压校和图 6-25b）和图 6-25c）所示的镦校两种形式。镦校时使整个工序件处于三向受压的应力状态，改变了工序件的应力状态，故能得到较好的整形效果。但带大孔的或宽度不等的弯曲件不能采用镦校。

无凸缘拉深件的整形，通常取整形模间隙等于(0.9～0.95)t，即采用变薄拉深的方法进行整形。这种整形也可以和最后一次拉深合并，但应取稍大一些的拉深系数。

带凸缘拉深件的整形部位常常有：凸缘平面、侧壁、底平面和凸模、凹模圆角半径，如图 6-26 所示。整形时由于工序件圆角半径变小，要求从邻近区域补充材料。如果邻近区域不能流动过来（例如凸缘直径大于筒壁直径的 2.5 倍时，凸缘的外径已不可能产生收缩变形），则只有靠变形区本身的材料变薄来实现。这时，变形部位材料的伸长变形以 2%～5%左右为宜，变形过大工件会破裂。

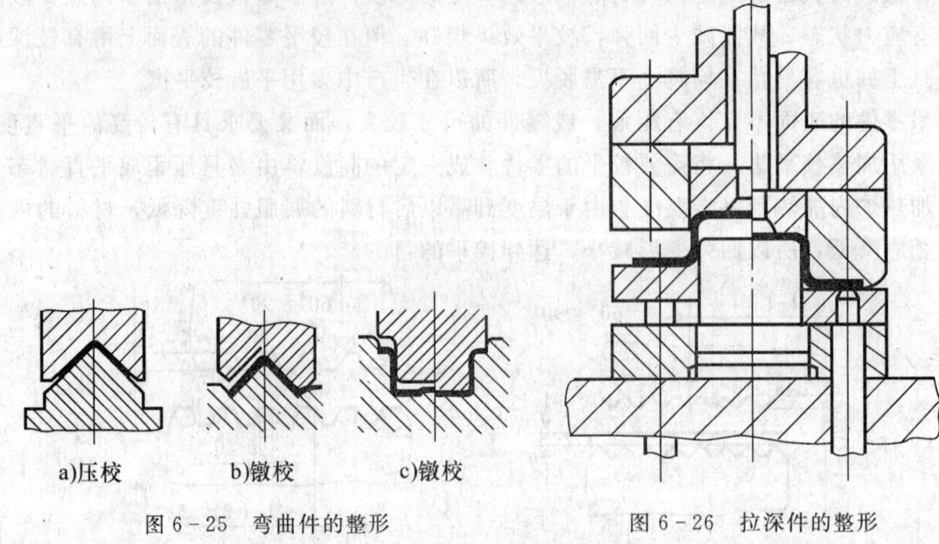

图 6-25　弯曲件的整形　　　　图 6-26　拉深件的整形

[练习与思考题]

6-1　常见的其他冲压工艺有哪些？试分别说明它们的特点和应用情况。

6-2　什么是起伏成形的极限变形？这一极限变形是如何计算出来的？

6-3　简述翻边工序的分类及特点。

6-4　图 6-27 所示的零件，材料为铝，壁厚为 3 mm，试计算该零件的缩口系数，并根据零件尺寸写出计算缩口次数、颈口直径、坯料高度等参数的公式，给出计算方法。

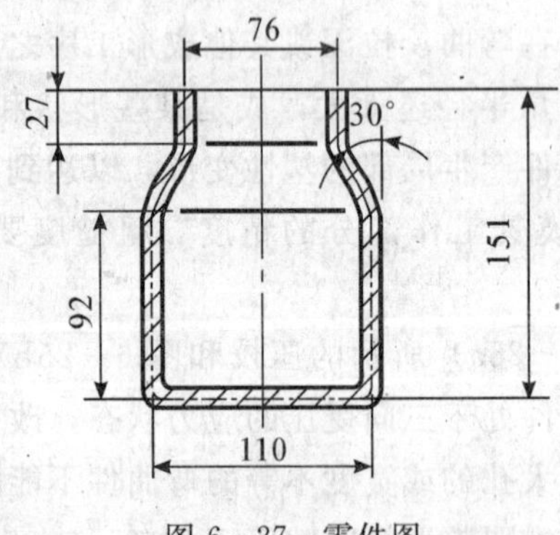

图 6-27　零件图

6-5　试比较旋压与其他工艺方法的异同。

6-6　试绘图说明空间形状零件的整形方法与步骤。

第7章　冲压模具的制造与装配

在掌握模具零件加工方法的基础上，本章学习模具零件的制造与装配，包括模具工作零件（刃口类、型面类）、板类零件、轴类零件、套类零件的技术要求与加工特点、常见加工方法与工艺路线、工艺规程编制、典型模具装配和调试过程。

第1节　概　述

冷冲模是由工艺零件和结构零件组成的能实现指定功能的有机装配体，不同的零件在模具中的功能和作用不同，其材料和热处理、精度（尺寸公差、形位公差、表面粗糙度等）、装配等技术要求也必然不同。常用冲压模具零件的公差配合要求和表面粗糙度要求如表7-1和表7-2所示。有关冲模零件技术要求详情可查阅JB/T 14662—1993《冲模技术条件》和JB/T 8050—1999《模架零件技术条件》等标准。显然，零件形状结构和技术要求不同，其制造方法必然不同。

表7-1　冲压模具零件的公差配合要求

序号	配合零件名称	配合要求	序号	配合零件名称	配合要求
1	导柱或导套与模座	H7/r6	9	固定挡料销与凹模	H7/m6
2	导柱与导套	H7/h6或H6/h5	10	活动挡料销与卸料板	H9/h8或H9/h9
3	压入式模柄与上模座	H7/m6	11	初始挡料销与导料板	H8/f9
4	凸缘式模柄与上模座	H7/h6	12	侧压板与导料板	H8/f9
5	模柄与压力机滑块模柄孔	H11/d11	13	固定式导正销与凸模	H7/r6
6	凸模或凹模与固定板	H7/m6	14	推(顶)件块与凹模或凸模	H8/f8
7	导板与凸模	H7/h6	15	销钉与固定板、模座	H7/n6
8	卸料板与凸模或凸凹模	0.1～0.5mm(单边)	16	螺钉与螺杆孔	0.5～1mm(单边)

表 7-2　　**冲压模具零件的表面粗糙度要求**

表面粗糙度 Ra(μm)	使用范围	表面粗糙度 Ra(μm)	使用范围
0.2	抛光的成形面或平面	1.6	1）内孔表面——在非热处理零件上配合用； 2）底板平面。
0.4	1）成形工序的凸模和凹模工作表面； 2）圆柱表面和平面的刃口； 3）滑动和精确导向的表面。	3.2	1）不磨加工的支承、定位和紧固表面——用于非热处理零件； 2）底板平面。
0.8	1）成形的凸模和凹模刃口； 2）凸、凹模镶块的接合面； 3）过盈配合和过渡配合的表面——用于热处理零件； 4）支承定位和紧固表面——用于热处理零件； 5）磨加工的基准平面； 6）要求准确的工艺基准表面。	6.3～12.5	不与冲压零件及模具工作零件表面接触的表面。
		25	粗糙、不重要的表面。

从制造观点看，按照模具零件结构和加工工艺过程的相似性，可将各种模具零件大致分为工作型面零件、板类零件、轴类零件、套类零件等，其加工特点如表 7-3 所示。在制定模具零件加工工艺方案时，必须根据具体加工对象，结合企业实际生产条件进行制定，以保证技术上先进和经济上合理。

表 7-3　　**冲模零件加工特点**

零件类型	加工特点
轴、套类零件	轴、套类零件主要指导柱和导套等导向零件，它们一般是由内、外圆柱表面组成。其加工精度要求主要体现在内、外圆柱表面的表面粗糙度及尺寸精度和各配合圆柱表面的同轴度等方面。导向零件的形状比较简单，加工工艺不复杂，加工方法一般是在车床上进行粗加工和半精加工，有时需要钻、扩和镗孔后再进行热处理，最后在内、外圆磨床上进行精加工。对于配合要求高、精度高的导向零件，还要对配合表面进行研磨。
板类零件	板类零件是指模座、凹模板、固定板、垫板、卸料板等平板类零件，是由平面和孔系组成，一般遵循先面后孔的原则，即先用刨、铣、平磨等方法加工平面，然后用钻、铣、镗等方法加工孔。对于复杂异形孔可以采用线切割加工，孔的精加工可采用坐标磨等。
工作型面零件	工作型面零件主要是凸模和凹模，其形状、尺寸差别较大，有较高的加工要求。凸模的加工主要是外形加工；凹模的加工主要是孔（系）、型腔加工，而外形加工比较简单。它一般遵循先粗后精，先基准后其他，先平面后轴孔，且工序要适当集中的原则。加工方法主要有机械加工和机械加工再辅以电加工两种方法。

第 2 节　冲裁模具零件制造与装配

一、冲裁模凸、凹模技术要求与加工特点

冲裁属于分离工序，冲裁模凸、凹模带有锋利刃口，凸、凹模之间的间隙较小。其加工具有如下特点：

（1）凸、凹模材质一般是工具钢或合金工具钢，热处理后的硬度为 58～62 HRC，凹模比凸模稍硬一些。

（2）凸、凹模精度主要由冲裁件精度决定，一般尺寸精度为 IT6～IT9，工作表面粗糙度为 $Ra1.6 \sim 0.4\ \mu m$。

（3）凸、凹模工作端带有锋利刃口，刃口平直（斜刃除外），安装固定部分要符合配合要求。

（4）凸、凹模装配后应保证均匀的最小合理间隙。

（5）凸模的加工主要是外形加工，凹模的加工主要是孔（系）加工。凹模型孔加工和直通式凸模加工常用线切割方法。

二、凸、凹模加工

凸模和凹模的加工方案根据其设计计算方案的不同，一般有分开加工和配合加工两种，其加工特点和适用范围见表 7－4。

表 7－4　**凸模和凹模的两种加工方案比较**

<table>
<tr><th colspan="2">加工方案</th><th>加工特点</th><th>适用范围</th></tr>
<tr><td colspan="2">分开加工</td><td>凸、凹模分别按图纸加工至尺寸要求，凸模和凹模之间的冲裁间隙由凸、凹模的实际尺寸之差来保证。</td><td>1）凸、凹模刃口形状较简单，特别是圆形。直径大于 5mm 时，基本都用该方法。
2）要求凸模或凹模具有互换性时。
3）成批生产时。
4）加工手段比较先进，分开加工不难保证尺寸精度时。</td></tr>
<tr><td rowspan="2">配合加工</td><td>方案一</td><td>先加工好凸模，然后按此凸模配作凹模，并保证凸模和凹模之间的规定间隙值大小。</td><td rowspan="2">1）刃口形状一般比较复杂时。非圆形冲孔模，可采用方案一；非圆形落料模，可采用方案二。
2）凸、凹模间的配合间隙较小时。</td></tr>
<tr><td>方案二</td><td>先加工好凹模，然后按此凹模配作凸模，并保证凹模和凸模之间的规定间隙值大小。</td></tr>
</table>

凸模和凹模的加工方法主要根据凸模和凹模的形状和结构特点，并结合企业实际生产条件来决定，常用加工方法见表 7－5 和表 7－6。

表 7-5　冲裁凸模常用加工方法

凸模形式		常用加工方法	适用场合
圆形凸模		车削加工毛坯，淬火后精磨，最后工件表面抛光及刃磨。	各种圆形凸模。
非圆形凸模	带安装台肩式	方法一：凹模压印修锉法。车、铣或刨削加工毛坯，磨削安装面和基准面，划线铣轮廓，留 0.2～0.3 mm 的单边余量。凹模压印后修锉轮廓，淬硬后抛光、磨刃口。	无间隙模或设备条件较差的工作。
		方法二：仿形刨削加工。粗加工轮廓，留 0.2～0.3 mm 单边余量，用凹模（已加工好）压印后仿形精刨，最后淬火、抛光、磨刃口。	一般要求的凸模。
	直通式	方法一：线切割。粗加工毛坯，磨安装面和基准面，划线加工安装孔、穿丝孔，淬硬后磨安装面和基准面，切割成形、抛光、磨刃口。	形状较复杂或较小、精度较高的凸模。
		方法二：成形磨削。粗加工毛坯，磨安装面和基准面，划线加工安装孔，加工轮廓，留 0.2～0.3 mm 单边余量，淬硬后磨安装面，再成形磨削轮廓。	形状不太复杂、精度较高的凸模或镶块。

表 7-6　冲裁凹模常用加工方法

型孔形式	常用加工方法	适用场合
圆形孔	方法一：钻铰法。车削加工毛坯上、下底面及外圆，钻、铰工作型孔，淬硬后磨上、下底面和工作型孔，抛光。	孔径小于 5 mm 的情况。
	方法二：磨削法。车削加工毛坯上、下底面，钻镗工作型孔，划线加工安装孔，淬硬后磨上、下底面和工作型孔，抛光。	孔较大的凹模。
圆形孔系	方法一：坐标镗削。粗、精加工毛坯上、下底面和凹模外形，磨上、下底面和定位基面，划线、坐标镗削型孔系列，加工固定孔，淬火后研磨抛光型孔。	位置精确度要求高的凹模。
	方法二：立铣加工。毛坯粗、精加工与坐标镗削方法相同，不同之处为孔系加工用坐标法在立铣床上加工，后续加工与坐标镗削方法也一样。	位置精确度要求一般的凹模。
非圆形孔	方法一：锉削法。毛坯粗加工后按样板轮廓线切除中心余料后按样板修锉，淬火后研磨抛光型孔。	设备条件较差的工厂加工形状简单的凹模。
	方法二：仿形铣。凹模型孔精加工在仿形铣床或立铣床上靠模加工（要求铣刀半径小于型孔圆角半径），钳工锉斜度，淬火后研磨抛光型孔。	形状不太复杂，精度不太高，过渡圆角较大的凹模。
	方法三：压印加工。毛坯粗加工后，用加工好的凸模或样冲压印后修锉，再淬火研磨抛光型孔。	尺寸不太大，形状不复杂的凹模。
	方法四：线切割。毛坯外形加工好后，画线加工安装孔，淬火，磨安装基面，割型孔。	各种形状、精度高的凹模。
	方法五：成型磨削。毛坯按镶拼结构加工好，画线粗加工轮廓，淬火后磨安装面，成型磨削轮廓，研磨抛光。	镶拼凹模。
	方法六：电火花加工。毛坯外形加工好后，画线加工安装孔，淬火，磨安装基面，最后研磨抛光。	形状复杂、精度高的整体凹模。

注：表中加工方法应根据工厂设备情况和模具要求具体选用。

凸、凹模加工的典型工艺路线主要有以下几种形式：

(1) 下料→锻造→退火→毛坯外形加工（包括外形粗加工、精加工、基面磨削）→划线→刃口轮廓粗加工→刃口轮廓精加工→螺孔、销孔加工→淬火与回火→研磨或抛光。此工艺路线钳工工作量大，技术要求高，适用于形状简单、热处理变形小的零件。

(2) 下料→锻造→退火→毛坯外形加工（包括外形粗加工、精加工、基面磨削）→划线→刃口轮廓粗加工→螺孔、销孔加工→淬火与回火→采用成形磨削进行刃口轮廓精加工→研磨或抛光。此工艺路线能消除热处理变形对模具精度的影响，使凸、凹模的加工精度容易保证，可用于热处理变形大的零件。

(3) 下料→锻造→退火→毛坯外形加工→螺孔、销孔、穿丝孔加工→淬火与回火→磨削加工上下面及基准面→线切割加工→钳工修整。此工艺路线主要用于以线切割加工为主要工艺的凸、凹模加工，尤其适用于形状复杂、热处理变形大的直通式凸模、凹模零件。

例 1　已知落料冲孔复合模的落料凹模如图 7－1 所示，制定其加工工艺路线。

基于企业具备模具生产的一般条件，并具有电加工设备，落料凹模的加工工艺过程如表 7－7 所示。

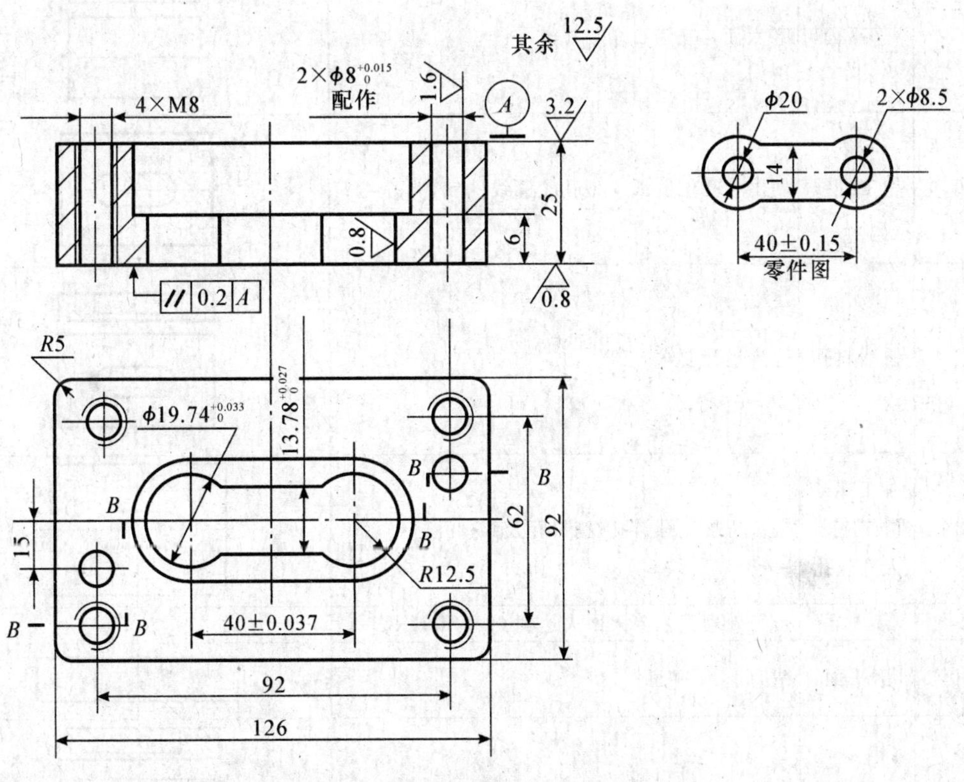

材料：T10A　热处理：60～64 HRC

图 7－1　落料凹模

表 7-7 **落料凹模工艺过程**

工序号	工序名称	工序内容	工序简图
1	备料	将毛坯锻成长方体 135×100×30	30 100 135
2	热处理	退火	
3	粗刨	刨六面达到 126×92×26，互为直角	26 92 126
4	热处理	调质	
5	磨平面	磨六面，互为直角	
6	钳工划线	划出各孔位置线、型孔轮廓线	
7	铣漏料孔	达到设计要求	
8	加工螺钉孔、销钉孔及穿丝孔	按位置加工螺钉孔、销钉孔及穿丝孔	
9	热处理	按热处理工艺淬火回火达到 60～64 HRC	
10	磨平面	精磨上、下平面	
11	线切割	按图切割型孔达到尺寸要求	
12	钳工精修	符合设计要求	
13	检验	合格	

三、其他模具零件的加工

模具零件除工作型面零件外，还有模座、导柱、导套、固定板、卸料板等其他模具零件，它们主要是板类零件、轴类零件和套类零件等。其他模具零件的加工相对工作型面零件要容易些，其加工特点如下。

1. 模座加工

模座是组成模架的主要零件之一，属于板类零件，一般都由平面和孔系组成。其加工精度要求主要体现在模座的上、下平面的平行度，上、下模座的导套、导柱安装孔中心距，模座的导柱、导套安装孔的轴线与模座的上、下平面的垂直度，以及表面粗糙度和尺寸精度。

模座的加工主要是平面加工和孔系的加工。在加工过程中为了保证技术要求和加工方便，一般遵循先面后孔的加工原则，即先加工平面，再以平面定位进行孔系加工。模座的毛坯经过刨削或铣削加工后，对平面进行磨削就可以提高模座平面的平面度和上下平面的平行度，同时，容易保证孔的垂直度要求。孔系可以采用钻、镗削加工，对于复杂异形孔可以采用线切割加工。为了保证导柱、导套安装孔的间距一致，在镗孔时经常将上、下模座重叠在一起，一次装夹，同时镗出导柱和导套的安装孔。

2. 导柱和导套

滑动式导柱和导套属于轴类和套类零件，一般是由内、外圆柱表面组成。其加工精度要求主要体现为内、外圆柱表面的表面粗糙度及尺寸精度，各配合圆柱表面的同轴度等。导向零件的配合表面都必须进行精密加工，而且要有较好的耐磨性。

导向零件的形状比较简单，加工方法一般采用普通机床进行粗加工和半精加工后再进行热处理，最后用磨床进行精加工，消除热处理引起的变形，提高配合表面的尺寸精度和减少配合表面的粗糙度。对于配合要求高、精度高的导向零件，还要对配合表面进行研磨，才能达到要求的精度和表面粗糙度。导向零件的加工工艺路线一般是：备料、粗加工、半精加工、热处理、精加工、光整加工。

3. 固定板、卸料板加工

固定板和卸料板的加工方法与凹模板十分类似，主要根据型孔形状来确定方法。对于圆孔可采用车削，对于矩形和异形孔可采用铣削或线切割，对于系列孔可采用坐标镗削加工。

四、冲裁模装配

模具的装配就是根据模具的结构特点和技术条件，以一定的装配顺序和方法，将符合图纸技术要求的零件，经协调加工，组装成满足使用要求的模具。在装配过程中，既要保证配合零件的配合精度，又要保证零件之间的位置精度，对于具有相对运动的零（部）件，还必须保证它们之间的运动精度。因此，模具装配是最后实现冲模设计和冲压工艺意图的过程，是模具制造过程中的关键工序。模具装配的质量直接影响制件的冲压质量、模具的使用和模具寿命。

1. 模具装配特点

模具属单件生产。组成模具实体的零件，有些在制造过程中是按照图纸标注的尺寸和公差独立地进行加工的（如落料凹模、冲孔凸模、导柱和导套、模柄等），这类零件一般都是直接进入装配；有些在制造过程中只有部分尺寸可以按照图纸标注尺寸进行加工，需协调相关尺寸；有的在进入装配前需进行配制或合体加工；有的需在装配过程中通过配制取得协调，图纸上标注的这部分尺寸只作为参考（如模座的导套或导柱固装孔，多凸模固定板上的凸模固装孔，需连接固定在一起的板件螺栓孔、销钉孔等）。

因此，模具装配适合于采用集中装配，在装配工艺上多采用修配法和调整装配法来保证装配精度，从而实现用精度不高的组成零件，达到较高的装配精度，降低零件加工要求。

2. 装配技术要求

冲裁模装配后，应达到下述主要技术要求：

(1) 模架精度应符合国家标准（JB/T 8050—1999《冲模模架技术条件》、JB/T 8071—1995《冲模模架精度检查》）规定。模具的闭合高度应符合图纸的规定要求。

(2) 装配好的冲模，上模沿导柱上、下滑动应平稳、可靠。

(3) 凸、凹模间的间隙应符合图纸规定的要求，分布均匀，凸模或凹模的工作行程符合技术条件的规定。

(4) 定位和挡料装置的相对位置应符合图纸要求。冲裁模导料板间距离需与图纸规定一致；导料面应与凹模进料方向的中心线平行；带侧压装置的导料板，其侧压板应滑动灵活，工作可靠。

(5) 卸料和顶件装置的相对位置应符合设计要求，超高量在许用规定范围内，工作面不允许有倾斜或单边偏摆，以保证制件或废料能及时卸下和顺利顶出。

(6) 紧固件装配应可靠，螺栓螺纹旋入长度在钢件连接时应不小于螺栓的直径，铸件连接时应不小于1.5倍螺栓直径；销钉与每个零件的配合长度应大于1.5倍销钉直径；螺栓和销钉的端面不应露出上、下模座等零件的表面。

(7) 落料孔或出料槽应畅通无阻，保证制件或废料能自由排出。

(8) 标准件应能互换，紧固螺钉和定位销钉与其孔的配合应正常、良好。

(9) 模具在压力机上的安装尺寸需符合选用设备的要求，起吊零件应安全可靠。

(10) 模具应在生产条件下进行试验，冲出的制件应符合设计要求。

3. 冲模装配的工艺要点

在模具装配之前，要认真研究模具图纸，根据其结构特点和技术条件，制定合理的装配方案，并对提交的零件进行检查。除了必须符合设计图纸要求外，还应满足装配工序对各类零件提出的要求，检查无误方可按规定步骤进行装配。装配过程中，要合理选择检测方法及测量工具。

冲模装配工艺要点：

(1) 选择装配基准件。装配时，先要选择基准件。基准件应按照模具主要零件加工时的依赖关系来确定。可以作为装配基准件的主要有凸模、凹模、凸凹模、导向板及固定板等。

（2）组件装配。组件装配是指模具在总装前，将两个以上的零件按照规定的技术要求连接成一个组件的装配工作，如模架的组装、凸模和凹模与固定板的组装、卸料与推件机构各零件的组装等。这些组件，应按照各零件所具有的功能进行组装，这将会对整副模具的装配精度起到一定的保证作用。

（3）总体装配。总装是将零件和组件结合成一副完整的模具的过程。在总装前，应选好装配的基准件和安排好上、下模的装配顺序。

（4）调整凸、凹模间隙。在装配模具时，必须严格控制及调整凸、凹模间隙的均匀性，间隙调整后，才能紧固螺钉及销钉。调整凸、凹模间隙的方法主要有透光法、测量法、垫片法、涂层法、镀铜法等。

（5）检验、调试。模具装配完毕后，必须保证装配精度，满足规定的各项技术要求，并要按照模具验收技术条件，检验模具各部分的功能；在实际生产条件下进行试模，并按试模生产制件情况调整、修正模具，当试模合格后，模具加工、装配才算基本完成。

4．冲模装配顺序确定

为了便于对模，总装前应合理确定上、下模的装配顺序，以防出现不便调整的情况。上、下模的装配顺序与模具的结构有关，一般先装基准件，再装其他件并调整间隙均匀。不同结构的模具装配顺序说明如下：

（1）无导向装置的冲模。这类模具的上、下模间的相对位置是在压力机上安装时调整的，工作过程中由压力机的导轨精度保证，因此装配时上、下模可以独立进行，彼此基本无关。

（2）有导柱的单工序模。这类模具装配相对简单。如果模具结构是凹模安装在下模座上，则一般先将凹模安装在下模座上，再将凸模与凸模固定板装在一起，然后依据下模配装上模。

（3）有导柱的连续模。通常导柱导向的连续模都以凹模作为装配基准件（如果凹模是镶拼式结构，应先组装镶拼式凹模），先将凹模装配在下模座上，凸模与凸模固定板装在一起，再以凹模为基准，调整好间隙，将凸模固定板安装在上模座上，经试冲合格后，钻铰定位销孔。

（4）有导柱的复合模。其结构紧凑，模具零件加工精度较高，模具装配的难度较大，特别是装配对内、外形有同轴度要求的模具更是如此。

复合模属于单工位模具。复合模的装配程序和装配方法相当于在同一工位上先装配冲孔模，然后以冲孔模为基准，再装配落料模。基于此原理，装配复合模应遵循如下原则：

（1）复合模装配应以凸凹模做装配基准件。先将装有凸凹模的固定板用螺栓和销钉安装、固定在指定模座的相应位置上；再按凸凹模的内形装配、调整冲孔凸模固定板的相对位置，使冲孔凸、凹模间的间隙趋于均匀，用螺栓固定；然后再以凸凹模的外形为基准，装配、调整落料凹模相对凸凹模的位置，调整间隙，用螺栓固定。

(2) 试冲无误后，将冲孔凸模固定板和落料凹模分别用定位销在同一模座经钻铰和配钻、配铰销孔后，打入定位。

五、冲裁模调试

模具按图纸技术要求加工与装配后，必须在符合实际生产条件的环境中进行试冲压生产。通过试冲可以发现模具设计与制造的缺陷，找出原因，对模具进行适当的调整和修理后再进行试冲，直到模具能正常工作，才能将模具正式交付生产使用。

1. 模具调试的目的

模具试冲、调整简称调试，调试的目的在于：

(1) 鉴定模具的质量。验证该模具生产的产品质量是否符合要求，确定该模具能否交付生产使用。

(2) 帮助确定产品的成形条件和工艺规程。模具通过试冲与调整，生产出合格产品后，可以在试冲过程中，掌握和了解模具使用性能、产品成形条件、方法和规律，从而对产品批量生产时的工艺规程制定提供帮助。

(3) 帮助确定成形零件毛坯形状、尺寸及用料标准。在冷冲模设计中，有些形状复杂或精度要求较高的冲压成形零件，很难在设计时精确地计算出变形前毛坯的尺寸和形状。为了得到较准确的毛坯形状、尺寸及用料标准，只有通过反复试冲。

(4) 帮助确定工艺和模具设计中的某些尺寸。对于形状复杂或精度要求较高的冲压成形零件，在工艺和模具设计中，有个别难以用计算方法确定的尺寸，如拉深模的凸、凹模圆角半径等，必须经过试冲，才能准确确定。

(5) 通过调试，发现问题，解决问题，积累经验，有助于进一步提高模具设计和制造水平。

由此可见，模具调试过程十分重要，是必不可少的。但调试的时间和试冲次数应尽可能少，这就要求模具设计与制造质量过硬，最好一次调试成功。在调试过程中，合格冲压件的取样一般应在 20～1000 件之间。

2. 冲裁模的调试

模具调试，因模具类型不同、结构不同，可能出现的问题也不同，调试的内容也随之变化。

冲裁模调试要点：

(1) 模具闭合高度调试。模具应与冲压设备配合好，保证模具应有的闭合高度和开启高度。

(2) 导向机构的调试。导柱、导套要有好的配合精度，保证模具运行平稳、可靠。

(3) 凸、凹模刃口及间隙调试。刃口锋利，间隙均匀。

(4) 定位装置的调试。定位要准确、可靠。

(5) 卸料及出件装置的调试。卸料及出件要通畅，不能出现卡住现象。

冲裁模试冲时出现的问题和调整方法见表 7-8。

表 7－8　　冲裁模试模出现的问题和调整方法

存在的问题	产生原因	调整方法
送料不畅通或料被卡住	两导料板之间的尺寸过小或有斜度；凸模与卸料板之间间隙过大，使搭边翻扭；用侧刃定距的级进模，导料板的工作面与侧刃不平行，或侧刃与侧挡块不密合，形成方毛刺。	根据情况锉修或磨或重装；减小凸模与卸料板之间间隙；重装导料板，修整侧刃挡块，消除间隙。
制件有毛刺	刃口不锋利或淬火硬度低；配合间隙过大或过小；间隙不均匀使冲件的一边有显著的带斜角的毛刺。	刃磨刀口，使其锋利；调整凸、凹模之间间隙，使其均匀一致。
制件不平	凹模有倒锥度；顶料杆和工作接触面过小；导正销与预冲孔配合过紧，将冲件压出凹陷。	修正凹模；更换顶料杆，增加与工件接触面积；修正导正销，保持与导入孔成动配。
内孔与外形位置不正，成偏位情况	挡料钉位置不正；落料凸模上导正销尺寸过小；导料板与凹模送料中心线不平行，使孔偏斜；侧刃定距不准。	修正挡料钉；更换导正销；修正导料板；修磨或更换侧刃。
刃口相咬	上模座、下模座、固定板、凹模、垫板等零件安装面不平行；凸模、导柱等零件安装不垂直；卸料板的孔位不正确或歪斜，使冲孔凸模位移；凸、凹模相对位置没有对正；导柱、导套配合间隙过大，使导向不正。	修正有关零件，重新装上模或下模；重装凸模或导柱，保持垂直；修正或更换卸料板；调整凸、凹模，使其对正并保持间隙均匀；更换导柱或导套。
卸料不正常	弹簧或橡皮的弹力不足；凹模和下模座的漏料孔没有对正，料被堵死而排不出来；由于装配不正确，使卸料机构不能动作，如卸料板与凸模配合过紧或卸料板装配后有倾斜现象而卡紧凸模。	更换弹簧或橡皮；修正漏料孔；修正卸料板。
凹模被胀裂	凹模孔有倒锥现象，即上口大，下口小；或凹模刃口深度太大，使胀力太大。	修正凹模刃口，消除倒锥现象或减小凹模刃口长度，使冲下的件尽快漏下。

第3节　成形模具零件制造与装配

成形模制造过程与冲裁模是类似的，差别主要体现在凸、凹模上，而其他零件（如板类零件）与冲裁模相似。下面以弯曲模和拉深模为例介绍成形模的制造。

一、成形模凸、凹模技术要求及加工特点

塑性成形工序最常见的是弯曲和拉深。成形模不同于冲裁模，凸、凹模不带有锋利刃口，而带有圆角半径和型面，表面质量要求更加高，凸、凹模之间的间隙也要大些（单边间隙略大于坯料厚度）。弯曲模和拉深模凸、凹模技术要求及加工特点如下：

1. 弯曲模

(1) 凸、凹模材质应具有高硬度、高耐磨性、高淬透性、热处理变形小的凸、凹模一般用 T10A，CrWMn 等材料，形状复杂的凸、凹模一般用 Cr12，Cr12MoV，W18Cr4V 等材料，热处理后的硬度为 58～62 HRC。

(2) 凸、凹模精度主要根据弯曲件精度决定，一般尺寸精度为 IT6～IT9，工作表面质量一般要求很高，尤其是凹模圆角处（表面粗糙度 Ra0.8～0.2 μm）。

(3) 由于回弹等因素在设计时难以准确考虑，导致凸、凹模尺寸的计算值与实际要求值往往存在误差。因此，凸、凹模工作部分的形状和尺寸设计应合理，要留有试模后的修模余地；一般先设计和加工弯曲模，后设计和加工冲裁模。

(4) 有时在试模后进行凸、凹模淬火，以便修模。

(5) 凸、凹模圆角半径和间隙的大小和分布都要均匀。

(6) 凸、凹模一般是外形加工。

2. 拉深模

(1) 凸、凹模材质应具有高硬度、高耐磨性、高淬透性、热处理变形小的特点。凸、凹模一般用 T10A，CrWMn 等材料，形状复杂的凸、凹模一般用 Cr12，Cr12MoV，W18Cr4V 等材料，热处理后的硬度为 58～62 HRC。

(2) 凸、凹模精度主要根据弯曲件精度决定，一般尺寸精度为 IT6～IT9，工作表面质量一般要求很高，凹模圆角和孔壁要求表面粗糙 Ra 为 0.8～0.2μm，凸模工作表面粗糙度 Ra 为 1.6～0.8 μm。

(3) 由于回弹等因素在设计时难以准确考虑，导致凸、凹模尺寸的计算值与实际要求值往往存在误差。因此，凸、凹模工作部分的形状和尺寸设计应合理，要留有试模后的修模余地；一般先设计和加工弯曲模，后设计和加工冲裁模。

(4) 有时在试模后进行凸、凹模淬火，以便修模。

(5) 凸、凹模圆角半径和间隙的大小和分布要符合设计要求。

(6) 拉深凸、凹模的加工方法主要根据工作部分断面形状决定。圆形一般车削加工，非圆形一般画线后铣削加工，然后淬硬，最后研磨、抛光。

二、凸、凹模加工

成形模凸、凹模加工与冲裁模凸、凹模加工不同之处主要在于前者有圆角半径和型面

的加工，而且表面质量要求高。

弯曲模凸、凹模工作面一般是敞开面，其加工一般属于外形加工。对于圆形凸、凹模加工，一般采用车削和磨削即可，比较简单。非圆形凸、凹模加工则有多种方法，它们是：

(1) 刨削加工：该方法先对毛坯粗加工，磨削安装面、基准面，划线，粗、精刨型面，精修后淬火，研磨抛光，适用于大中型弯曲模。

(2) 铣削加工：该方法先对毛坯粗加工，磨削基面，划线，粗、精铣型面，精修后淬火，研磨抛光，适用于中小型弯曲模。

(3) 成形磨削加工：该方法先对毛坯粗加工，磨削基面，划线，粗加工型面，安装孔加工后淬火，磨削型面，抛光。

(4) 线切割加工：该方法先对毛坯粗加工后淬火，磨安装面和基准面，线切割加工型面，抛光。

拉深模凸模的加工一般是外形加工，而凹模的加工则主要是型孔或型腔的加工。

三、成形模的装配与调试

成形模的装配与调试过程和冲裁模基本类似，只是由于塑性成形工序比分离工序复杂，难以准确控制的因素多，所以其调试过程要复杂些，试模、修模反复次数多。弯曲模、拉深模在试冲过程中常见问题及调整方法见表 7-9 和表 7-10。

表 7-9　弯曲模调试时出现的问题和调整方法

存在的问题	产生原因	调整方法
制件产生回弹	弹性变形的存在。	1）改变凸模的形状和角度大小。 2）增加凹模型槽的深度。 3）减小凸、凹模之间间隙。 4）增加校正力或使校正力集中在角部变形区。
制件底部平面不平	1）压料力不足。 2）顶件用顶杆的着力点分布不均匀，将制件底面顶变形。	1）增大压料力，最好校正一下。 2）使顶杆着力点分布均匀，顶杆面积不可太小。
凹形件左右高度不一致	1）定位不稳定或定位位置不准。 2）凹模的圆角半径左右两边加工得不一致。 3）压料不牢。 4）凸、凹模左右两边间隙不均匀。	1）调整定位装置。 2）修正圆角半径使左右一致。 3）增加压料块（力）。 4）调整凸、凹模之间的间隙。
弯曲角变形部分有裂纹	1）弯曲半径太小。 2）材料的纹向与弯曲线平行。 3）毛坯有毛刺的一面向外。 4）材料的塑性差。	1）加大弯曲半径。 2）将板料退火后再弯形或改变落料的排样。 3）使毛刺在弯曲的内侧。 4）将板料进行退火处理或改用其他材料。
制件表面有擦伤	1）凹模的内壁和圆角处表面不光，太粗糙。 2）板料被粘附在凹模表面。	1）将凹模内壁与圆角修光。 2）在凸模或凹模的工作表面镀硬铬厚 0.01～0.03 mm。 3）将凹模进行化学热处理，如氮化处理、氮化钛涂层，或进行激光表面强化热处理。
制件尺寸过长或不足	1）间隙过小，将材料挤长。 2）压料装置的力过大，将材料挤长。 3）计算错误。	1）加大间隙。 2）减小压料装置的压力。 3）落料尺寸应在弯曲模试冲后确定。

表 7-10　　**拉深模试冲时出现的问题和调整方法**

存在的问题	产生原因	调整方法
凸缘或制件口部起皱	1）没有使用压力圈或压力太小。 2）凸、凹模之间间隙太大或不均匀。 3）凹模圆角过大。 4）板料太薄。	1）增大压边力。 2）减小拉深间隙值。 3）采用小圆角半径凹模。 4）更换材料。
制件底部破裂或有裂纹	1）材料太硬，塑性差。 2）压边力太大。 3）凸、凹模圆角半径太小。 4）凹模圆角半径太粗糙，不光滑。 5）凸、凹模之间间隙不均匀，局部过小。 6）拉深系数确定得太小，拉深次数太少。 7）凸模安装不垂直。	1）更换材料或将材料退火处理。 2）减小压边力。 3）加大凸、凹模圆角半径。 4）修光凹模圆角半径，越光越好。 5）调整间隙，使其均匀。 6）加大拉深系数，增加拉深次数。 7）重装凸模，保持垂直。
制件高度不够	1）毛坯尺寸太小。 2）拉深间隙太大。 3）凸模圆角半径太小。	1）放大毛坯尺寸。 2）更换凹模或凸模，使间隙调整合适。 3）加大凸模圆角半径。
制件高度太大	1）毛坯尺寸太大。 2）拉深间隙太小。 3）凸模圆角半径太大。	1）减小毛坯尺寸。 2）加大拉深间隙，使其合适。 3）减小凸模圆角半径。
制件壁厚和高度不均	1）凸模与凹模不同轴，间隙向一边倾斜。 2）定位板或档料销位置不正确。 3）凸模不垂直。 4）压料力不均匀。 5）凹模的几何形状不正确。	1）重装凸模与凹模，使间隙均匀一致。 2）重装调整定位板或挡料销。 3）修整凸模或重装。 4）调整弹簧或调整顶杆长度。 5）重新修正凹模。
制件表面拉毛	1）拉深间隙太小或不均匀。 2）凹模圆角表面粗糙，不光。 3）模具或板料表面不清洁，有脏物或砂粒。 4）凹模硬度不够，有粘附板料现象。 5）润滑液不合适。	1）修正拉深间隙。 2）修光圆角半径。 3）清洁模具表面和板料。 4）提高凹模表面硬度，修光表面，进行镀铬或氮化等处理。 5）改用其他润滑液。
制件底部不平	1）凸模上无出气孔。 2）顶出器或压料板不镦死。 3）材料本身存在弹性。	1）凸模上应加工有出气孔。 2）调整冲模结构，使冲模达到闭合高度时，顶出器和压料板将已拉伸件镦死。 3）改变凸模、凹模和压料板形状并提高其刚性。

第 4 节　多工位级进模零件制造与装配

一、多工位级进模加工特点

多工位级进模主要用于细小复杂冲压零件的批量生产，其工位数多、精度高、寿命长，模具细小零件和镶块多，板类零件孔位精度高、尺寸协调，因此，多工位级进模与常规冲模相比，虽然加工和装配方法相似，但要求提高了，需要协调的地方多了，因而加工和装配更加复杂和困难。在模具设计合理的前提下，要制造出合格的多工位级进模，必须具备先进的模具加工设备和测量手段以及合理的模具制造工艺规范。与其他冲模相比，多工位级进模加工具有以下特点：

(1) 工作零件、镶块件和三大板（凸模固定板、凹模固定板和卸料镶块固定板，简称三板）是多工位级进模加工的难点和重点，其加工难点体现在工作零件型面尺寸和精度、三大板的型孔尺寸和位置精度。

(2) 细小凸模和凹模镶块由于形状复杂、尺寸小、精度高，采用传统的机械方式难以完成加工，必须辅以高精度数控线切割、成形磨削、曲线磨等先进加工方法方能完成（常常采用数控线切割＋成形磨削）。

由于细小凸模和凹模镶块是易损件，需要更换，要有一定的互换性，所以细小凸模、凹模镶块的生产不能采用配作加工，而是有互换性的分开加工，要求图纸中不论是凸模还是凹模必须标明保证间隙的具体尺寸和公差，以便于备件生产。加工者应注意控制加工到其中心值附近，必须避免为怕出废品而孔按小尺寸加工、轴按大尺寸加工的现象，以利于互换装配和保证精度。

镶块常见加工路线一般是：锻——热处理——粗铣（刨）——基面加工——型面粗加工、半精加工——最终热处理——线切割——成形磨削——抛光等精加工。

(3) 多工位级进模中的凸模固定板、凹模固定板和卸料镶块固定板孔位精度高、尺寸协调多，是制造难度最大、耗费工时最多、周期最长的三大关键零件，是模具精度的集中体现件。装在其上的凸模或镶块间的位置精度、垂直度等都依靠这三块板来给予保证，所以这三块板必须正确选材，确定加工方法和热处理方法，确保加工质量。三板的加工除要使用传统的机械加工方法外，还必须使用高精度数控线切割、坐标镗、坐标磨等先进加工方法，必要时采用组合加工。

为了避免基准误差的产生和积累，凸模固定板、凹模固定板和卸料镶块固定板的设计基准、工艺基准、测量基准三者应重合，一般采用板的两个成直角的侧面作为型孔位置尺寸的基准，重要型孔位置尺寸一般采用并联标注。

三板常见加工路线一般是：锻——热处理——铣（刨）——平磨——中间热处理——平磨——坐标镗——最终热处理——平磨——电加工——坐标磨——精修。

(4) 多工位级进模精度要求高、寿命要求长、尺寸稳定性要求高，所以模具零件的选材除了要求高耐磨、高强度和高硬度外，还要求热处理变形量小，尺寸稳定性好。

二、多工位级进模装配特点

多工位级进模装配的关键是凸模固定板、凹模固定板和卸料镶块固定板上的型孔尺寸和位置精度的协调，要同时保证多个凸模、凹模或镶块的间隙和位置符合要求。

多工位级进模装配一般采取局部分装、总装组合的方法，即首先化整为零，先装配凹模固定板、凸模固定板和卸料镶块固定板等重要部件，然后再进行模具总装，先装下模部分，后装上模部分，最后调整好模具间隙和进距精度。

由于多工位级进模结构多样，各生产厂家设备条件不同，所以多工位级进模的加工和装配方法选择和工艺规程的制定，应视具体模具结构和生产条件而定。

[练习与思考题]

7-1　模具零件工作型面的加工方法有哪几种？一般遵循什么原则？

7-2　冲裁模零件的加工有哪两种方法？试为图 7-2 所示的零件指定加工方法并确定加工方案。

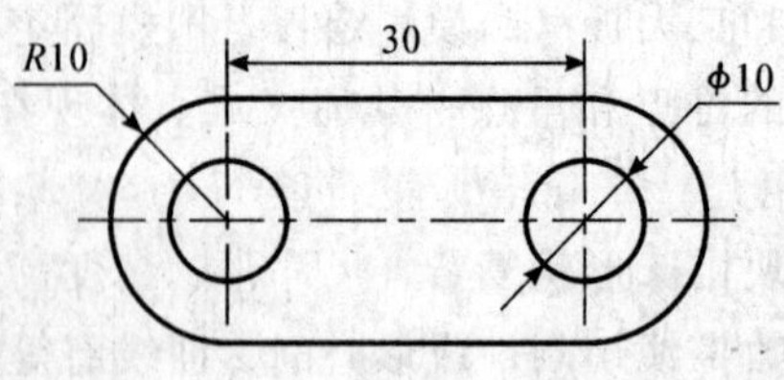

图 7-2　零件图

7-3　中小型弯曲模一般采用怎样的加工方法？与冲裁模零件加工方法相比较它有何特点？

7-4　多工位级进模的零件加工方法有何特点？如何进行装配？

7-5　已知落料冲孔复合模的凹模和零件图如图 7-3 所示，试确定其凹模的双面间隙，冲裁和冲孔部分的加工尺寸 A，B。对工作型面和非工作型面分别选择加工精度，最后制定加工工艺路线，编制加工工艺表。

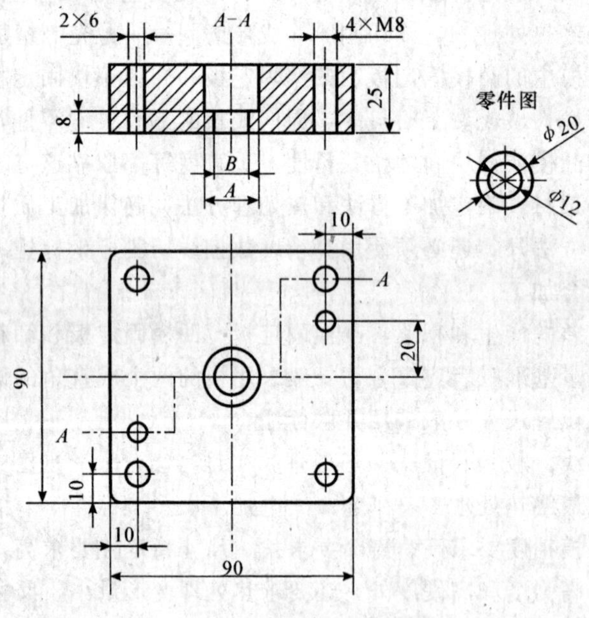

图 7-3　零件及凹模图

参考文献

1. 黄志辉. 模具设计与制造基础. 北京：电子工业出版社，2008
2. 党根茂等. 模具设计与制造. 西安：电子科技大学出版社，2006
3. 冲模设计手册编写组. 冲模设计手册. 北京：机械工业出版社，2000
4. 牟林，胡建华. 冲压工艺与模具设计. 北京：中国林业出版社，2006